中国建筑史学史丛书

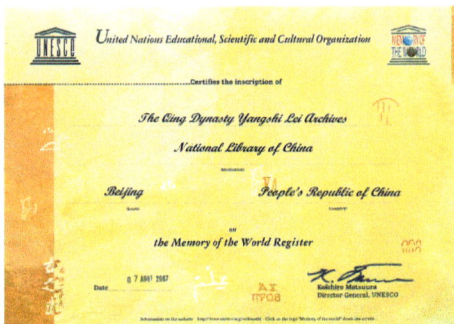

2007年6月"清代样式雷建筑图档"入选《世界记忆名录》，由联合国教科文组织颁发的证书及官方网页

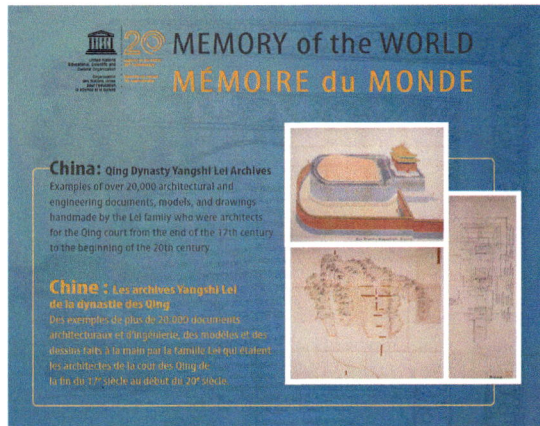

纪念世界记忆工程20周年"样式雷"图版，法国巴黎，2012年

样式雷祖先朝服像

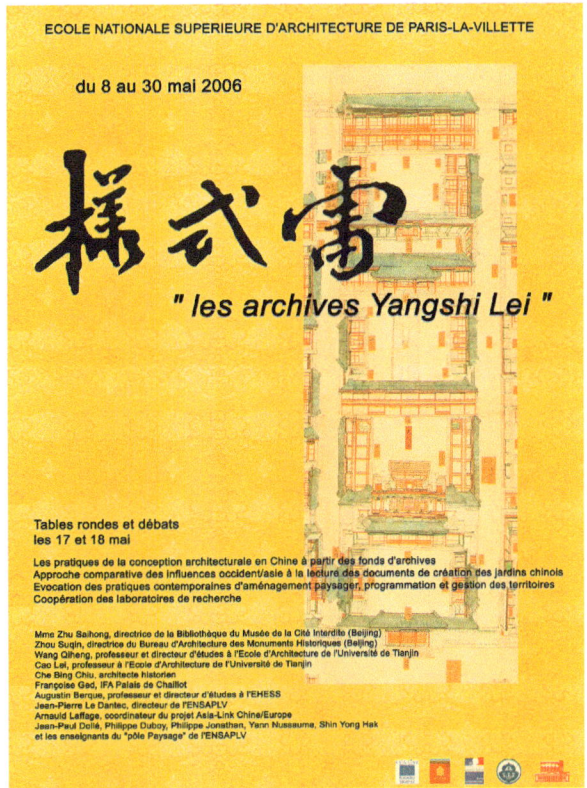

"清代样式雷建筑图档展"，法国巴黎拉维莱特建筑学院，2006 年 5 月

"东亚大木匠的世界"，韩国首尔水原华城博物馆，2012 年 10 月

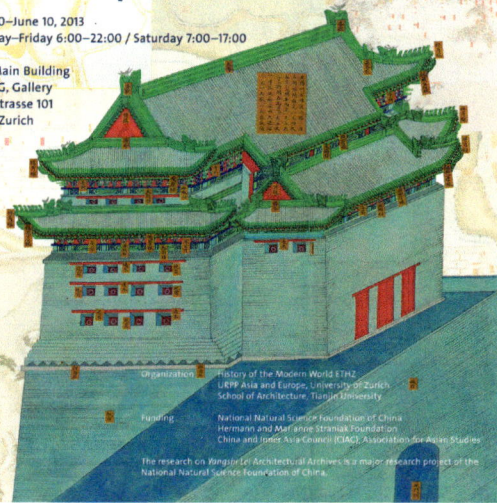

"筑造清国胜景：样式雷建筑图档展"，瑞士苏黎世，2013 年 5 月

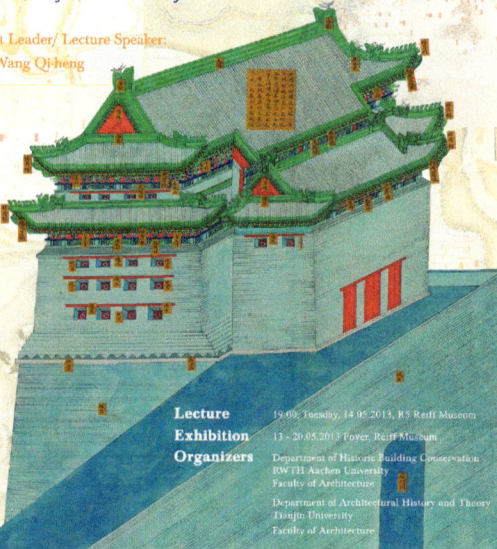

"筑造清国胜景：样式雷建筑图档展"，德国亚琛工业大学，2013 年 5 月

Memory of the World

国家自然科学基金资助

华夏建筑意匠的传世绝响

清代样式雷建筑图档展

Masterpieces of Architectural Conceptions of Ancient China
Exhibition of Yangshi Lei Architectural Archives of the Qing Dynasty

主办：国家文物局
协办：中国文物报
　　　中国国家图书馆
　　　故宫博物院
　　　中国第一历史档案馆
　　　中国文物研究院
　　　清华大学
　　　天津大学

"清代样式雷建筑图档展"，北京新文化运动纪念馆，2013 年 10 月

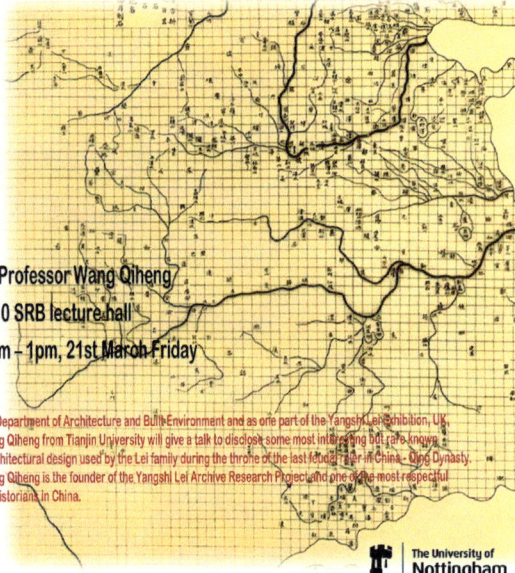

PINGGE –
an Unknown Method of Chinese Ancient Architectural Design in Qing Dynasty

Lecturer: Professor Wang Qiheng

Venue: C10 SRB lecture hall

Time: 11am – 1pm, 21st March Friday

Invited by the Department of Architecture and Built Environment and as one part of the Yangshi Lei Exhibition, UK, Professor Wang Qiheng from Tianjin University will give a talk to disclose some most interesting but rare-known methods of architectural design used by the Lei family during the throne of the last feudal paper in China – Qing Dynasty. Professor Wang Qiheng is the founder of the Yangshi Lei Archive Research Project and one of the most respectful architectural historians in China.

The University of
Nottingham
UNITED KINGDOM · CHINA · MALAYSIA

"清代样式雷建筑图档展"，英国诺丁汉大学，2014 年 2 月

Memory of the World

Exhibition of the Qing Dynasty *Yangshi Lei* Archives (1644 – 1911)

華夏意匠的世界記憶：中國清代樣式雷建築圖檔展

The Memory of the World : Masterpieces of Architectural Conceptions of Ancient China

Organization Department of Architecture
School of Design & Environment
National University of Singapore

Opening 5pm-6pm, Thursday 30th Oct 2014
30th Oct 2014 – 12th Nov 2014

Venue Mezzanine Level, Exhibition Hall SDE1

National Natural Science Foundation of China, Major Research Project

NUS National University of Singapore | School of Design & Environment

天津大学 Tianjin University

"清代样式雷建筑图档展"，新加坡国立大学，2014 年 11 月

1983 年王其亨依据测绘图及档案文献，以算求样，推算清代皇家陵寝地宫构造手稿

王其亨摹绘样式雷画样手稿

现存样式雷图档
数量分布统计

71%
19%
5%
2% 1%

- 中国国家图书馆
- 故宫博物院
- 第一历史档案馆
- 清华大学
- 日本东京大学东洋文化研究所
- 其他

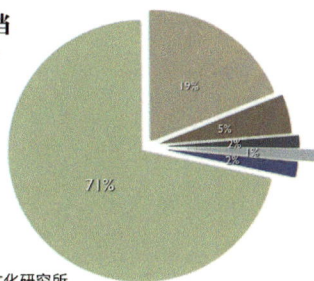

现存样式雷图档
来源统计

85%
8%
7%

- 家藏图档
- 进呈御览
- 管理官员、木厂、算房

国图
87%
13%

故宫
88%
12%

- 家藏图档
- 其他

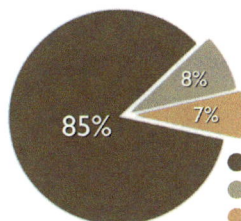

样式雷图档来源及数量统计

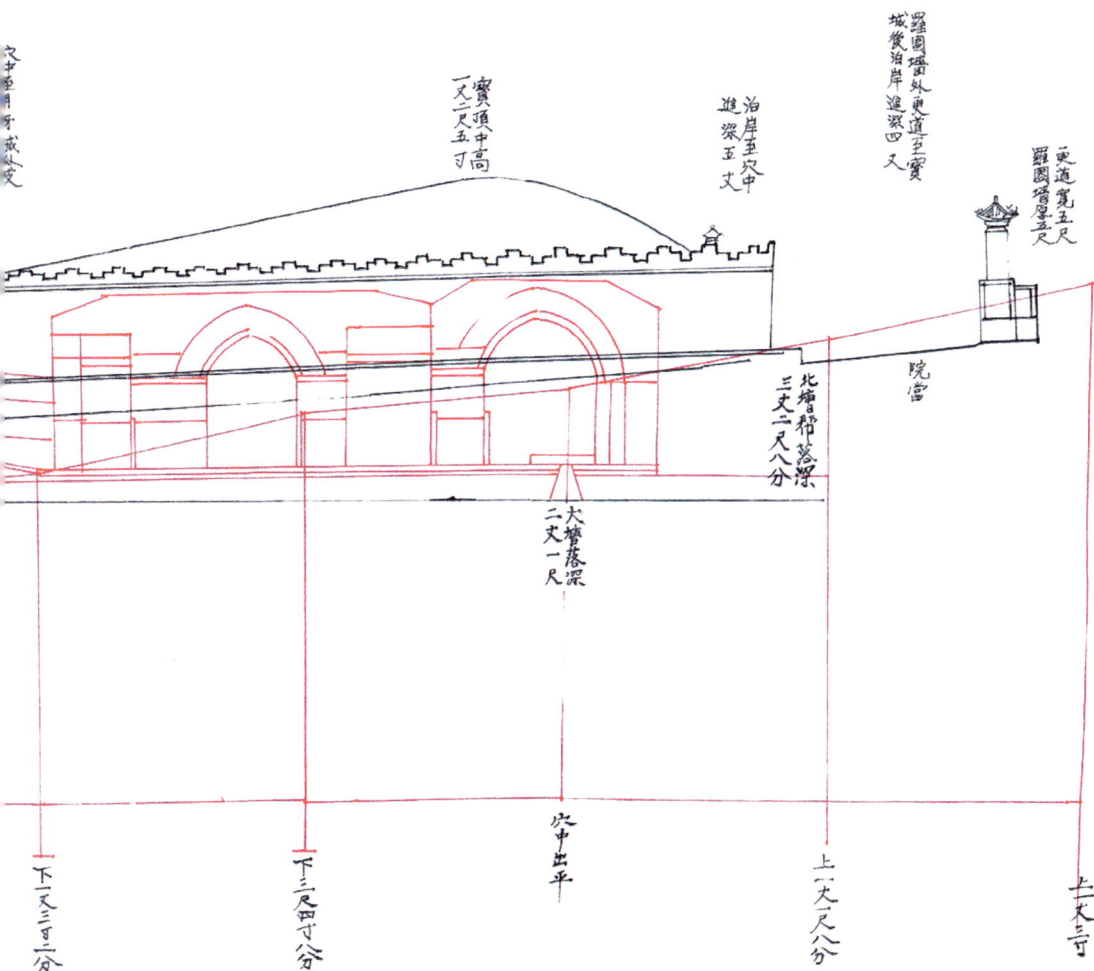

中国建筑史学史丛书

何蓓洁　王其亨　著

清代样式雷世家及其建筑图档研究史

中国建筑工业出版社

图书在版编目（CIP）数据

清代样式雷世家及其建筑图档研究史 / 何蓓洁，王其亨著. —北京：中国建筑工业出版社，2017.12（2022.10重印）
（中国建筑史学史丛书）
ISBN 978-7-112-21519-5

Ⅰ.①清⋯　Ⅱ.①何⋯ ②王⋯　Ⅲ.①建筑史—研究—中国–清代　Ⅳ.①TU–092

中国版本图书馆CIP数据核字（2017）第279343号

经学术界不懈探索，2007 年 6 月"中国清代样式雷建筑图档"被联合国教科文组织列入《世界记忆名录》，成为其中规模最大、内容最丰富的古代建筑设计图像资源。这就明确宣示，世界建筑史上有关中国古代建筑设计理念和方法等长久以来的"失语症"势将从此终结。本书系统回顾 20 世纪初以来样式雷及其建筑图档研究的艰辛历程，竭诚汲取前贤的宝贵学术思想和经验，裨益这一领域研究的深化发展。

丛书策划
天津大学建筑学院　　王其亨
中国建筑工业出版社　　王莉慧

责任编辑：姚丹宁 李　婧
书籍设计：付金红
责任校对：焦　乐

中国建筑史学史丛书
清代样式雷世家及其建筑图档研究史
何蓓洁　王其亨　著
＊
中国建筑工业出版社出版、发行（北京海淀三里河路9号）
各地新华书店、建筑书店经销
北京嘉泰利德公司制版
北京中科印刷有限公司印刷
＊
开本：787×1092 毫米　1/16　印张：18$\frac{1}{2}$　字数：336千字
2017 年 12 月第一版　2022 年 10 月第三次印刷
定价：99.00元
ISBN 978-7-112-21519-5
　　　（31180）

总 序

王其亨

  史学，即历史的科学，包含了人类的一切文化知识，也是这些文化知识进一步传播的重要载体。历史是现实的一面镜子，以史为鉴，能够认识现实，预见未来。在这一前瞻性的基本功能和价值背后，史学其实还蕴涵有更本质、更深刻、更重要的核心功能或价值。典型如恩格斯在《自然辩证法》中强调指出的：

    一个民族想要站在科学的最高峰，就一刻也不能没有理论思维。而理论思维从本质上讲，则正是历史的科学：理论思维作为一种天赋的才能，在后天的发展中只有向历史上已经存在的辩证思维形态学习。

    熟知人的思维的历史发展过程，熟知各个不同时代所出现的关于外在世界的普遍联系的见解，这对理论科学来说是必要的。

    每一个时代的理论思维，从而我们的理论思维，都是一种历史的产物，在不同的时代具有非常不同的形式，并因而具有非常不同的内容。因为，关于思维的科学，和其他任何科学一样，是一种历史的科学，关于人的思维的历史发展的科学。

这就是说，史学更本质的核心功能或价值，就在于它是促成人们发展理论思维能力，甚而站在科学高峰，前瞻未来的必由之路！

  从这一视角出发，凡是读过《梁思成全集》有关中外建筑，尤其是城市发展史的论述，就不难理解，当初梁思成能够站在时代前沿，预见首都北京的未来，正在于他比旁人更深入地洞悉中外建筑历史，进而更深刻地认识到城市发展的必然趋势。

  这样看来，在当下中国城市化激剧发展的大好历史际遇中，建筑史学研究的丰硕成果也理当被我国建筑界珍重为发展理论思维的重要资源，予以借鉴和发展。更进一层，重视历史，重视建筑史学，重视其前瞻功能和对发展理论思维和创新思维的价值，也无疑应当成为我国建筑界的共识，唯此，才能促成当代中国的建筑实践、理论和人才，真正光耀世界。

　　事实上，这一要求更直观地反映在学术成果的评价体系中。追溯前人的研究历史和思考方式，建立鉴往知来的历史意识，是学术研究的基本之功。研究是否位于学科前沿，是否熟悉既有研究成果，在此基础上，能否在方法、理论上创新，是研究需要解决的核心问题，在评审标准当中占有极大比例的权重。就建筑学科而言，这一标准实际上彰显了建筑史学的价值和意义，并且表明，建筑史学的发展，势必需要史学史的建构——揭示史学发展的进程及其规律，为后续研究提供方法论上开拓性、前瞻性的指导。如史学大师白寿彝指出：

　　　　从学科结构上讲，史学只是研究历史，史学史要研究人们如何研究历史，它比一般的史学工作要高一个层次，它是从总结一般史学工作而产生的。

　　以中国营造学社为发轫，以梁思成、刘敦桢先生为先导，中国建筑的研究和保护已经走过近一个世纪的历程，相关方法、理论渐臻完善，成果层出不穷。今日建筑史研究保护的繁荣和多元，与百年前梁、刘二公的筚路蓝缕实难相较。然而，在疾步前行中回看过去的足迹，对把握未来的发展方向无疑是极有必要的，学术史研究的价值也正在于此。然而，由于对方法论研究之意义和价值的认识不足，学界始终缺乏系统的、学术史性质的、针对研究方法和学术思想的全面分析和归纳。长此以往，建筑史学的研究方向势必漶漫不清，难于把握。因此，亟需对中国建筑史学史进行深入梳理，审视因果，探寻得失，明晰当前存在的问题和今后可以深入的方向。

顺应这一史学发展的必然趋势和现实需求，自 1990 年代以来，天津大学建筑学院建筑历史研究所的师生们，在国家自然科学基金、国家社会科学基金的支持下，对建筑遗产保护在内的建筑史学各个相关领域，持续展开了系统的调查研究。为获得丰富的历史信息，相关研究人员抢救性地走访 1930 年代以来就投身这一事业的学者及相关人物与机构，深入挖掘并梳理有关论著，尤其是原始档案与文献，汲取并拓展此前建筑界较零散的相关成果，在此基础上形成的体系化专题研究，系统梳理了近代以来中国建筑研究、保护在各个领域的发展历程，全面考察了各个历史时期的重要事件、理论发展、技术路线等方面，总结了不同历史阶段的发展脉络。

现在，奉献在读者面前的这套得到国家出版基金资助的"中国建筑史学史丛书"，就是天津大学建筑学院建筑历史研究所的师生们多年努力的部分成果，其中包括：对中国建筑史学史的整体回溯；对《营造法式》研究历史的系统考察；对中国建筑史学文献学研究和文献利用历程的细致梳理；对中国建筑遗产保护理念和实践发展脉络的总体归纳；对中国建筑遗产测绘实践与理念发展进程的全面回顾；对清代样式雷世家及其图档研究历史的系统整理，等等。

衷心期望"中国建筑史学史丛书"的出版有助于建筑界同仁深入了解中国建筑史学和遗产保护近百年来的非凡历程，理解和明晰数代学者对继承和保护传统建筑文化付出的心血以及未实现的理想，从而自发地关注和呵护我国建筑史学的发展。更冀望有助于建筑史学发展的后备力量——硕士、博士研究生借此选择研究课题，发现并弥补已有研究成果的缺陷、误区尤其是缺环和盲区，推进建筑历史与理论的发展，服务于中国特色的建筑创作和建筑遗产保护事业的伟大实践。同时，囿于研究者自身的局限性，难免挂一漏万，尚有待进一步完善，祈望得到阅览这套丛书的读者的批评和建议。

目 录

导　言

自康熙中叶到清末，曾有雷姓家族八代传人作为"样子匠"，供职于皇家建筑设计机构"样式房"，长期担当"掌案"统领设计事务，贡献卓杰，被世人誉为"样式雷"。现存清代皇家建筑凡都城、宫苑、坛庙、陵寝、府邸、衙署等，大多留下了样式雷的不磨印记。而同这些建筑遗产及相关旨谕、奏折、工程备要、销算黄册等宫廷档案对应，作为样式雷世家赓续200多年职业活动的忠实记录，还有两万件图样、模型及《旨意档》《堂司谕档》等文档传世，被统称为样式雷图档，其中包括众多完整的工程个案，翔实载述了有关机构设置与运作、选址勘测、规划设计、施工以至传统工艺等方面的详情细节。

今年，正值"中国清代样式雷建筑图档"被联合国教科文组织列入《世界记忆名录》[1]十周年，也是该项图档被选为24个国家和地区最具典型性的世界记忆遗产项目之一，制成图版，在法国巴黎展出的五周年纪念。[2]凡此，均明确宣示，样式雷世家及其建筑图档研究在走过近90年的历程后，在几代学者持续不辍的奋斗下，长期以来世界建筑史上有关中国古代建筑设计理念和方法等的"失语症"将从此终结。其正如傅熹年强调："这是中国古代建筑史中有待发掘的宝藏之一，跨学科对样式雷图档进行全面整理和深入研究，必将深化中国建筑史界对古代建筑成就和水平的认识，并使世界建筑史界对中国古代建筑有更具体、深刻

---

[1] 2007年6月"中国清代样式雷建筑图档"被联合国教科文组织列入《世界记忆名录》，成为其中规模最大、内容最丰富的古代建筑设计图像资源。据联合国教科文组织（UNESCO）2002年2月颁布的新版《世界记忆：档案文献遗产保护指南》，"世界记忆"是记录全人类共有记忆的档案文献遗产，代表了世界大部分文化遗产，是人类思想演变及人类社会所做出的探索与取得的成就的真实记录，是历史留给今天及未来世界的丰厚遗产。UNESCO在1992年创立"世界记忆工程"，旨在实施其宪章规定的保护和保管世界文化遗产的任务，对世界范围内正逐渐老化、损毁、消失的文献记录，通过国际合作与使用最佳技术手段进行抢救，提高人们对文献遗产重要性和保管的必要性的认识。1995年创建的《世界记忆名录》，收编符合世界意义入选标准的文献遗产，由"世界记忆工程"秘书处保管，登录标准包括真实性（authenticity）、独特和不可替代性（unique and irreplaceable）、重要性（significance），通过联机方式在网上公布。

[2] 2012年10月教科文组织为庆祝"世界记忆工程"20周年，精选了24个国家和地区最具典型性的世界记忆遗产项目，制成图版，在巴黎总部展出，其中唯以中国清代样式雷图档彰示了古代建筑设计的智慧，凸显出其对于人类文明历史的无与伦比的意义和价值。

的认识。"① 事实上，鉴于样式雷图档弥足珍贵的价值，80 余年前朱启钤创立中国营造学社，抢救性地搜集整理和研究样式雷图档，便同宋《营造法式》和清《工程做法则例》等研究并重为架构中国建筑史学的基石，更由此指向建筑史学要髓，即古代建筑师、设计理念与方法及工官制度等研究。为裨益这一领域研究的深化发展，认真回顾样式雷及其建筑图档研究的艰辛历程，竭诚汲取前贤的宝贵学术思想和经验，无疑是十分必要的。为此，本书勉力综罗相关文献资料，系统回顾了 20 世纪初以来样式雷世家及其建筑图档研究领域的发展概况。

样式雷世家及其建筑图档的研究始于样式雷图档的传世与收藏。

1912 年，中国最后一个帝制王朝清朝覆灭，1924 年，末代皇帝溥仪被逐出皇宫，其后有关这个王朝的各种记录成为历史研究者争相搜集的重要一手素材。典型如清代 8000 麻袋的内阁大库档案，清亡后几经转手，一度被贱卖入纸厂回收，后被研究者抢救赎回，成为与殷墟甲骨、敦煌经卷、战国秦汉竹简并称的 1920 年代的学术四大发现。这一时期，样式雷氏因世代从事皇家建筑工程，在家中集中收藏有历朝工程图档，受到了时任民国政府内务部总长朱启钤的关注。因致力于中国古代营造文献的搜集与研究，朱启钤敏锐地认识到样式雷家藏图档的重大价值。在其呼吁奔走下，图档于 1930 年由北平图书馆垄断性购藏，避免了在各国列强入华大肆进行文化侵略的时代背景下，图档被抽购一空的悲剧。此后，以中国营造学社为研究主体的整理工作旋即展开，整理后的样式雷图档成为研究清代皇家建筑的第一手材料。

学术史上，以新材料的发掘带动新研究领域发展的事例并不鲜见，后人有理由从这里看到中国建筑史中一个新的研究领域的产生。

围绕图档的整理编目，以朱启钤为首的前辈学人在这一新领域内筚路蓝缕，举集体之功，构建了样式雷世家及其建筑图档整理研究的方法。但因时局变化，这项研究未及深入扩展便在 1937 年后戛然而止。本书第一章"垂范后世（1912—1937 年）"即围绕样式雷图档的垄断性购藏，以及样式雷世家和图档的开拓性研究展开，揭示了朱启钤带领下的中国营造学社在这一研究领域所取得的辉煌业绩，及其对后续研究的深远影响。

此后，虽仍有研究者继续零星利用样式雷图档从事研究，但长期以来，样式雷传世图档的全貌及其重要价值并未得到系统揭示。其中，上万件图档的鉴识、整理、编目是这一领域研究继续深化的重要基石。尽管朱启钤经过图档的初步编

---

① 引自傅熹年 2000 年为国家图书馆善本部申报社科基金项目的推荐信。

目，已清醒地意识到样式雷图档的整理必须建立在极其大量的背景研究工作基础上，但直到 1980 年代才由天津大学践行了这一研究理路，并实现了世家及图档研究的突破。本书第二章"承先启后（1937—1998 年）"围绕样式雷图档的传布及图档的研究利用展开，指出了这一时期样式雷世家及其建筑图档研究几陷停滞后，率先在清代皇家陵寝样式雷图档的研究中取得了突破性进展。

1999 年以后，随着中国国家图书馆藏样式雷图档的整理编目全面启动，这一研究领域方兴未艾，不仅得到不同学术背景的学者的广泛关注，也在社会上引起了巨大反响。本书第三章"走向多元（1999—2004 年）"即围绕天津大学对中国国家图书馆藏样式雷图档的系统整理及综合研究展开。这一时期的研究成果集中体现在 2004 年国家图书馆举办的"华夏建筑意匠的传世绝响——清代样式雷建筑图档展"中，由天津大学制作完成的 61 块展板是样式雷研究历程中具有里程碑意义的成果展示。此后该展览在世界各地巡展，不仅使样式雷世家及其建筑图档的研究再度复兴，也直接促成了 2007 年清代样式雷建筑图档入选《世界记忆名录》，获得世界性认同。

随着样式雷研究领域内各研究主体依据自身学术积累，对样式雷世家及其建筑图档展开深入研究，促使样式雷图档的整理编目取得重大进展，国内主要收藏单位也加紧从事图档的编目，以希尽快将这批珍贵的档案公之于世。本书第四章"扩而充之（2005 年至今）"围绕图档的深入鉴定编目以及系统研究展开，综述了天津大学在一系列国家自然科学基金资助下，特别是 2008 年至 2011 年在国家自然科学基金重点项目的资助下，对样式雷世家及其建筑图档展开综合研究取得的重要进展，以及清华大学在圆明园样式雷图档的专项研究中不断探索，陆续出版的多部专著。

至此，本书以时间为序，将 20 世纪初至今 80 余年的样式雷研究历程分为四个阶段，重点突出不同阶段在研究主体、研究内容、研究方法等方面呈现的时代特点。对这一研究历程的回溯，突现了以往研究的曲折道路，带给我们这样的启示：

1. 在清代样式雷世家及其传世的上万件建筑图档的研究中，最本质、最核心也是最困难的问题，就是如何结合相关皇家建筑遗存的大规模测绘研究，以及对应工程档案的系统发掘，从各建筑工程项目的选址、规划、设计、施工及管理等方面，予以缜密解析，竭诚使图档可读可利用；非如此，不可能全面揭示这一世界记忆遗产的奥秘、意义和价值。样式雷世家各代传人的卓杰成就及其世界地位，也唯有立足于此，才能充分彰显。

2.样式雷图档的整理难度及巨大的背景工作量已充分证明，这项工作任重道远，绝非个人之力在短期内可以完成，必须仰赖于专业修养博洽、精诚敬业、善于合作的精英型学术团队，与图档收藏单位的通力合作，制定明确的目标、切实可行的技术路线方可成事。

最后，本书的付梓，受惠于朱启钤、刘敦桢、王璧文、单士元等前贤在该领域的不断开拓，他们为后人树立了作为学者的典范和榜样。感谢众多前辈与同仁长期以来对天津大学样式雷研究给予的鼎力支持，他们是：清华大学吴良镛院士；中国建筑设计研究院傅熹年院士；北京图书馆（现中国国家图书馆）任继愈、任金城、黄润华、苏品红、项惠泉；北京图书馆出版社（现国家图书馆出版社）郭又陵；故宫博物院晋宏逵、傅连兴、周苏琴；中国文化遗产研究院刘志雄；美国康奈尔大学东方图书馆韩涛（Thomas H. Hahn）；日本东京大学村松伸、东洋文化研究所大田省一、井上直美；德国柏林亚洲艺术博物馆鲁克思（Klaas Ruitenbeek）等。天津大学几代师生的不懈努力以及样式雷研究团队成员的互相支持与团结协作是本书顺利完成的坚实后盾，从这一意义上而言，本书是属于这个学术团队的集体成果。

第一章　垂范后世：

样式雷建筑图档的抢救性购藏及开拓性研究（1912—1937 年）

一、奠基：雷氏家藏图档的垄断性购藏

朱启钤（1872—1964年）（图1-1），字桂辛，晚年别署蠖公，贵州紫江（今开阳县）人。朱启钤出身名门，家学颇深，少年时便显示了经世之才，受新学影响立志实业救国，入仕后多次督管建筑工程。光绪三十一年（1905年），清政府设立巡警部，朱启钤奉派创办京师警察市政，更"以司隶之官，兼匠作之役"，不仅——周览宫殿、苑囿、城阙、衙署等古迹，还遍访匠师，蓄志搜集"学士大夫所不屑闻，古今载籍所不经觌"的营造文献，"零闻片语，残鳞断爪，皆宝若拱璧"。民国以后，朱启钤不改其志，在内务部总长任内，于北平整治社稷坛为中央公园，开通南北长街和南北池子，兴筑京师环城铁路，改造正阳门瓮城，疏浚京畿河道。[①] 在长期督办建筑工程的实践中，"耳目所触，愈有欲举吾国营造之瑰宝，公之世界之意"[②]，因此早在1914年便开始苦心访求样式雷遗物，却遭到雷氏后裔拒斥：

> 民国初建，虽经当轴设法访求此项图样，彼时雷氏犹以为将来尚有可以居奇之余地，乃挈家远引，并将图样潜为搬运，寄顿藏匿，以致无从踪迹。[③]

1927年7月，成立仅两年的故宫博物院率先提选了原藏宫内造办处的圆明园等处烫样，在宁寿宫正殿皇极殿陈列展出[④]，这也是现知传世样式雷烫样的首次公开展示。这些烫样来自宫中旧藏，是奉旨"留中"之物。据1932

---

① 瞿兑之. 社长朱桂辛先生周甲寿序. 中国营造学社汇刊，1932，3（3）.
② 朱启钤. 中国营造学社开会演词. 中国营造学社汇刊，1930，1（1）.
③ 朱启钤. 社事纪要·建议购存宫苑陵墓之模型图样. 中国营造学社汇刊，1930，1（2）.
④ 故宫博物院编. 北平故宫博物院文献馆一览（1932）。样式雷主持绘制及制作的进呈样中有奉旨"留中"、存档宫禁的，有随题本、奏折呈递的，还有移交内务府等机构保存的画样和烫样。1925年10月10日故宫博物院成立后，此项图档中尚存留宫中的便与其他故宫清廷档案一并由博物院新设图书馆文献部集中保管。

图 1-1　朱启钤像（资料来源：引自 2004 年"清代样式雷建筑图档展"）

图 1-2　原存内务府造办处的北海画舫斋烫样，故宫博物院藏 [资料来源:何蓓洁,王其亨 . 华夏意匠的世界记忆—— 传世清代样式雷建筑图档源流纪略 . 建筑师，2015（03）: 51-65]

年 1 月故宫文献馆 [1] 统计，内务府造办处原存圆明园、北海等处烫样共 22 件（图 1-2），包括：

> 圆明园殿等处一方共十件。清夏堂等处一方共六件。画舫斋殿等处二件。澄性堂等处一件。宾竹室殿等处一件。同豫轩殿等处一件。濠濮间等处一件。[2]

事实上，1927 年前后，雷氏后裔迫于生计，已在四处求售其先辈庋藏的大量烫样及图档，朱启钤密切关注，屡屡亲往雷宅探寻，仔细鉴别真伪并详问雷家家世以资佐证。[3] 无奈雷氏索价颇高，朱启钤多年倾囊从事营造研究，已负债累累，无力支付。1929 年 3 月下旬，颇具公众参与意识的朱启钤，将历年编摩、采集所得营造图籍在北平中央公园陈列展出，引起当时学界乃至社会各界的广泛关注。展览后，朱启钤立即向中华教育文化基金会（下除引文外均简称"基金会"）申

---

① 该文献馆即中国第一历史档案馆前身：1925 年故宫博物院成立，设"古物"、"图书"二馆，图书馆又分图书部和文献部；1928 年 10 月南京国民政府颁布故宫博物院组织法，设"古物"、"图书"、"文献"三馆；1951 年 5 月故宫改组，文献馆改为档案馆；1955 年 12 月档案馆归属国家档案局领导，改称"中国第一历史档案馆"。参见张德泽 . 中国第一历史档案馆大事年表 . 历史档案，1998（1）.

② 见故宫博物院编 . 北平故宫博物院文献馆一览，1932.

③ "近年穷困愈甚，时事日非，闻其四出求售，而零星购得者颇有数起，曾经往观，见其陈列之品多系圆明园、三海及近代陵墓之模型，虽无百年以上之旧物，而黄签贴说，系当年进呈之原件，尚居多数，询其家世亦尚相符。"引自社事纪要·建议购存宫苑陵墓之模型图样 . 中国营造学社汇刊，1930，1（2）.

请资助①，改组由其创立于 1925 年的中国营造学会为中国营造学社，网罗专家研究中国古代建筑。为此，他特地撰写《中国营造学社缘起》，翌年 7 月刊于《中国营造学社汇刊》第一卷第一册，明确提出学社宗旨和初期工作的重点，其中仍包括访求样式雷图档：

> 访问……样房、算房专家。明清大工，画图估算，出于样房、算房；本为世守之工，号称专家，至今犹有存者。②

至 1930 年 5 月，家居北京西直门东观音寺胡同的样式雷后裔所售图档，已多有"零星购得者"，尤其是积极在华搜购的日、德、法、美等国的机构或个人。朱启钤在日益严峻的时局中，深忧这一珍贵文物"流出国外及零星散佚"，迅即亲访雷宅，一面托人谈判"完全出售，丝毫不存"的价格，一面设法筹款，专函基金会，建议购存，以期"于最短期间使此项图型得一妥善之安置"。作为学术史上的重要文献，该专函刊布在当年 12 月《中国营造学社汇刊》第一卷第二册《社事纪要》③（图 1-3），其中高瞻远瞩地提出了相关蒐集、整理和研究工作的方略：④

第一，样式雷世家及其建筑图档研究，包括设计程序，应明确其工官制度背景。

> 在习惯上，每有大工，先由样子房根据《工程做法则例》绘图烫样，定案以后，再由算房估计工料。此项图样，即由样房保存，盖以技术专门，非尽人可以从事，较他部之档房书吏更为重要。

第二，传世样式雷图档具有多重价值，应珍重为国宝。

> 在雷氏世守之工……而所保存之图样，亦不得不视为前民艺术之表现。即如圆明园等实物无存，得此可以考求遗迹；故宫、三海等处并可与实物互相印证；至陵寝地宫向守秘密，今乃借此为公开研究；实于营造学、考古学均有重要之价值。

第三，传世样式雷图档应尽快由文化机关完整收藏，组织专家整理研究并公诸社会。

> 鄙意北平现有文化各机关，如图书馆、博物院，若能及时收买，再由专门家加以整理，或择要印行，在学术上亦有相当之收获。倘不幸而全部流

---

① 中华文化基金会即"中华教育文化基金董事会"，1925 年 6 月成立，管理美国 1924 年退还中国的"庚子赔款"以资助文化教育事业，1926 至 1945 年拨款 24250893 元和 392795 美元，资助大学、研究机构和文教组织 96 个，包括中国营造学社。见（美）费正清等. 剑桥中华民国史. 北京：中国社会科学出版社，1993：437-439.
② 朱启钤. 中国营造学社缘起. 中国营造学社汇刊，1930，1（1）。
③ 朱启钤. 社事纪要·建议购存宫苑陵墓之模型图样. 中国营造学社汇刊，1930，1（2）.
④ 朱启钤. 社事纪要·建议购存宫苑陵墓之模型图样. 见：中国营造学社汇刊，1930，1（2）：函中述及价格谈判："至所需价格，从前欲望颇奢，索价三万元；近据原介绍人报告：叠经磋减至七千五百元，似可就范。"

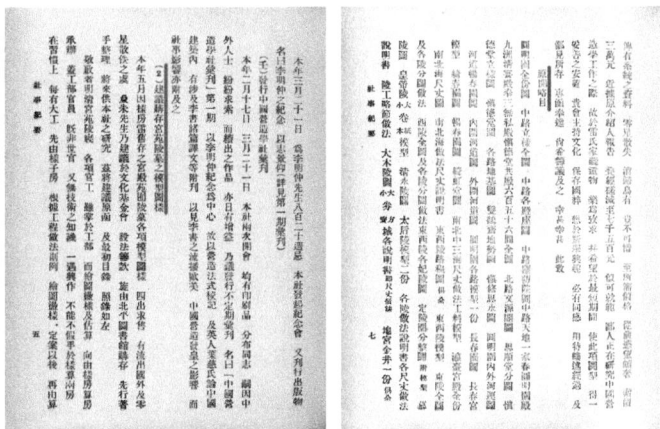

图 1-3　1930 年 12 月发表的朱启钤《建议购存宫苑陵墓之模型图样》及《原开略目》[资料来源：朱启钤.社事纪要·建议购存宫苑陵墓之模型图样.中国营造学社汇刊，1930，1（2）]

落国外，或任听肆贾随意抽卖，俾有系统之资料零星散失，消归乌有，岂不可惜！……希望于最短期间使此项图型得一妥善之安置。

与该专函一并刊布的，还有学术史上第一份样式雷图档原始目录，即《原开略目》，全文摘录如下：

圆明园全份图，中路立样全图，中路各殿座图，中路关防院图，中路天地一家春、圆明园殿、九洲清晏殿、奉三无私殿、慎德堂，共殿六百五十六间全图，北路文源阁图，思顺堂分图，慎德堂立样图，慎德堂图，各路地基图，双鹤斋地势图，慎修思永图，圆明园内外河运图，河道畅春园图，内围河道图，外围河道图，圆明园各路模型一份，长春园图，长春宫模型，绮春园图，畅春园图，绮虹堂图，南北中三海尺寸做法工料模型，瀛台宫殿全份，南北海尺寸图，南北海做法尺丈说明书，东西陵路程图俱全，东西陵模型，东陵全图及各陵分图做法，西陵全图及各陵分图做法，东西陵各妃陵图，定陵圈分整图附模型，慕陵图，皇帝陵大、小卷纸、木模型，清永陵图，太后陵模型二份，各陵做法说明书各尺寸做法说明书，陵工略节做法，大木陵图大、小券方、宝城各说明书即尺丈做法，地宫金井一份俱全，宝顶券模型一份，大殿木架构造模型一份，丫髻山宫殿做法，妙峰山殿座各图，万寿庆典彩棚点景图。

以上系就各介绍人交来雷氏藏品目录略加排比所作，务于原目不失真相。又原目有"照账完全出售，丝毫不存"等语，应即附记。

1930 年 6 月，经朱启钤建议，基金会同意拨款五千元，实际花费四千五百元，将首批样式雷家藏图档及烫样从东观音寺胡同雷宅全数购入北平图书馆，共计图档数百种、烫样 37 箱[①]，整理工作旋即在学社指导下进行。[②]10 月 10 日至 12 日，该馆举办图书展览会，部分样式雷圆明园、三海及定东陵等烫样经过修理，首次面向公众展示，不仅吸引了上千名中外人士到场参观[③]，也受到学术界的关注。[④]

同年末，析居西城水车胡同的另一房雷氏后裔，也开始出售其先辈所藏烫样，经学社斡旋，仍由基金会出资，由北平图书馆购存。[⑤]就此，朱启钤又发表《十九年度中国营造学社事业进展实况报告·建议购存宫苑陵墓之模型图样》，澄明了购存样式雷家藏图档的概况：

> 十九年五月……第一批出售图型者，为雷献春，住西直门东观音寺，即为雷氏嫡支。又有别支雷耀亭，名文元，住西城水车胡同，父名献祥，字云生，伊伯父献禄，字福生，叔父献祯，字震生，现均穷困，同年冬间，又以耀亭所藏模型一宗出售，计三部分，一为南海勤政殿，二为颐和园戏台，三为地安门，皆光绪年间之物，烫样亦与前次式样不同，足证前次所售时代较古。又经介绍，仍归北平图书馆购存。[⑥]

重要的是，报告还指出，故宫文献馆等尚藏有样式雷当年进呈宫中的部分图档，且其中一些烫样残毁严重，构件甚至无法拼接，这引起了朱启钤的高度重视。在其倡议及斡旋下，故宫博物院得以利用北平图书馆及中海图书馆[⑦]藏相关画样等，对烫样进行了紧急修复：

> 又故宫文献馆，藏有模型甚多，查系圆明园慎德堂等处之烫样，但破坏不堪，急待整理。而慎德堂图样，又在中海图书馆。当经函商文献馆，设法与中海图书馆协商参照原图加以整理，现正在进行中。[⑧]

---

① 1930 年 6 月《国立北平图书馆馆务报告》："本年六月本馆委员会商得董事会同意拨款五千元，全数购入除圆明园三海及近代陵工之模型 27 箱外，尚有各项工程图样数百种，黄签贴说，确为当年进呈原件，不得不视为前民艺术之表现也。"1930 年 7、8 月《国立北平图书馆馆刊》第四卷第四号《馆讯·圆明园模型之整理》："上月间，本馆由东观音寺雷宅购入工程模型三十七箱，系圆明园及三海普陀峪陵工各项模型，制作极精。圆明园早被焚毁，得此模型，已可粗知梗概。本月已将该园部分，整理告竣。"又见觉明《圆明园罹劫七十年纪念述闻·述近出关于圆明园之各种资料》（见 1930 年 12 月 2 日《大公报·文学副刊》、1931 年 4 月《中国营造学社汇刊》第二卷第一册）

② 1930 年 7 月—1931 年 6 月《国立北平图书馆馆务报告·舆图之整理》："上年度与圆明园三海模型共同购入之各宫殿苑囿寝图样及工料帐簿等数千种亦在清理中。"

③ 馆讯·双十节图书展览会. 见：国立北平图书馆刊，1930，4（5）："本馆……兹乘国庆纪念……于本月十、十一、十二等三日开图书展览会三日。……雷氏家藏圆明园、三海、普陀峪陵工等处建筑模型若干件，皆属罕见之品。三日间中外人士到会参观者有三四千人之谱云。"另见向达. 圆明园遗物文献之展览. 中国营造学社汇刊，1931，2（1）。

④ 如 1930 年 12 月 1 日和 2 日，向达（署名"觉明"）在《大公报·文学副刊》第 151、152 期上发表《圆明园罹劫七十年纪念述闻》，述及新出圆明园资料，介绍了北平图书馆自东观音寺雷宅购入的圆明园烫样。

⑤ 1930 年 7 月至 1931 年 6 月《国立北平图书馆馆务报告》记录此次收购"圆明园及三海等建筑模型"开销共 1745 元。

⑥ 本社纪事. 中国营造学社汇刊，1931，2（3）。

⑦ 北平图书馆前身京师图书馆于 1928 年底自方家胡同迁到中海的"居仁堂"，更名为"国立北平图书馆"，1929 年 9 月与北平北海图书馆合并，1931 年北海西岸新馆落成。此处的中海图书馆或指北平图书馆的中海馆。

⑧ 又见《北平故宫博物院文献馆一览》："（民国）二十年四月，整理圆明园等处模型。"

1931 年 3 月 21 日为纪念李明仲 821 周忌，学社特联合北平图书馆，在中山公园水心榭举办"圆明园遗物与文献展览"，其中包括 1930 年以来购自雷献春、雷文元两房雷氏后裔并已修理装裱的圆明园烫样 14 件和画样 29 幅。① 展览广受公众好评和欢迎，原本一日的展期甚至在学界的强烈要求下延长一日，仅两天，参观人数便达万人以上，媒体也纷纷报道。②

时隔半年的两次展览引发的轰动效应无疑使"样式雷"及其家藏皇家建筑烫样和图纸声名鹊起。1931 年 5 月，家居水车胡同的雷文元竟然又售给中法大学大批样式雷图档③，朱启钤幸获目录（图 1-4），迅即审查并发表报告《中法大学收获样子雷家图样目录之审定》：

> 雷氏遗物本为兄弟分据。其水车胡同一房，往年宣传出卖，幸经北平市工务局长汪申伯④君为中法大学购存，送来目录一册，约有一千余幅之多。兹经审查原册所开名目，与去年北平图书馆购藏者固多；而圆明园部分及内廷、行宫、坛庙、府第，在道光以后新历史亦有可重视者。但内容如何，未见原图，无从鉴别。姑以原册转授图书馆员，并为之区分大概，备编详目，冀作进一步之整理。⑤

中法大学此次大规模购藏样式雷图档后，仍持续搜求不辍，成为北平图书馆之外收藏最丰富的机构。事实上，1930、1931 年的两次大规模购藏荟集了雷氏家藏图档的绝大部分。朱启钤终以极大的决心、非凡的毅力，凭借一己之力，感召社会，使上万件珍贵的样式雷家藏图档避免了四处流散的厄运，完整地保留在中国的研究机构中（图 1-5）。

---

① "样子雷原存烫样残品经北平图书馆修整属于圆明园部分者：中路大宫门、宫门、两卷殿、清夏堂全样、同乐园、上下天光、恒春堂、思顺堂、泉石自娱、南路勤政殿、北路课农轩、东路廓然大公、西路全碧堂、万方安和"。"样子雷原存经北平图书馆整理属于圆明园部分者三百二十余处，一千八百八十余件，内中已经装裱陈列者：圆明园中路各座地盘画样一幅、中路准底一幅、圆明园中路一幅、恒春堂全碧堂殿宇房间新式地盘画样二幅、万方安和底样三幅、安澜园地盘画样一幅、同乐园殿宇房间戏台地盘尺寸画样一幅、上下天光二幅、北路课农轩地盘画样一幅、双鹤斋地盘画样二幅、清夏堂殿宇房间尺寸地盘画样一幅、中路天地一家春改准样二幅、万春园天地一家春殿宇房间地盘尺寸画样一幅、北路远瞩尺寸一幅、北路谐奇趣一幅、北路西洋楼万花阵谐奇趣地盘三幅、万花阵草底二幅、内围河道泊岸全图准样一幅、内围河道全图一幅、来水河道全图一幅"。引自本社纪事·圆明园遗物与文献之展览·圆明园遗物文献展览之略目.中国营造学社汇刊，1931，2（1）.
② 略如：记圆明园遗物展览.北洋画报，1931-3-28.
③ 见中国文化遗产研究院藏《民国二十年五月中法大学购得部分雷家杂图样单》.另有朱启钤遗稿《雷思泰》指出："民国廿年，水车胡同亦以所藏图型出售，为中法大学收实一部。"按：中法大学成立于 1920 年，在民国初年蔡元培发起组织的留法俭学会、法文预备学校和孔德学校的基础上组建。首任校长蔡元培（1920—1930 年），李石曾、李书华、李麟玉等先后出任代理校长。1949 年因经费困难，改为"国立中法大学"。1950 年夏，与华北大学工学院合并。1951 年定名为北京工业学院，1988 年，更名为北京理工大学。
④ 汪申（1895—1989 年），字申伯，安徽婺源人，1925 年毕业于法国建筑高等专业学校，工学硕士，历任北平大学艺术学院建筑系主任，北平文物整理委员会副处长，故宫博物院建筑技师，北平市工务局长，中法大学法文系主任。1932 年至 1937 年任中国营造学社校理。
⑤ 朱启钤.中法大学收获样子雷家图样目录之审定.中国营造学社汇刊，1932，3（1）：188.

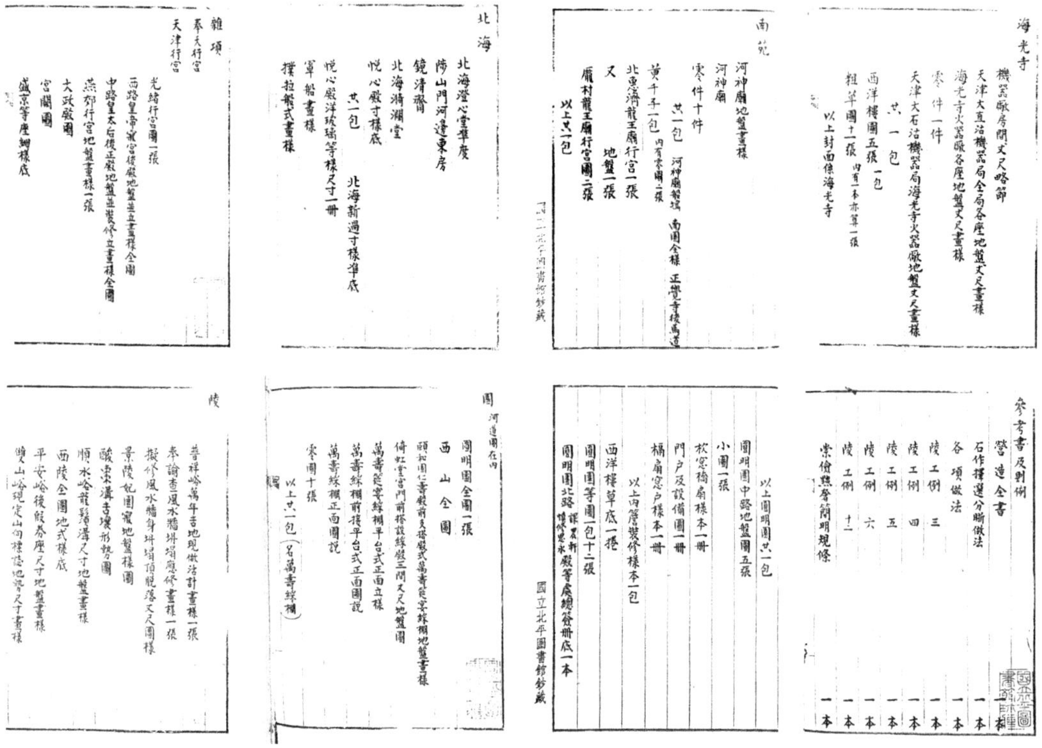

图 1-4 1932年北平图书馆钞藏《中法大学样式雷图档目录》[资料来源:史箴,何蓓洁.高瞻远瞩的开拓,历久弥新的启示——清代样式雷世家及其建筑图档早期研究历程回溯.建筑师,2012（01）:45-59]

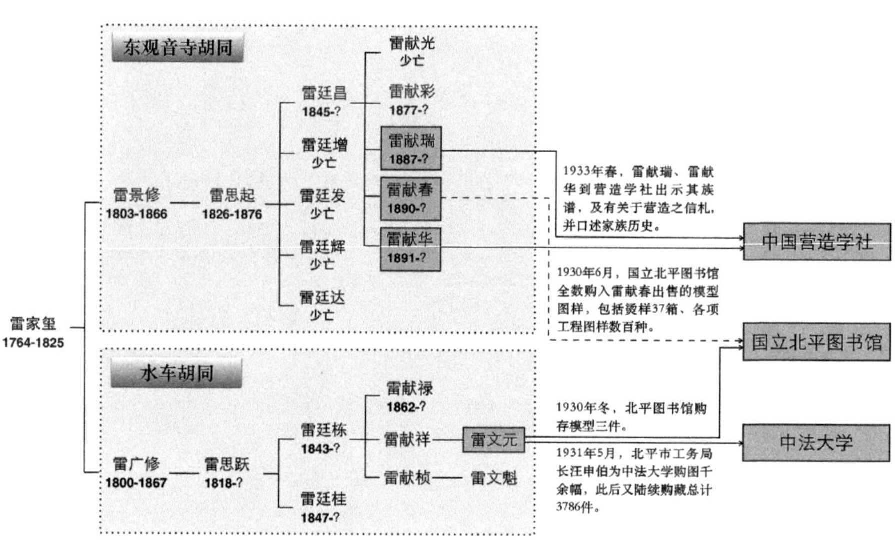

东观音寺胡同

雷家玺 1764-1825 — 雷景修 1803-1866 — 雷思起 1826-1876

- 雷廷昌 1845-?
  - 雷献光 少亡
  - 雷献彩 1877-?
- 雷廷增 少亡
- 雷廷发 少亡
  - 雷献瑞 1887-?
  - 雷献春 1890-?
  - 雷献华 1891-?
- 雷廷辉 少亡
- 雷廷达 少亡

1933年春，雷献瑞、雷献华到营造学社出示其族谱，及有关于营造之信札，并口述家族历史。 → 中国营造学社

1930年6月，国立北平图书馆全数购入雷献春出售的模型图档，包括烫样37箱、各项工程图样数百种。 → 国立北平图书馆

水车胡同

雷家玺 — 雷广修 1800-1867 — 雷思跃 1818-?

- 雷廷栋 1843-?
  - 雷献禄 1862-?
  - 雷献祥 — 雷文元
- 雷廷桂 1847-?
  - 雷献桢 — 雷文魁

1930年冬，北平图书馆购存模型三件。

1931年5月，北平市工务局长汪申伯为中法大学购图千余幅，此后又陆续购藏总计3786件。 → 中法大学

国立北平图书馆

中法大学

图 1-5 1930年代雷氏家藏图档垄断性购藏示意图（资料来源:何蓓洁绘）

二、拾遗：样式雷建筑图档的零星购藏

如前所述，在朱启钤多方奔走、竭力促成垄断性购藏样式雷图档前，雷氏家藏图档已有少量售出。此后，北平图书馆和中法大学的两次大规模收购，以及展览的举办，又使样式雷在京城名噪一时，相关建筑画样及烫样成为当时古物收藏的热点之一，不少机构、个人就曾渠道不同、规模不等地勉力收藏样式雷图档和相关文献。如陆达夫、陆伯忱父子从雷氏后裔处购得雷氏族谱、各类画样、烫样等，还向雷氏后裔采录口述历史[①]；1927年12月利用日本退还庚子赔款成立的北京人文科学研究所曾收购样式雷图档数十种[②]，收藏规模尽管有限，却不乏精品[③]（图1-6）；1931年5月至7月，日本建筑史家关野贞及竹岛卓一调查北京周边明清陵寝，从田中庆太郎的"文求堂"购得崇陵等陵寝图样18件，园林图样2件；1910年受聘清廷学部而长期居留北京，并曾加入营造学社的日本建筑师荒木清三，在华期间更收购277件雷氏画样和崇陵工程等数千件文档[④]（图1-7）；此外，美国康奈尔大学东方图书馆（图1-8）、法国巴黎吉美东方艺术博物馆（图1-9）、德国柏林民族学博物馆[⑤]也有少量藏品。

与此同时，社会上也泛起了针对样式雷图档的商业炒作。对此，1932年3月朱启钤在《中法大学收获样子雷家图样目录之审定》报告中奋起辟谬：

> 然举市对于样子雷过去之余波，竟有仿制模型宣传出售者。此等作伪程度，不难一望而知。有屡请本社专家，出为鉴定，发现数起矣。书贾肆人偶拾木厂人家之估册账簿，亦莫不视为奇货。吾辈之作俑，样子雷竟成王麻子汪麻子之市招。此余不得不急起辨正者。[⑥]

① 陆氏成果集中发表在《样式雷遗迹专号》,《北晨画刊》第6卷第9期第2、3版。详见史箴,何蓓洁.高瞻远瞩的开拓,历久弥新的启示——清代样式雷世家及其建筑图档早期研究历程回溯.建筑师,2012(01):45-59.
② 参见北京人文科学研究所编制.北京人文科学研究所藏书目录,1938.北京人文科学研究所是1927年日本政府利用"庚款"建立的在华研究机构。1949年以后,由中国科学院接收。1951年,在原有藏书基础上,建立了中国科学院图书馆。2006年3月,整合中国科学院所属的文献情报中心、资源环境科学信息中心、成都文献情报中心和武汉文献情报中心四个机构,成立了中国科学院国家科学图书馆。
③ 诸如：颐和园排云殿、乐寿堂等处陈设,镜春胪、水云乡等游船画样；平安峪定陵《工程备要》及《续要》；普陀峪、普祥峪定东陵《工程备要》；惠陵、崇陵、摄政王府、北海、颐和园等处《工程做法》,慈禧太后《万寿庆典六十段点景工程奏稿》等。现均存中国科学院国家科学图书馆。另外,现存北京大学图书馆的,还有1930年代日本学者收购的40幅雷氏家藏画样,包括晚清武英殿、中南海、颐和园、醇王府等。
④ 现藏日本东京大学东洋文化研究所。参见(日)井上直美.东京大学东洋文化研究所所藏清朝建筑关系史料目录,2004.
⑤ 2013年5月,经英国埃克赛特大学(University of Exerter)庄岳博士介绍,天津大学王其亨教授、朱蕾博士及何蓓洁博士,蒙德国柏林国家博物馆亚洲艺术馆馆长鲁克思(Klaas Ruitenbeek)热情引见,在柏林民族学博物馆库房中详细查看了样式雷烫样4件,包括惠陵妃陵寝全分样、惠陵妃陵寝地宫烫样、北京正阳门箭楼烫样,以及崇陵地宫烫样。
⑥ 本社纪事·中法大学收获样子雷家图样目录之审定.中国营造学社汇刊,1932,3(1):188-189.

图1-6　北京人文科学研究所购藏镜春舻立样,中国科学院国家科学图书馆藏 [资料来源：何蓓洁，王其亨．华夏意匠的世界记忆——传世清代样式雷建筑图档源流纪略．建筑师，2015（03）：51-65]

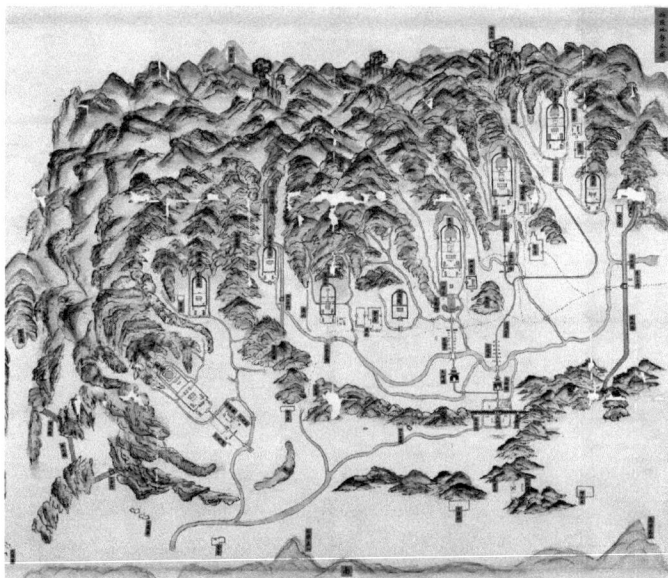

图1-7　清东陵风水形势全图（左），清西陵地势全图（右），均为荒木清三在华收购，现藏日本东京大学东洋文化研究所（资料来源：引自2004年"清代样式雷建筑图档展"）

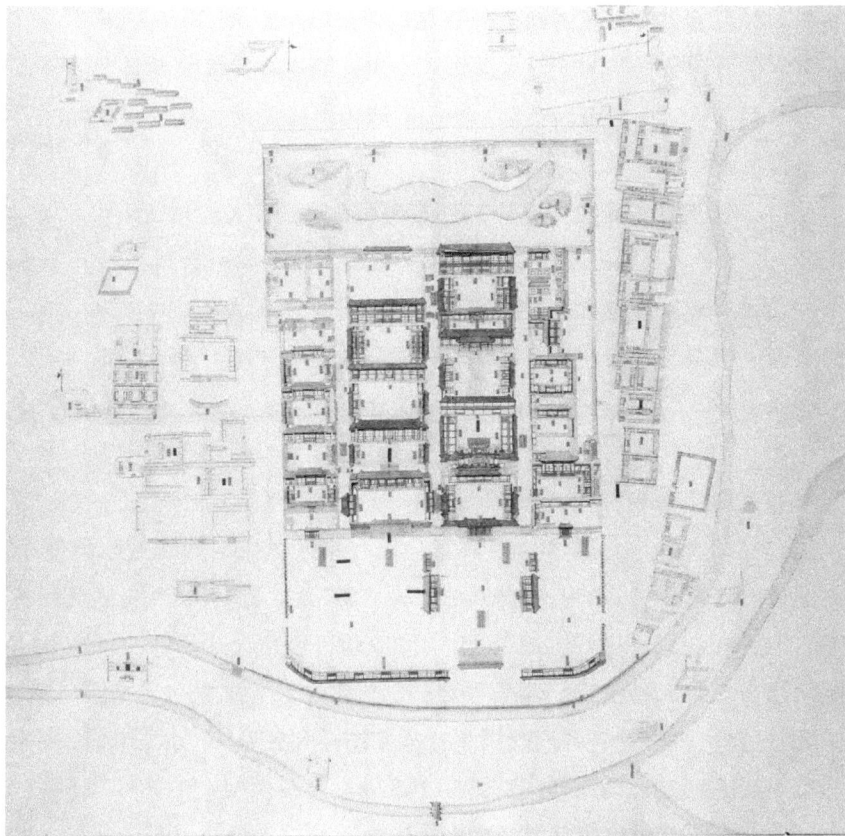

图1-8　天津行宫立样图，美国康奈尔大学东方图书馆藏（资料来源：引自2004年"清代样式雷建筑图档展"）

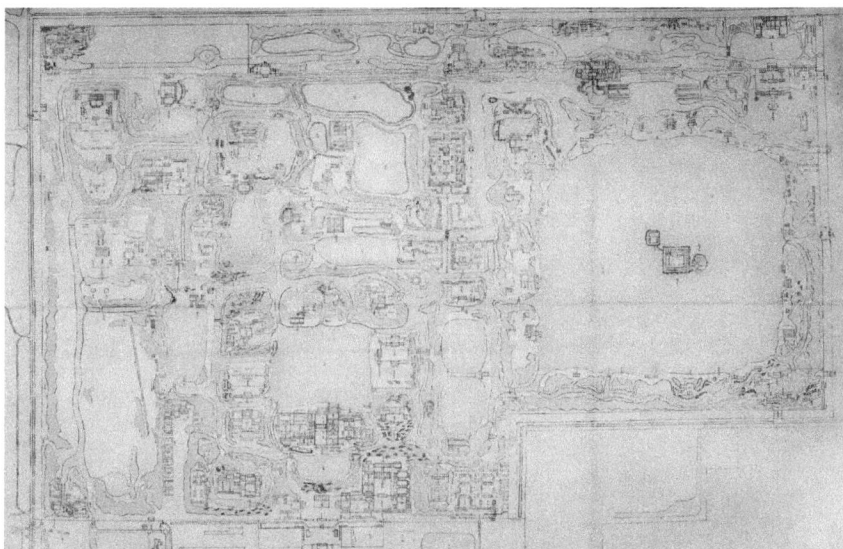

图1-9　圆明园地盘画样，法国巴黎吉美东方艺术博物馆藏（资料来源：引自2004年"清代样式雷建筑图档展"）

可见，除雷氏家藏图档外，曾参与营造活动的木厂作头、算房及官员等处未按例收交清廷保管的图纸，也被抛售于世。而更令人愤慨的是，为谋取利益而制作的"假古董"也在市面销售。① 为澄清传世样式雷真品的收藏概况，朱启钤还在报告中刻意申明：

其实雷家真实之遗物，年来收集结果，可大致论断如次：

（子）模型一类全在北平图书馆，间有一二件为外人所获，事在数年以前流出者。故宫文献馆所有各型，乃当年进呈烫样，留中未发者。其尺寸矩矱，均与雷家图样故做法估册档案相合。

（丑）图样一项在北平图书馆者约占四分之三，在中法大学者约占四分之一，此外散佚市面、历年经本社搜获及同好投赠作参考者，亦可谓为图书馆之附庸也。（东方图书馆② 搜获尚有一小部分）

此后，直到抗日战争全面爆发，仍有个人、机构陆续搜购散佚市面的样式雷图样。如学社与北平图书馆同心协力，1932 年至 1936 年间从五洲书局、大树斋、澄观阁、德古堂等书商处购入 2000 余件图档（表 1-1、图 1-10）。③ 其中，不乏出自堪舆人、营造厂作头等之笔。④ 此外，学社也在《中国营造学社汇刊》中刊登启事，向社会各界广泛征求样式雷图样和模型⑤，如汪申伯、刘南策就曾于 1935 年 6 月向学社捐赠样式雷图样 142 件、陵寝模型一座。⑥（图 1-11）

至于故宫文献馆所藏烫样，朱启钤对比画样、做法册等记载后，明确判定其属于当年进呈御览后"留中"未发之物。除烫样外，还有样式雷主持绘制的进呈画样，有奉旨"留中"、存档宫禁的，有随题本、奏折呈递的，还有移交内务府等机构保存的。此项图档理应在 1925 年 10 月 10 日故宫博物院成立后，与其他

① 如德国柏林民族学博物馆另藏有《热河行宫城门》烫样一具，据其拙劣的匾额字迹疑为近代仿制。
② 东方图书馆又名上海东方图书馆，1924 年由商务印书馆建立，以 1909 年该馆编译所建置的图书资料室涵芬楼为基础，广搜中外图书达 46 万余册。1932 年"一·二八"事变中遭侵华日军轰炸焚毁。
③ 据《国立北平图书馆馆务报告》中的年度《购书设备建筑费收支对照表》，1931—1933 年度北平图书馆分别花费 1745 元、380 元、700 元用于样式雷图档的收购。例如 1931 年 7 月—1932 年 6 月《国立北平图书馆馆务报告》载：此年度支出 380 元以收购"园陵宫殿建筑模型"；1932 年 7 月—1933 年 6 月《国立北平图书馆馆务报告》载：此年度支出 700 元采购"样子雷工程图样及长春园全部图样等，皆足补馆藏之缺"。1993 年 2 月《文献》载苏品红《样式雷及样式雷图》则指出："在此后的几年里，北平图书馆又先后在雷宅购得零星图样，在五洲书局、群英书社、东华阁等 30 余个书社斋阁购得 2000 余件图样。此外，中国营造学社也一直致力于搜集散佚市面的样式雷图样，并转交北平图书馆。到 1937 年'七·七'事变，北平图书馆收购雷氏资料的工作基本结束，共收藏样式雷图样 12180 幅册，烫样 76 具，其中，圆明园图样 2720 幅册、颐和园、香山、静明园等园林图样 840 幅册，其他园林、寺庙、王府公第及内外檐装修图 3450 幅册，陵寝图样 4820 幅册。1937 年北平图书馆将购存的 76 具烫样寄陈历史博物馆，后来转交故宫博物院古建部。"
④ 如中国国家图书馆藏购自五洲书局的图档中，有数件风水形势图，画风拙劣，与同时期样式雷家藏图档截然不同，经核查相关档案文献，已判明出自堪舆人员手笔。
⑤ 本社征求营造佚存图籍启示.中国营造学社汇刊，1930，1（2）.
⑥ 本社纪事·本社自二十四正月起至六月底止受赠各界图籍参考品胪列于左敬表谢悃.中国营造学社汇刊，1935，5（4）.

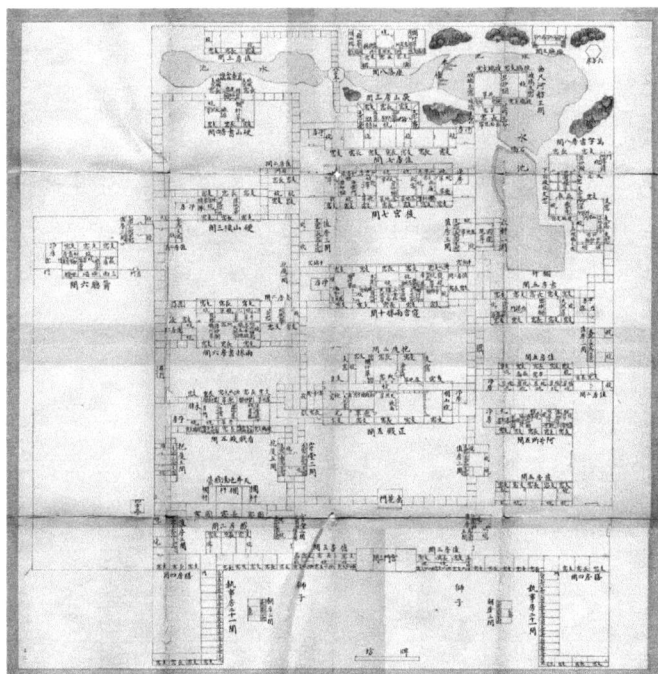

(a)　　　　　　　　　　　　　(b)

图 1-10　1932 年至 1936 年间北平图书馆自各书商处购入样式雷图档。a. 北平图书馆自五洲书局购买样式雷图档的凭证（资料来源：中国国家图书馆藏）；b. 嘉庆朝五台山台怀行宫座落地盘样，购自五洲书局，中国国家图书馆藏（资料来源：引自 2004 年"清代样式雷建筑图档展"）

图 1-11　普祥峪万年吉地地宫烫样，汪申伯、刘南策捐献中国营造学社，现藏清华大学建筑学院（资料来源：引自 2004 年"清代样式雷建筑图档展"）

北平图书馆购自各书商样式雷图档数量统计　　　表 1-1

书店名称	图档数量
五洲书局	画样 1000 件；装修板片 56 件
段记号	画样 100 余件
大树斋	画样 3 件
群英书店	画样 130 余件
蔚珍堂	画样 100 余件
亚洲书局	画样 150 余件
澄观阁	画样 193 件；装修板片 40 件
德古堂	画样 72 件
德友堂	画样 26 件
会文书店	画样 3 件
文化堂书局	画样 6 件
总数	画样 1783 件；装修板片 96 件

（资料来源：何蓓洁据国家图书馆原有排架目录统计）

清廷档案[①]一并由博物院新设图书馆文献部集中保管。1947 年，部分随题本、奏折进呈的画样迁往台湾，至今仍按原状存于台北故宫博物院[②]（图 1-12），其余画样则由故宫文献馆庋藏（图 1-13）。移交宫内机构保存的画样，则与其他舆图合并收藏。如部分画样归入内阁大库藏图，1909 年由清政府拨交新成立的京师图书馆（今"中国国家图书馆"前身）收存[③]；再如，部分画样与内务府造办处舆图合并，仍存宫中，1936 年 5 月故宫博物院文献馆编《清内务府造办处舆图房图目初编》就记录了数十幅样式雷画样。[④]（图 1-14）

---

① 如内阁大库档案、大内档案等。
② 现知台北故宫博物院藏样式雷画样均出自军机处录副奏折，画样作为奏折附件进呈。见傅乐治 . 奏折录副中的附图 . 故宫文物月刊，1986，3（12）:36-41. 又见冯明珠 . 图绘与历史——从院藏几幅北平故宫的建筑图说起 . 故宫文物月刊，1989，7（8）:70-79.
③ 现知中国国家图书馆藏舆图中，部分图依图名、年代可初步判断为样式雷，如同治年间《圆明园北路课农轩地盘画样》《圆明园廓然大公及文源阁等图样》。参见北京图书馆善本特藏部舆图组编 . 舆图要录：北京图书馆藏 6827 种中外文古旧地图目录 . 北京：北京图书馆出版社，1997.
④ 据图名及版本信息可初步判为样式雷画样的有《武英殿各座殿宇房间墙垣台丹陛等工地盘式样一幅》彩绘纸本，《怡亲王府第地盘画样一幅》墨绘纸本，《郑献亲王府第及西所花园底盘画样一幅》墨绘纸本等。该项图档的系统整理还有待相关研究工作的持续开展。

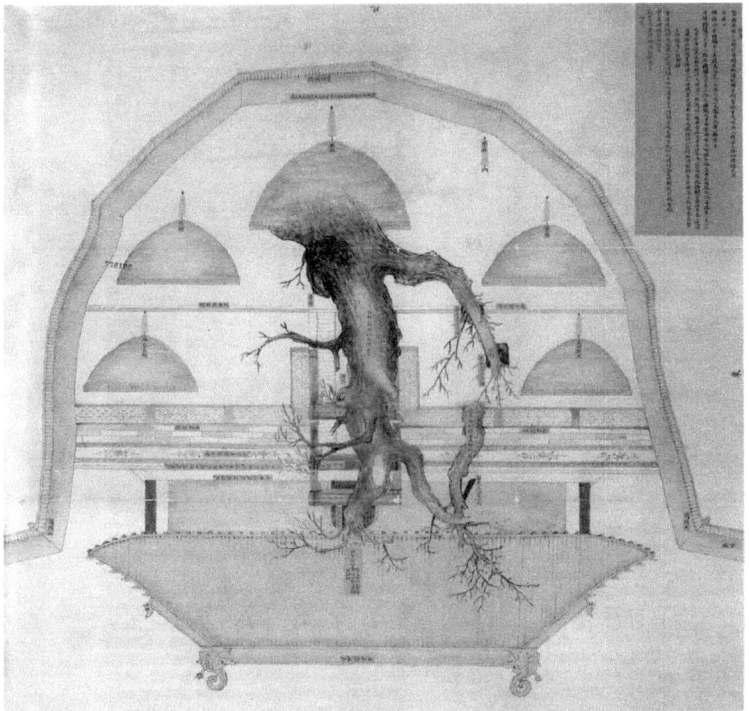

图 1-12　保护（永陵）神树形式图，基溥等奏折录副附件，台北故宫博物院藏（资料来源：冯明珠. 清宫档案丛谈. 台北故宫博物院，2011）

图 1-13　来熏风门内彩牌楼立样，原藏故宫文献馆，现藏第一历史档案馆（资料来源：中国第一历史档案馆编. 清代中南海档案. 北京：西苑出版社，2004）

三、探索：样式雷建筑图档的整理编目

学社在陆续搜购散佚样式雷图档的同时，将更多精力投向了整理研究。就在上述《中法大学收获样子雷家图样目录之审定》报告中，朱启钤高屋建瓴，申明了整理难度，更基于遗产保护的完整性和真实性原则，出于学术乃天下公器的立场，主张汇合整理散藏各处的样式雷图档（图1-15）：

> 希望各部分所有图型集中一处汇合整理。查雷家图样名目，有白样，有糙样，有细样，有寸样，二分样，一分样，有进呈者，有留底者，有重改样，同地名异，由于标写不清遂致难以辨别。如果汰其重复传写异样，分工合作，不期年彼此皆成为有系属之完本。雷氏兄弟分家各据一枝，不相通假，致有此歧形之事实。吾辈研究艺术应具有整个之认识，甚望主持机关同情于会合整理，以协调之精神，采用吾说也。

样式雷图档入藏北平图书馆后，由朱启钤策划组织的整理编目就已着手。1931年3月6日阚铎撰写弁言的《圆明园图样目录》（图1-16），曾述及最初的整理情况：

> 样子雷所藏工程图样经北平图书馆之整理，先将圆明园部分编成一册，乃按《匾额清单》所载，第其前后，以某路某景为纲，座落为目，务存其黏签之原名，而稍加归纳，注其张数；内中有《匾额清单》所不载者，则于堂斋楼阁之属暂以类从，以待再考。①

事实上，样式雷图档入藏北平图书馆的1930年恰为英法联军劫掠圆明园70周年，学术界有感于名园倾颓，渐至消亡，积极倡导各方研究保护，广为搜罗相关文献和遗物。② 学社作为当时唯一以研究中国古代建筑为使命的学术团体，与北平图书馆合作，一方面拟就该馆所藏圆明园史料汇编成书③，另一方面率先对样

---

① 阚铎《圆明园图样目录》稿本现藏中国文化遗产研究院，弁言提到的《匾额清单》，即《中国营造学社汇刊》第二卷第一期刊布的《圆明园匾额清单》。阚铎（1875—1934年），字霍初，号无水，安徽合肥人，毕业于日本东亚铁路学校，回国后任北京政府交通部秘书（1914年）。在营造学社兴办初期曾为编纂营造词汇赴日，访术语委员会会长笠原敏郎等人。"九·一八"事变后退出学社，赴满洲任奉天铁路局局长兼四兆铁路管理局局长。著有《红楼梦抉微》《阚氏故实》等。
② 如1930年12月1日、2日《大公报·文学副刊》第151、152期连载向达（署名觉明）《圆明园罹劫七十年纪念述闻》。
③ 瞿兑之《社长朱桂辛先生周甲寿序》曾强调，"圆明园文献之编录"是朱启钤主要学术成就之一，参见中国营造学社汇刊，1932，3（3）：127。另见1930年6月—1931年7月《国立北平图书馆馆务报告》："本馆所收关于圆明园之材料殊属不少，如雷氏圆明园工程模型，圆明园工程则例，圆明园全图，万春园工程做法，皆为不经见之作。此外如英使马嘎尔尼至中国日记及随员笔记中亦时时道及圆明园。清初耶稣会教士王致诚之流驰书本国，往往艳述为万园之园。咸丰十年英法联军进圆明园，其时英法将帅从军舌人各有著作述此名园，至于故宫所藏如铜版全图，御制诗文，西人函札纪行诸篇，并为编纂勒成一书，当亦为研究中国营造学及园林史者所不废也。"

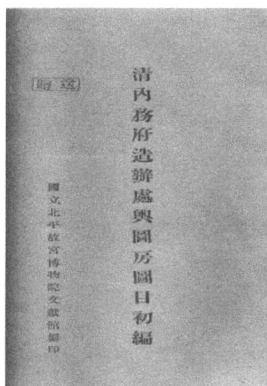

图1-14 《清内务府造办处舆图房图目初编》书影（资料来源：国立北平故宫博物院文献馆编印. 清内务府造办处舆图房图目初编，1936）

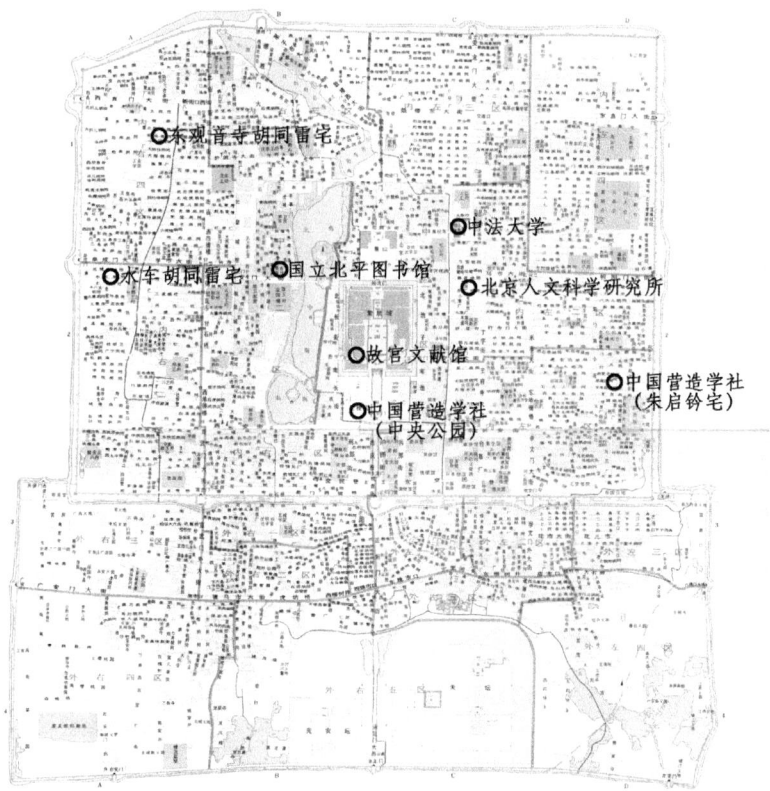

图1-15 1930年代样式雷图档主要收藏及研究机构（资料来源：何蓓洁绘，底图为《北京历史地图集》中宣统年间地图《清北京城》）

图1-16 1931年阚铎撰《圆明园图样目录》前言手稿 [资料来源：史箴，何蓓洁. 高瞻远瞩的开拓，历久弥新的启示——清代样式雷世家及其建筑图档早期研究历程回溯. 建筑师，2012（01）：45-59]

式雷圆明园图档展开编目工作。1931 年 3 月 6 日写毕的《圆明园图样目录》手稿完成了近千件图档内容的归纳及分类数量的统计。半个月后，学社和图书馆共同策划举办圆明园文献与遗物展，其中陈列展出的样式雷烫样和图样便是双方共同开展修复整理工作的公开展示。① 该展览的巨大成功也无疑推进了双方合作研究的继续开展。此后，学社特在北平图书馆设研究室②，双方配合展开了大量背景研究，如进一步明确了《圆明园史料汇编》的体例，提出对 "圆明园之地样——为之缩写，模型为之摄影" 的构想。③ 同时，学社绘图员金勋④ 受托整理图档，勤勉勘察圆明园各处遗址，多方搜集资料，考释性地绘出《圆明园复旧图》。⑤ 1932 年起，金勋又被聘为图书馆舆图部馆员，继续编辑样式雷图详目。⑥ 1933 年 8 月，《国立北平图书馆馆刊·圆明园专号》刊载《馆藏样式雷制圆明园及其他各处烫样目录》和《馆藏样式雷旧藏圆明园及内庭陵寝府第图籍分类目录》，还附刊了 10 幅雷氏长春园画样（图 1–17）。

其中，烫样编目共 76 具，即圆明园 22 具、万春园 8 具、颐和园 3 具、三海 24 具、大内 7 具、地安门 3 具、陵寝 3 具、天坛 1 具、无名烫样 6 具。各烫样均标记其大小和建筑范围，比例尺 1/100 的 "寸样" 45 具、1/50 的 "二寸样" 11 具、1/25 的 "四寸样" 1 具、1/20 的 "五寸样" 3 具、1/200 的 "五分样" 5 具，等等；其制作时间，则略称 "清同治改建样"、"清光绪建" 及此前的 "老样" 等。

至于图籍编目，则一如朱启钤所洞察，雷氏图档既历经多代累积，最终被各支后裔割据并由不同渠道售出，入藏图书馆时已极度混乱：上万件图档竟被毫无

① 本社纪事·圆明园遗物与文献之展览. 中国营造学社汇刊，1931，2（1）.
② 1931 年 7 月—1932 年 6 月《国立北平图书馆馆务报告》："研究室之设立。梁启雄，营造学社编纂，哲匠录；瞿宣颖，营造学社编纂，北平志、建筑史、方志考。" 另见《汇刊》第二卷第一册 185 页《本社纪事》："本社编纂瞿兑之、梁述任二君工作时间多在图书馆内，蒙该馆当局给予研究室及书库之种种便利，本社至为铭感。"
③ 1931 年 7 月—1932 年 6 月《国立北平图书馆馆务报告》："本馆自购入样子雷圆明园模型及工程图样后，即拟将关于该园之中西文记载汇为一编，本书拟分为三部，第一部分专汇录汉籍中关于圆明园事件之记录文字；第二部分拟将关于圆明园之地样——为之缩写，模型为之摄影；第三部分拟将东西人士论述及于圆明园之文献广为搜罗加以移译。" 这一目标因战事渐起并未完成，1933 年 8 月出版的《国立北平图书馆馆刊·圆明园专号》仅发表样式雷圆明园画样 10 张。
④ 金勋，字旭九，满族人，1884 年生于圆明园旁海淀成府村，父亲金书田曾参役宫苑营造。家庭背景使之幼习绘事，钟情京西御苑并常赴实地考察，向达《圆明园遗物文献之展览》曾提及 "1924 年金勋绘圆明园图"；1931 年为学社绘图员，转年为北平图书馆舆图部馆员，遵朱启钤嘱整理雷氏图档，所绘《圆明园复旧图》经重摹、添注地点并据样式雷图增补，衍为学社刊本《圆明长春万春三园总图》；刘敦桢撰著《同治重修圆明园史料》，金勋尚曾提供其家藏样式雷画样等资料。参见白鸿叶. 金勋事略. 文津流觞·样式雷图档专辑，2007. [EB/OL]. [2011–08–06]. http：//www.nlc.gov.cn/newhxjy/wjsy/wjls/.
⑤ "本社自去岁……展览会后，仍以一部分精力绘圆明园研究。《圆明园匾额清单》已于本刊二卷一期发表。同时绘图员金勋即开始作《圆明园复旧图》。金君思方盈丈，绘制经年而成。全图完后，又由梁思敬君根据数年前实测圆明园平面图及此图作成《圆明园透视鸟瞰图》一幅。现二图皆相继告成，名园盛代印象可以窥见一斑矣。" 引自本社纪事. 中国营造学社汇刊，1932，3（1）：184.
⑥ 1932 年 7 月—1933 年 6 月《国立北平图书馆馆务报告》《本馆职员一览》中首次出现了金勋姓名，并在《编目及索引》项下列出 "编辑圆明园工程图详目"。

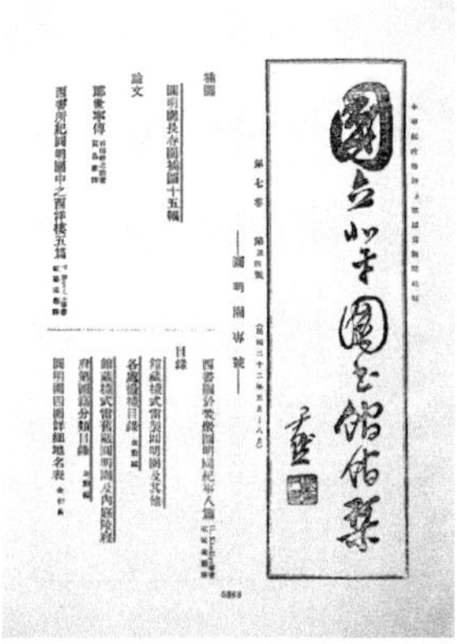
國立北平圖書館館刊
第七卷 第三四號 圓明園專號

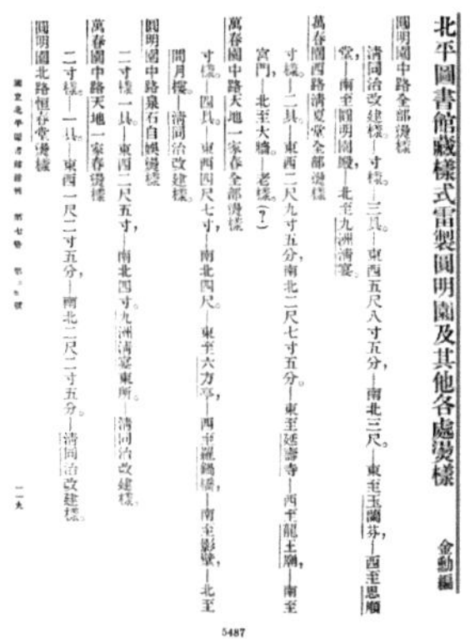
北平圖書館藏樣式雷製圓明園及其他各處燙樣　金勳編

圓明園中路全部燙樣
清同治改建樣—寸樣。—三具。—東西五尺八寸五分，—南北三尺。—東至玉蘭芬，—西至思順堂，—南至圓明園殿，—北至九洲清宴。
萬春園西路清夏堂全部燙樣
寸樣。—二具。—東西二尺九寸五分，南北二尺七寸五分。—東至延壽寺—西至龍王廟，—南至宮門，—北至大牆。—老樣。(?)
萬春園中路天地一家春全部燙樣
寸樣。—四具。—東西四尺七寸，—南北四尺。—東至六方亭，—西至羅鍋橋，—南至影壁，—北至問月樓。—清同治改建樣。
圓明園中路泉石自娛燙樣
二寸樣一具。—東西二尺五寸，—南北四寸。九洲清宴東所。—清同治改建樣。
萬春園中路天地一家春燙樣
二寸樣。—一具。—東西一尺二寸五分，—南北二尺二寸五分。—清同治改建樣。
圓明園北路恒春堂燙樣

5487

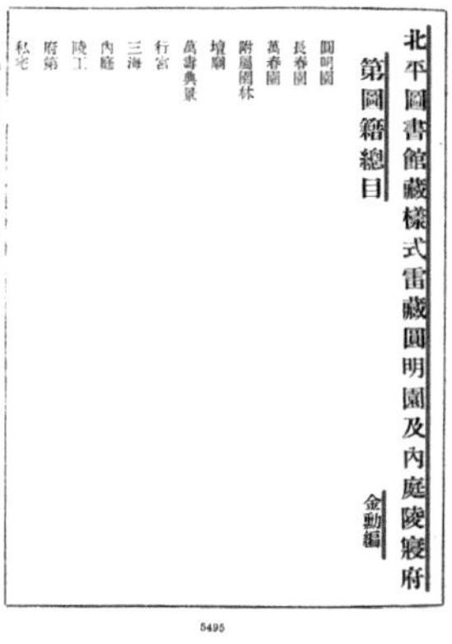
北平圖書館藏樣式雷藏圓明園及內庭陵寢府第圖籍總目　金勳編

圓明園
長春園
萬春園
附屬園林
壇廟
萬壽典景
行宮
三海
內庭
陵工
府第
私宅

5495

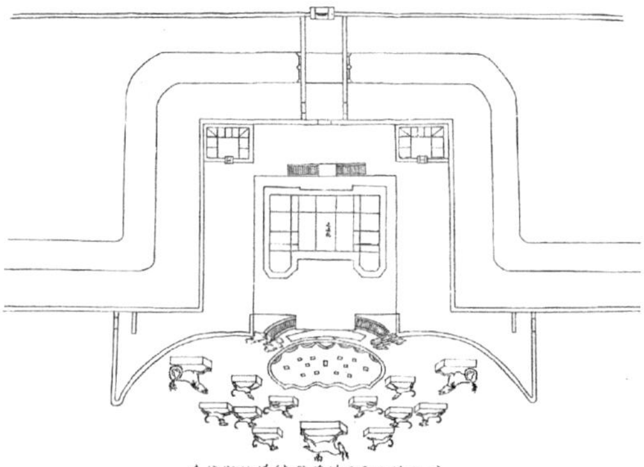
遠瀛觀地樣(本館藏樣子雷地樣之一)

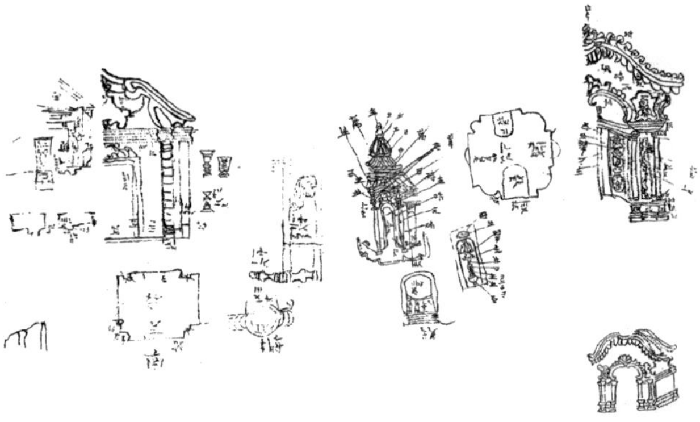
長春園西洋樓應用西洋門立樣(本館藏樣子雷圖樣之一)

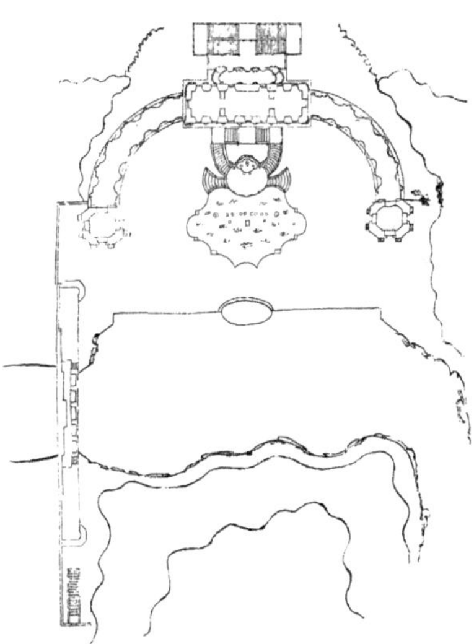
諧奇趣地樣(本館藏樣子雷地樣之一)

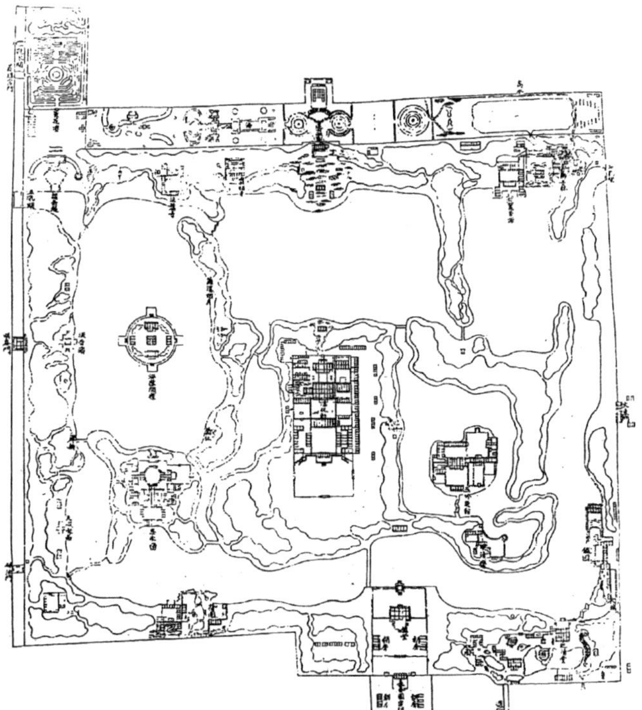
長春園全圖(本館藏樣子雷圖樣之一)

图 1-17　1933 年 8 月《国立北平图书馆馆刊·圆明园专号》书影及刊载的样式雷圆明园画样（资料来源：国立北平图书馆馆刊·圆明园专号，1933）

条理地分扎成数百包，每包几件至上百件，彼此甚或毫无关联，大多未标名目与朝年。在众多皇家建筑实物遗存、秘藏宫禁而卷帙浩繁的相关工程档案均未遑梳理的状况下，金勋的编目实属勉为其难，仅粗略辨识两千多件圆明园图档，其他各包图档则以其中某些可鉴别的画样或文档指代，标明件数，按圆明园、长春园、万春园、附属各王园林、坛庙、万寿典景、行宫、三海、内廷各处、东陵各处工程、王公府第、私宅等 12 类，逐包编号为《目录表》。这样一来，各包图档指代名目往往并不副实[①]；重要的是，由于样式雷世家的研究尚未开展，各画样、文档及烫样的编目均未涉及具体朝年和作者。

历时三载的初步编目，使朱启钤清醒意识到，样式雷图档的整理和极其大量的背景研究工作难分难解，必须统筹兼顾，系统展开，关键在于：

其一，样式雷图档是清康熙朝以来 200 多年各项皇家建筑工程设计的忠实记录，具有极强的历时性和技术性，整理研究必须有古建筑专家参与，结合工程项目个案，全面细致地考查对应实物，深入系统地发掘内廷相关工程档案。

其二，上万件传世图档的具体作者，应按各项工程个案设计落实；这样，康熙朝以来样式雷世家各代传人的谱系和业绩，也必须尽力廓清。

四、开山：样式雷世家研究的嚆矢

朱启钤率先垂范，在往昔探访雷氏后裔并"询其家世"的基础上[②]，1933 年初专函征求其先辈事迹，旋因日寇侵凌华北稽延；尔后东观音寺胡同的雷献瑞、雷献华携家谱及先辈信札、文件等到学社（图 1-18）。[③]依据这些珍

---

① 如清代历朝陵寝，就有工程不同阶段的多种图样：选址的风水地势或山向点穴图，资用设计的先朝陵寝测绘图，方案比较及修改图的"糙底"即草图，进呈御览的"准底"即正式图的底图及副本，付诸实施的设计图和施工进程图等；还有工程做法即施工设计说明，各种略节、说帖等。大量图档既多无图名、朝年等注记，毫无条理地有几件或几十件分扎成包，还多有城池、宫苑、宅邸、衙署、学堂、工厂等图档混杂其中；而各包内容仅标出件数（包括残件），却没有细目和索引。

② 社事纪要·建议购存宫苑陵墓之模型图样. 中国营造学社汇刊，1930，1（2）：5-7.

③ 1933 年 7 月《汇刊》第四卷第一期 114 页《哲匠录·附识》："雷氏受职于康熙中季，缩样式房掌案二百余年，近承其裔孙雷献瑞、雷献华以家谱见示，得以编入本录。"又 1933 年 9 月《汇刊》第四卷第二期 156 页《本社纪事·样式雷世家考之编辑》："今春雷献瑞、献华昆仲，复出其族谱，及有关于营造之信札、文件来社，经社长朱桂辛先生整理，编著《样式雷世家考》。"同刊 100 页刘敦桢《同治重修圆明园史料》："年来社中编辑《哲匠录》一书，贻缄雷氏，征求事迹，适值榆热相继沦陷，迁延数月，始由雷献瑞、雷献华昆仲，出其家谱见示，朱启钤因有《样式雷考》之编著。"另据现藏中国文化遗产研究院的朱启钤遗稿《雷献瑞、雷献华》，雷献华等"出雷氏家谱诣营造学社，请为其先世作传记，朱启钤因以撰《样式雷考》"。现藏中国文化遗产研究院的族谱，计有道光廿一年（1841 年）至同治五年（1866 年）抄本《雷氏大成宗族总谱》4 卷，底本为乾隆廿一年（1756 年）《雷氏大成宗族总谱》；道光廿一年至同治五年抄本《雷氏族谱》4 卷，底本为嘉庆十九年（1814 年）重修《雷氏大成宗族总谱》；道光七年（1827 年）刻本《雷氏支谱》不分卷；道光廿五年（1845 年）稿本《雷氏族谱》2 卷。所藏雷氏文件包括道光卅年（1850 年）雷思起《精选择善而从》；光绪八年（1882 年）雷廷昌《禀文》等。

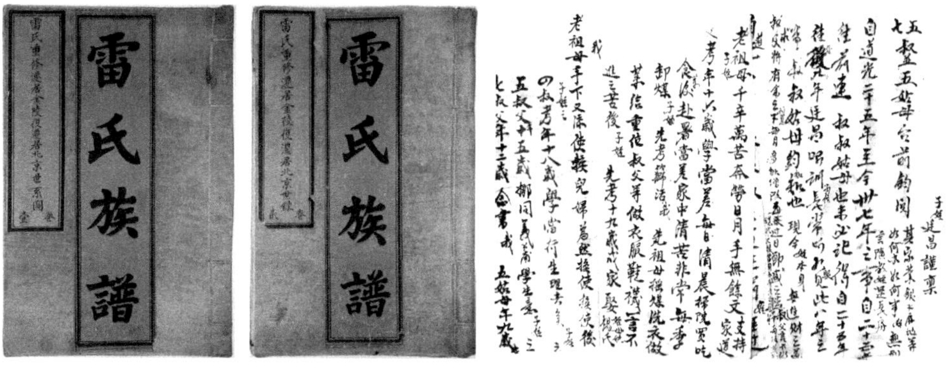

图 1-18　1933 年春雷献瑞、雷献华向营造学社出示的部分家谱及先辈信札等。(a)《雷氏族谱》封面；(b) 雷廷昌禀文 (c) 雷思起《精选则善而从》[资料来源：史箴，何蓓洁．高瞻远瞩的开拓，历久弥新的启示——清代样式雷世家及其建筑图档早期研究历程回溯．建筑师，2012 (01)：45-59]

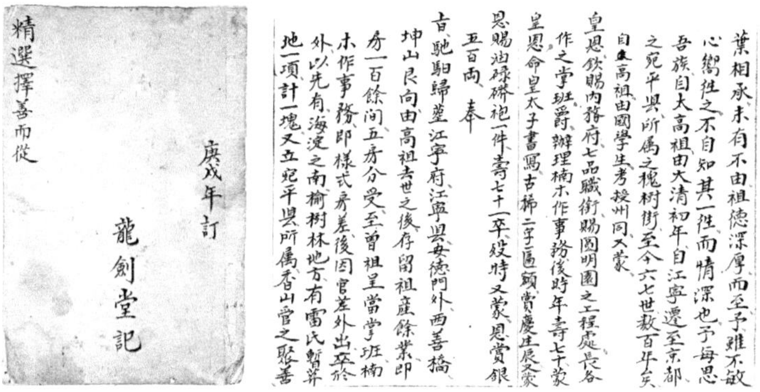

贵文献，朱启钤综合已入藏图书馆的样式雷《旨意档》《堂谕司谕档》和多年苦心采撷的相关述闻，审慎考证《大清会典》《东华录》等史籍，辑出《雷氏年谱》《样式雷考引证》《同治重修圆明园史料》等札记（图 1-19），六易其稿而撰成《样式雷考》[①]，当年 7 月作为《哲匠录》的附录，在《中国营造学社汇刊》第四卷第一期发表（图 1-20）。[②] 其中，条分缕析而言简意赅地揭示了雷氏家族的渊源，清初雷发达（1619—1693 年）由原籍江西建昌徙居金陵又以艺应募、赴京参役皇家宫苑建设并定居海淀的经历，以及其子雷金玉（1659—1729 年），其孙雷声澂（1729—1792 年），第四代传人雷家玮（1758—1845 年）、雷家玺（1764—1825 年）和雷家瑞（1770—1830 年），第五代雷景修（1803—1866 年），第六代雷思起（1826—1876 年），第七代雷廷昌（1845—1907 年）等人的生平和业绩。

---

① 朱启钤撰写《样式雷考》时对相关文献的摘录、札记，以及多次修改的《样式雷考》原稿，现均藏中国文化遗产研究院。

② 朱启钤．样式雷考．中国营造学社汇刊，1933，4（1）：86-89.

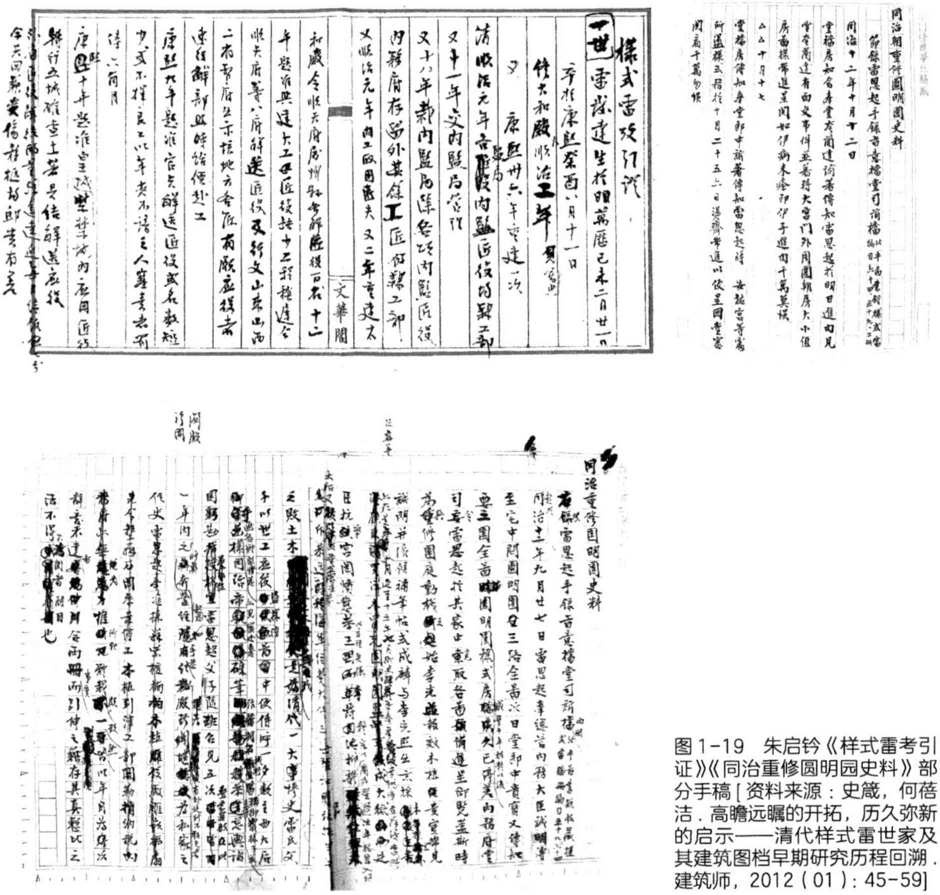

图 1-19　朱启钤《样式雷考引证》《同治重修圆明园史料》部分手稿 [资料来源：史箴，何蓓洁．高瞻远瞩的开拓，历久弥新的启示——清代样式雷世家及其建筑图档早期研究历程回溯．建筑师，2012（01）：45-59]

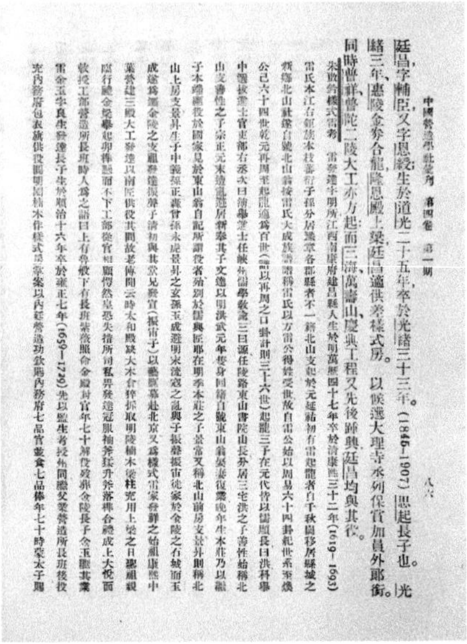

图 1-20　朱启钤《样式雷考》[资料来源：朱启钤．样式雷考．中国营造学社汇刊，1933，4（1）：86-89]

作为样式雷世家研究的嚆矢之作，《样式雷考》被学界尊为经典并广泛引用；雷氏世家赓续执掌清代皇家建筑设计 200 余年的惊人业绩也由此广为传颂，成为饮誉中国古代建筑史和科技史的杰出典范。而不无重要的是，从样式雷世家及其图档研究深化发展的角度观照《样式雷考》，以营造学社的整体背景和《中国营造学社汇刊》的具体语境来细心解读，其字里行间，至少还蕴蓄有如下一些重要含义，是值得学术界珍重的：

其一，通览《中国营造学社汇刊》，自《样式雷考》以降，朱启钤及学社同仁的相关论著，以前常用的"样子雷""样房雷"等语，均被"样式雷"取代；所谓"样房""样子房"等语也改称"样式房"；涉及工官制度，以往每与"样房"关联的"工部"从此隐没，"工程处"、"钦工处"或"内务府"同"样式房"的关联则彰显出来。这些用语更替，按朱启钤札记及嗣后刘敦桢《同治重修圆明园史料》等剖析，对清代皇家建筑工程档案的深入发掘和利用无疑起到了决定性的作用；质言之，《样式雷考》及以后的相关用语，更符合清代工官制度的历史真实。[①]

其二，早在 1930 年初的《中国营造学社开会演词》中，朱启钤就倡言建筑史学研究须注重口述历史[②]；到撰写《样式雷考》，更别开生面，首次引入多年采录的有关样式雷的述闻。而现存遗稿及札记表明，朱启钤利用口述史料，均审慎稽考相关档案文献，凡有悖史实的，即断然割弃[③]；暂难定论的，以无损学术严谨、且能增添趣味性、并有利引发同道关注为前提，则表述为"故老传闻"。典型如雷发达太和殿上梁立功的"故老传闻"，就是基于这一前提纳入《样式雷考》[④]，激

① 1982 年以来，天津大学建筑学院建筑历史与理论研究所对清代皇家建筑展开综合研究，曾系统梳理中国第一历史档案馆等多家单位收藏的定陵、定东陵、惠陵以及三海、颐和园等工程档案，其中皆称"样式房"，确无"样房""样子房"等语。

② 《中国营造学社汇刊》第一卷第一册第 1 页，朱启钤《中国营造学社开会演词》："前清光绪末叶……启钤……兼匠作之役。所往还者，颇有坊巷编氓、匠师耆宿，聆听其说，实有学士大夫所不屑闻，古今载籍所不经觏，而此辈口耳相传，转更足珍者。于是蓄志旁搜，零闻片语，残鳞断爪，皆宝若拱璧。"

③ 略如朱启钤遗稿《雷献瑞、雷献华》提到："据献华辈口述，当时二房分办内务府三海、五园；长房承办殿庭、陵寝等大工。"但朱启钤所辑《同治重修圆明园史料》及刘敦桢同名论文揭示的大量史料表明，长房雷思起、雷廷昌父子既曾主持重修圆明园及三海等工程，还曾蒙皇太后、皇帝多次召见，足证雷献华等"两房分工"之说纯属无稽，遂被《样式雷考》定稿毅然剔除。

④ 朱启钤考辨略如其遗稿《样式雷考订证》："雷发达生于明万历己未二月廿一日，卒于康熙癸酉八月十一日。修太和殿在顺治二年，见会典。又康熙卅六年重建一次。清顺治元年各监局内监役均隶工部。又十一年交内监局管理。又十八年裁内局，除各项内监匠役内务府存留外，其余工匠仍隶工部。又顺治元年内工取用匠夫。又二年重建太和殿，令顺天府属州县各解匠役百名。十二年，题准兴建大工，工程稽迟，令顺天府等八府解送匠役，及行文山东、山西二省督府，出示该地方各匠，有愿应役者，速行解部，照时给价赴工。康熙九年题准，官员解送匠役或名数短少，或不择良工，以年老不谙之人塞责者，乏俸六个月。康熙十年题准，紫禁城皇城内应用匠役，转行五城确查土著具结，解送应役。外省匠役解役，酌量路途远近，每日给饭银七分；令其回籍，受伤，移柩，均恤赏有差。"另见《雷发达》初稿之一，对"康熙中叶……以艺应募赴北京"曾批注："应募是顺治初年仍按明制起役；究竟是康熙、顺治存疑。"最终用"以艺应募"取代初稿及札记中顺治朝"按明制起役"、康熙初"解送匠役"或"以役应募"等语，实质包含了对康熙中叶以雇工制度取代匠役制度的认知，清代工官制度的这一变革，正是后来雍正朝颁布工部《工程做法则例》的基础。

起强烈反响，更促成嗣后诸多学者不断探索，最终揭开了其"事出有因"的历史真相，有力推进了相关研究。①

其三，《样式雷考》发表为《哲匠录》附录，无句读，而且未遑标明文献出处，其原因，正如 1932 年 3 月《中国营造学社汇刊》第三卷第一期首发《哲匠录》，朱启钤刻意作《序》声明：

> 顾念作始本难，而兹业又复伟大，原非竭一二人之驽钝所能集事。同人不揣棉薄，创此"椎轮"，冀以嘤鸣之诚，幸获丽泽之益，而俾"大辂"之成。博洽君子，或饷以资料，裨补其阙漏；或锡以鸿文，纠绳其谬讹。②

为此，《哲匠录》专辟《附录》，列入其中的，一是"惟以'无征不信'，故凡所引据，附录原文；且俾阅者有所依据而正其疵误"；二是"凡无类可归，无时代可考，事近夸诞，语涉不经……者，均暂入附录"。

清楚的是，中国建筑史学开山宗师对其筚路蓝缕的伟业，既勇于开拓，不惮阙漏或谬讹，更尊之为公器，向社会开放，集思广益，不断修正、充实和完善。而撰写《样式雷考》时，非但相关图档整理急需澄清雷氏各代传人的脉络和业绩，学社的大量基础工作尤其是古代建筑的大规模调查测绘更亟待实施，外加日寇侵华的险恶时局逼迫，大刀阔斧地适时推出阶段性成果，已是势所必然。③况且，雷氏族谱等文献已庋藏学社，紧锣密鼓的后续研究必将揭露出更翔实的史料，《样式雷考》由椎轮升华为大辂，理当指日可待。

其四，朱启钤发表《样式雷考》的根本目的，在于促成样式雷世家、建筑图档以及内廷相关工程档案等资料的全面整合，并结合实物遗存的勘察，展开相互支撑的系列性个案研究。其中以《样式雷考》为先声，既可将雷氏各代传人的履历作为鉴别图档年代及作者的重要标尺，也可使相关研究成果表述避免雷氏世系的铺陈，直指主题。

---

① 参见单士元. 宫廷建筑巧匠样式雷. 建筑学报，1963（2）：22-23；王璞子. 清初太和殿重建工程——故宫建筑历史资料整理之一. 科技史文集第 2 辑，上海：上海科学技术出版社，1979：53-60；王璞子. 梁九是太和殿重建工程技术总负责人，北京青年报，1983-10-25（3）；王其亨、项惠泉."样式雷"世家新证. 故宫博物院院刊，1987（2）：52-57.

② 朱启钤. 哲匠录序. 中国营造学社汇刊，1932，3（1）：123-124. 值得强调的是，朱启钤所言，实际也体现为整个《中国营造学社汇刊》一以贯之的基本精神，其如 1933 年 7 月《中国营造学社汇刊》第四卷第一期第 116 页所载单士元《明代营造史料·引言》指出："本社蒐集此类文献，首重发表史料，俾与学者共同研究，但史料蒐集，求备綦难，故本社对于史料之发表，不期其备，虽片纸只字，以早获公开为原则。"

③ 与《样式雷考》同时，1933 年 7 月《中国营造学社汇刊》第四卷第一期 149 页《本社纪事》指出："本社汇刊自第三卷起改为定期刊物以来，第四卷第一期原定本年三月底出版，讵意易岁以还，强邻压境，时局恶化，莫可端倪，其时故都文化机关，纷纷南迁，本社研究工作虽未中辍，然多年收集之贵重图书标本，势不能不移藏安全地点，社员工作，因之略为迟钝，已成之稿，亦不能按期付刊，致第一期出版日期，约迟三月有余，劳海内同好，远道缄询，殊深惭仄。"自《中国营造学社汇刊》第三卷第一期起连载的《哲匠录》就曾受此干扰而中断，尽快撰写并发表《样式雷考》，则成为补苴《哲匠录》和推进雷氏图档整理研究的紧要工作。

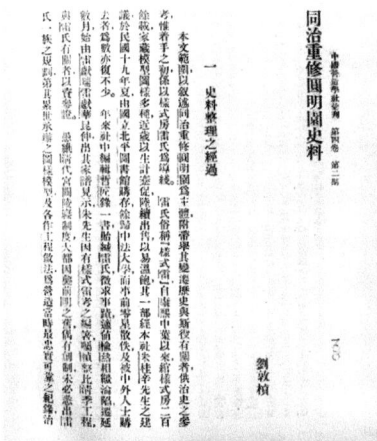

图 1-21　1933 年 9 月《汇刊》第四卷第二、三、四期连载了刘敦桢先生的《同治重修圆明园史料》[资料来源：刘敦桢 . 同治重修圆明园史料 . 中国营造学社汇刊, 1933, 4（2）: 100-155；1934, 4（3、4）: 271-339]

图 1-22　刘敦桢像（资料来源：引自 2004 年"清代样式雷建筑图档展"）

事实上，接踵《样式雷考》，《中国营造学社汇刊》第四卷第二、三、四期连载了刘敦桢的《同治重修圆明园史料》（图 1-21），其篇首《史料整理之经过》开宗明义，刻意申明了朱启钤以《样式雷考》引领样式雷世家及其图档的综合性研究理路：

> 本文……惟着手之初，系以样式房雷氏为导线。……朱先生因有《样式雷考》之编著，嘱桢整比清季工程，于雷氏有关者，以资参证。……且考清世范围……数量之众，为元、明以来数百年所未有，而圆明园……其规模宏阔，又为西郊诸园之冠。雷氏……遗物属于斯园者独多，为研究便利计，首自圆明园始。[1]

五、突破：样式雷建筑图档的工程个案研究

营造学社文献部主任刘敦桢（图 1-22），立足此前学社同仁的大量背景工作，在与朱启钤札记《同治重修圆明园史料》同名的课题研究中竭诚用心，取得了秀出班行的成果，开创了有关样式雷及其建筑图档、清代皇家园林乃至中国古代建筑的工程个案的研究，成为经典范例，充分证明了朱启钤综合性研究路线剀切中理，对今天相关研究的深化发展，依然具有指导意义。

刘敦桢《同治重修圆明园史料》实际是其学术生涯中篇幅最大、征引史料最丰富的论文。相关资料来源，首推北平图书馆藏样式雷《旨意档》和《堂司谕档》；

---

[1] 刘敦桢《同治重修圆明园史料》，连载于 1933 年 9 月《中国营造学社汇刊》第四卷第二期第 100—155 页及 1934 年 6 月《中国营造学社汇刊》第四卷第三、四期第 271—339 页。

图1-23　1930年单士元（右二）整理清代档案（资料来源：单士元集·第一卷.北京：紫禁城出版社，2007）

次为该馆藏样式雷画样和烫样，兼及故宫文献馆、中法大学及金勋藏品；三是清代内务府档案，少数来自学社及张嘉懿个人收藏，主要为单士元在故宫文献馆发现的大量旧档（图1-23），竟令一向稳重的刘敦桢"不禁为之狂喜"[1]；此外还有《清实录》《东华录》《清史稿》《大清会典事例》《日下旧闻考》、嘉庆与道光《御制诗文集》等，清人笔记20种[2]，以及故宫博物院《史料旬刊》等杂志和少量外国文献。

借此，圆明园的变迁兴衰及同治重修的前因后果，均获得空前深入的阐发。而作为清代皇家建筑工程个案研究的开山杰作，凡勘察设计与施工，工官制度即管理机构的设置运作，包括材料、工费、勘估与监修等细节，也前所未有地得到系统揭示。其中，样式雷图档的史料价值尤其鲜活地凸显出来，仅如篇末《同治重修圆明园大事表》[3]，70%的相关事件就出自雷思起当年手录的《旨意档》和《堂司谕档》，刘敦桢还就此强调：

> 迩来检阅国立北平图书馆所藏雷氏文件，首见《旨意档》《堂谕司谕档》数册，杂记道光后修筑宫苑陵寝工程，颇类日记体裁。内有重修圆明园档册二本，载同治十二年冬至翌年秋，查勘遗址报告，与进呈图样、烫样日期，颇称详尽。[4]

至于样式雷及其建筑图档的整理研究，原是刘敦桢宏文的基本出发点；空前翔实的史料，也使之取得了一系列超越以往的成就，堪称实质性的突破。

---

[1] 刘敦桢《同治重修圆明园史料》,《中国营造学社汇刊》第四卷第二期第103页："嗣社友单士元，以故宫文献馆整理清内务府档案之讯走告，不禁为之狂喜。……此项档案，为该司（内务府营造司）积年储存之卷宗，毫无疑问。且清诸帝经营范围，《清史稿》与《东华录》讳而不言，甚至《实录》亦鲜记载，为根穷事实，唯有求诸档册中耳。卷现贮宫内南三所，无虑数万件，经士元诸先生之检索，发现重修圆明园《销算物料工价数目清册》《领用旧木植瓦片石料抵除银两清册》《监督监修衔名清册》《捐修银两门文簿》，及各木厂领款收据，与办公费报销摺多种。又有《各座已做活计做法清册》六本，系同治十三年八月停工后，呈报已修工程之情状，尤为重要。于是工程范围与材料、工费、监修人员数者，大体备具。"

[2] 诸如朱彝尊《日下旧闻》、阙名《日下尊闻录》、孙承泽《春明梦余录》、吴质生《玉泉山名胜录》、吴振棫《养吉斋丛录》及《养吉斋余录》、陈康祺《郎潜纪闻》《郎潜纪闻初笔》及《郎潜纪闻二笔》、王闿运《圆明园词》及《湘绮楼日记》、徐叔鸿《圆明园词序》、谭延闿《圆明附记》、李慈铭《越漫堂日记》、程演生《圆明园考》、李鸿章《李文忠公全书》、翁同龢《翁文恭日记》、季芝昌《丹魁堂年谱》、王庆云《熙朝纪政》以及明人贺仲轼《两宫鼎建记》，等等。

[3] 详见中国营造学社汇刊, 1933, 4（3、4）：319–339.

[4] 中国营造学社汇刊, 1933, 4（2）：101.

其一是样式雷图档整理研究的突破。刘敦桢论文核心，是占全篇半数的"工程·修理范围"，对圆明园大宫门等22处重修项目[①]，系统整合相关档案文献和雷氏图档，比对分析，并"举其变迁经过"，廓清了所涉画样烫样的内容和制作时间。作为成果，还选刊了嘉庆、道光、咸丰朝及同治重修的36幅画样和7件烫样（图1-24）。[②]比较前述金勋的整理编目，这一践行朱启钤理路的断代性鉴识工作，洵属整理研究方法的根本转折和后继轨模。而画样烫样制作时间既定，以《样式雷考》雷氏世系为标尺，则不难厘清其具体作者。

其二是样式房工官制度背景的突破。刘敦桢文中的"工程""材料""工费"各节，尤其是"勘估与监修"[③]，系统揭橥了清代皇家建筑工官制度，明确指出乾隆中叶后重大建筑工程督办，既非工部各司，也非内务府营造司，而是"因工而设，事竣撤销，非永久机关"的"总理工程处"。其中有钦派承修大臣、总司监督、监督、监修等官员，还设置样式房和销算房，分别负责勘察设计和经费核算。工程招商承包后，工程处官员常驻工地董督，直到工竣验收奏销。择优聘用的样式房掌案及"烫画样人"即样子匠，其薪资连同烫画样工料银胥属工程处办公费。质言之，各工程处下辖样式房，也是因工而设，事竣撤销，非永久机关；而雷氏各代传人供役或执掌样式房，既非世袭差务，还必须应对同行激烈竞争。关于后者，朱启钤《样式雷考》就曾举有雷景修等生动事例。

其三，彰显了样式雷执掌皇家建筑设计的主体地位。除"工程·画样烫样"叙及设计程序而外，刘敦桢文中还大量涉及样式房掌案雷思起和雷廷昌父子的不凡经历。对重修项目及规制、式样等，皇帝和太后源源降旨，甚至屡屡亲制画样烫样[④]，雷氏《旨意档》均忠实记录；对工程处官员相关指示，又立《堂司谕档》详加记载。在遵照办理的同时，雷氏父子及样式房仍以卓绝技艺赢得皇帝、太后和权臣们的高度尊重和信赖，在皇家建筑设计中发挥了无可替代的主体作用。略

---

① 详见中国营造学社汇刊，1933，4（2）：126-155。22处重修项目为：圆明园大宫门、出入贤良门、正大光明殿、圆明园中路、安佑宫、藻园、上下天光、杏花春馆、万方安和、武陵春色、同乐园、舍卫城、廓然大公、西峰秀色、紫碧山房、鱼跃鸢飞、北远山村、明春门、万春园大宫门、天地一家春、清夏堂等。

② 画样有北平图书馆藏圆明园大宫门、勤政殿、九洲清晏、安佑宫、藻园、上下天光、杏花春馆、万方安和、武陵春色、同乐园、双鹤斋、鱼跃鸢飞、课农轩、明春门、集禧堂、敷春堂、天地一家春、清夏斋、流杯亭、慎修思永等处平面图27幅，慎德堂三卷殿立面图1幅，同治重修天地一家春内檐装修大样5幅；金勋藏舍卫城、紫碧山房平面图2幅；中法大学藏西峰秀色平面图1幅。烫样有勤政殿附近烫样、同治重修九洲清晏烫样（故宫文献馆藏）、同治重修上下天光烫样、同治重修万方安和烫样、同治重修恒春堂附近烫样、同治重修万春园天地一家春烫样、同治重修清夏堂烫样。

③ 详见中国营造学社汇刊，1933，4（3、4）：295-297.

④ 如《中国营造学社汇刊》第四卷第三、四期第320页：同治十二年十一月初八日"给御制天地一家春内檐装修烫样一份，着交样式房雷思起拟对丈尺，再烫细样"；第322页：十一月十九日"天地一家春四卷殿装修样，皇太后自画"；第323页：十一月二十三日"交下皇帝朱笔自画样"；第325页：十二月二十二日"交下天地一家春皇太后亲画瓶式如意"，等等。

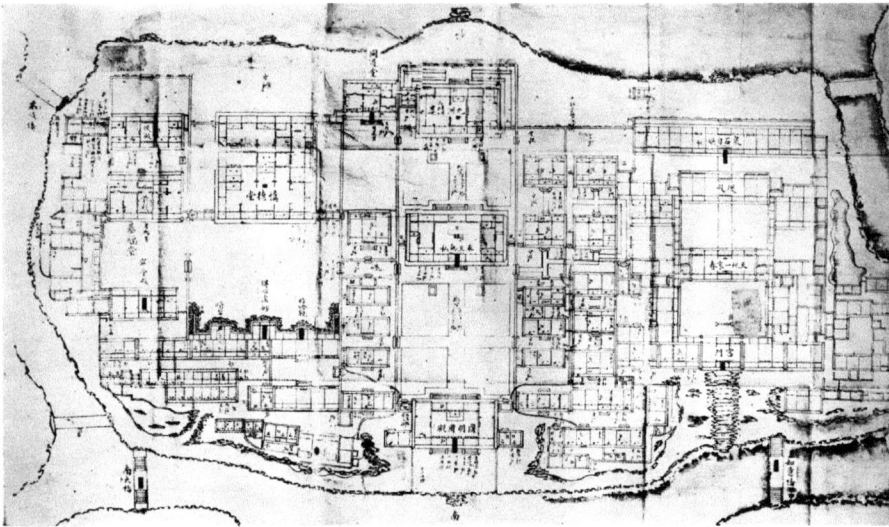

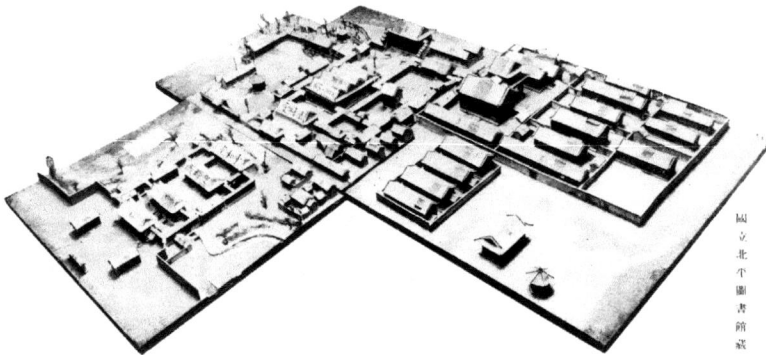

图 1-24 刘敦桢《同治重修圆明园史料》选刊的样式雷画样及烫样 [资料来源：刘敦桢 . 同治重修圆明园史料 . 中国营造学社汇刊，1933，4（2）：100-155；1934，4（3、4）：271-339]

故宫文献馆藏

第十五图　同治重修九洲清宴烫样

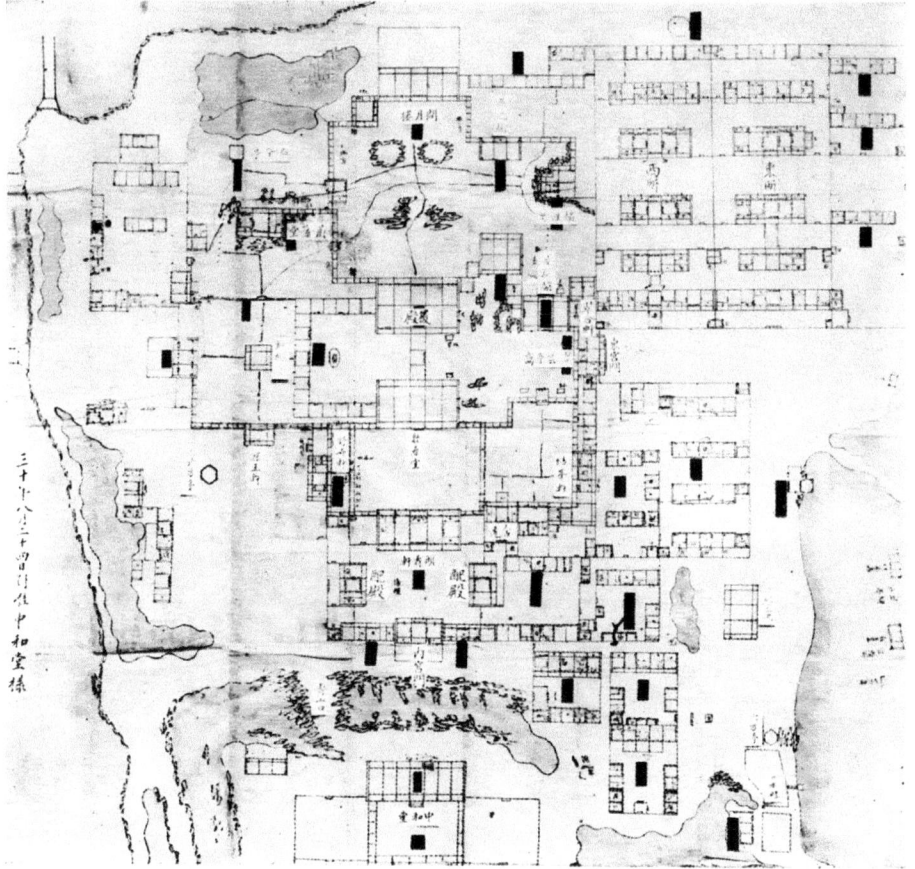

第三十五图　道光末敷春堂附近平面图

国立北平图书馆藏

第四十七图　同治重修清夏堂烫样

图 1-24　刘敦桢《同治重修圆明园史料》选刊的样式雷画样及烫样 [资料来源：刘敦桢 . 同治重修圆明园史料 . 中国营造学社汇刊，1933，4（2）：100-155；1934，4（3、4）：271-339]（续）

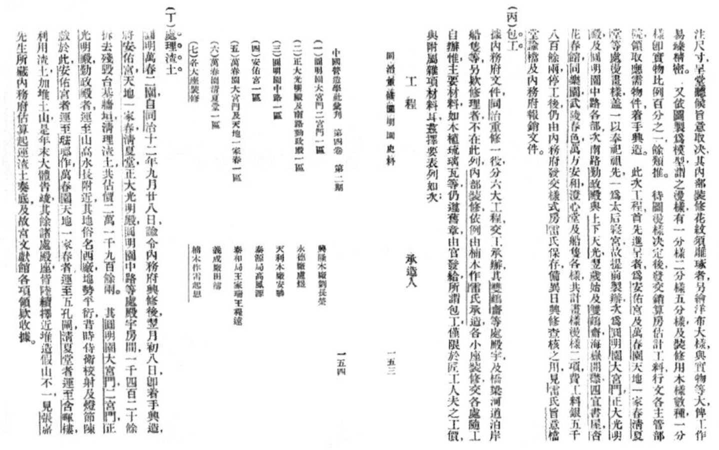

洋尺寸，呈堂聽候旨意取決，其內部裝修花紋須雕琢者，另繪洋布大樣，與實物等大，俾工作易臻精密。又依圖製爲模型，謂之燙樣，有一分樣、二分樣、五分樣，及裝修用木樣數種，一分樣即實物比例百分之一，餘類推。待圖燙樣決定後，發交銷算房估計工料，行文各主管部院領取應需物件，着手興造。此次工程，首先進呈者，爲安佑宮及萬春園天地一家春、清夏堂等處燙畫樣，蓋一以奉祀祖先，一爲太后寢宮，故提前製辦。次爲圓明園大宮門、正大光明殿，及圓明園中路各部，次南路勤政殿與上下天光、[illegible]及雙鶴齋、海嶽開襟、四宜書屋、杏花春館、同樂園、武陵春色、萬方安和、澄心堂及船隻各樣，共計畫樣燙樣二項，費工料銀五千八百餘兩。停工後，仍由內務府發交樣式房雷氏保存，備異日興修查核之用，見雷氏旨意檔、堂諭檔及內務府報銷文件。

(丙)包工。

據內務府文件，同治重修一役，分六大工程，交工承辦。其雙鶴齋等處殿宇及橋梁河道泊岸船隻等另款修理者，不在此列。內部裝修，依例由楠木作雷氏承造，各小座裝修交各處隨工自辦。惟主要材料，如木植琉璃瓦等，仍遵舊章，由官發給，所謂包工，僅限於匠工人夫之工價，與附屬雜項材料耳。茲擇要表列如次：

同治重修圓明園史料 一五三

中國營造學社彙刊 第四卷 第二期 一五四

工程	承造人
(一)圓明園大宮門二宮門一區	興隆木廠劉長榮
(二)正大光明殿及南路勤政殿一區	永德廠盧煜
(三)圓明園中路一區	天利木廠安驊
(四)安佑宮一區	泰源局高鳳源
(五)萬春園大宮門及天地一家春一區	泰和局王家瑞王程遠
(六)萬春園清夏堂一區	義成廠田溥
(七)各大座裝修	楠木作雷思起

(丁)處理渣土。

圓明萬春二園，自同治十二年九月廿八日，諭令內務府興修後，翌月初八日，即着手興造。將安佑宮、天地一家春、清夏堂、正大光明殿、圓明園中路等處殿宇房間一千四百二十餘，拆去殘毀台基牆垣，清理渣土，共估價二萬一千九百餘兩。其圓明園大宮門、二宮門、正光明殿、勤政殿者，運至山高水長附近，其地俗名西廠，地勢平衍，昔時侍衛校射及燈節陳設於此。安佑宮者運至[illegible]作，萬春園天地一家春者運至五孔閘，清夏堂者運至含暉樓，利用渣土加堆土山，是年末大體告竣，其餘諸處殿座，皆陸續挪近堆造假山不一，見張[illegible]先生所藏內務府估算起運渣土奏底及故宮文獻館各項領款收據。

图 1-25　刘敦桢归纳的《同治重修圆明园工程包工情况一览表》[资料来源：刘敦桢 . 同治重修圆明园史料 . 中国营造学社汇刊，1933，4 (2) : 100-155 ; 1934，4 (3、4) : 271-339]

如擘画重修时，同治皇帝就连连密旨样式房雷思起“机密烫样”及“画各样装修”等①，并频频召见②，不久更褒奖雷氏，“雷思起赏二品顶戴，雷廷昌赏三品顶戴”③；迄工程中止，竟又是“圆明园各路烫样均令样式房雷思起收存，备将来兴修查核办理”④，皇家建筑机密完全托付样式雷，青睐、信任、期望，可谓无以复加。

其四，明确了雷氏执业楠木作及样式房的双重角色。刘敦桢文中“工程·包工”专述工程招商承包，强调“内部装修，依例由楠木作雷氏成造”，又根据内务府档案开列包工简表，“各大座装修：楠木作雷思起”竟与兴隆木厂等六家营造商赫然并列！⑤（图 1-25）这无疑意味着：第一，在皇家建筑经营中，雷氏职事工官机构样式房，执掌建筑设计，包括装修陈设的设计；同时又兼为营造商，承造各大殿硬木装修，自办柟楠、花梨、铁梨、紫檀等材料并雇工制作⑥，实际

① 中国营造学社汇刊，1933，4（3、4）：320–321.

② 如《中国营造学社汇刊》第四卷第三、四期第 320 页：同治十二年十月二十七日“进呈安佑宫……四处烫样于毓庆宫内”；328 页：十三年三月二十九日：“呈进（圆明园）中一路大全样五箱……安设养心殿前抱厦内，”第 330 页：四月十八日“未刻召见贵保、雷思起在养心殿前抱厦”；第 331 页：五月初六日“呈进中路各款烫样，在养心殿前抱厦”等。《样式雷考》亦云：“思起自记同治十三年因园庭工程进呈图样，与子廷昌蒙召见五次。”（《中国营造学社汇刊》第四卷第一期第 88 页）。

③ 中国营造学社汇刊，1933，4（3、4）：323.

④ 中国营造学社汇刊，1933，4（3、4）：337.

⑤ 中国营造学社汇刊，1933，4（2）：153–154.

⑥《中国营造学社汇刊》第四卷第三、四期第 322 页：同治十二年十一月二十二日“现已奏明，装修木料着雷思起自为采买”；323 页：十一月二十六日“回明已买妥花梨、铁梨，木匠已开工”；324 页：十二月初三日“谕各殿座装修着雷思起办，其余小座装修交各处随工自办”。

具有双重技能和身份。第二，按内务府档案及雷氏笔记，所谓楠木作，特指建筑工程中的硬木装修，又称"南木作"，盖以质坚纹美的名贵木料特产南方，其造作也为南匠专长。楠木作与样式房事务既迥然区别，刘敦桢语涉"楠木作雷氏"或"样式房雷氏"也因此泾渭分明，全无"楠木作样式房"的含混。[①] 第三，所谓"依例"，表明雷氏执业楠木作本属世代传承；就此，刘敦桢后文《材料》中还特意指出：[②]

> 各殿装修，旧由楠木作雷氏承造，康乾年间开雕于金陵，见雷氏《族谱》。

其五，澄清了样式雷家藏图档的根由。事实上，除故宫文献馆庋藏当年样式雷进呈宫中的部分图档外，北平图书馆和中法大学的大宗图档均购自雷氏后裔，源于其先辈多代积累。如朱启钤《样式雷考》提到，同治初年雷景修为应对同行竞争，确保雷氏祖传样式房差务赓续不坠，就曾在东观音寺胡同新宅"筑室三楹"专储大量图档。[③] 问题是，雷家私藏关乎皇家机密的建筑图档，是否获得皇室和官方允准？得益于刘敦桢率先揭露出的关键史实，如圆明园停工后"各路烫样均令样式房雷思起收存"，相关疑惑自然消解。至于刘敦桢推重的"杂记道光后修筑宫苑陵寝工程"的雷氏《旨意档》和《堂谕司谕档》，还有更多同类事例的翔实记录。[④] 不言而喻，样式雷家藏图档得到皇室和官方认可，确属信而有征的史实，这对澄明传世雷氏图档的来由，当然具有正本清源的重要意义。[⑤]

六、扩展：样式雷建筑图档的持续研究

圆明园样式雷图档研究的突破，为其余上万件图档的整理研究展现了光明前景，但也清晰表明，后续工作还必须全面细致地考查极其丰富的清代皇家建筑实物遗存，深入系统地梳理秘藏宫禁又卷帙浩繁的相关工程档案。对此异常艰巨的基础工作，朱启钤与学社同仁志存高远，不避艰辛，同各地古建筑大规模调查测

---

① 今人相关论著常见"楠木作样式房"，概因误读了《样式雷考》无标点原文"供役圆明园楠木作样式房掌案"，而按朱启钤引据雷思起笔记等，楠木作与样式房泾渭分明，当用顿号或逗号断开。
② 中国营造学社汇刊，1933，4（3、4）：272. 刘敦桢此语实际援自朱启钤《题姚承祖补云小筑卷》："清康乾间，内庭装修开雕于金陵，归楠木作雷氏承办。"见：中国营造学社汇刊，1933，4（2）：87.
③ 中国营造学社汇刊，1933，4（1）：88.
④ 事实上，在道光朝以来兴建的所有陵寝工程中，全有样式雷家中存储、调取相关图档的事例。
⑤ 近年来，因疏于稽考，又不识前贤成果，已泛出有关样式雷图档由来的臆测，如谓"工部样式房"所绘、出自"内务府舆图房"或窃自宫中等。为消解这些臆测，也必须正本清源。

图 1-26 单士元像（资料来源：
单士元集·第一卷.北京：紫禁
城出版社，2007）

绘研究并行，有条不紊地展开 ①，直到 1937 年因抗日战争爆发被迫中断，短短三年半时间，取得了瞩目的业绩。

第一，系统发掘清代皇家建筑档案文献。

典型如 1933 年着手编辑《清代建筑年表》：

> 本社先利用清《实录》《东华录》《会典》《工部则例》、各省地方志、内务府档案以及私人笔记等书，作建筑年表初步之检索。②

到 1935 年，年表编辑工作重心由外朝转向内廷，尤其是苑囿：

> 惟内廷事秘，采集较难，现正抄录故宫文献馆所藏内府档案，先从苑囿方面着手。③

这项工作由学社编纂单士元（图 1–26）担纲。此前，他曾潜心爬梳文献，编辑《明代营造史料》，1933 年 7 月至 1935 年 3 月在《中国营造学社汇刊》连载 ④；后又推出规模达 40 万字的《明代建筑大事年表》，1937 年 2 月由学社出版。单士元深厚的学术功力，令《清代建筑年表》顺利进展，到 1937 年业已大体就绪（图 1–27）。⑤

① 按《中国营造学社汇刊》记载，从《同治重修圆明园史料》发表到 1937 年 7 月抗日战争全面爆发，梁思成、刘敦桢及林徽因、莫宗江、陈明达、赵法参、卢树森、夏昌世、麦俨曾、王璧文等学社同仁，对河北、山西、河南、山东、江苏、浙江等地古建筑展开大规模调查测绘，并发表《大同古建筑调查报告》《云冈石窟中所表现的北魏建筑》《正定古建筑调查纪略》《赵县大石桥》《晋汾古建筑预查纪略》《定兴县北齐石柱》《河北西部古建筑调查纪略》《苏州古建筑调查记》《河南省北部古建筑调查记》《杭州六和塔复原状计划》《曲阜孔庙之建筑及其修葺计划》及《记五台山佛光寺建筑》等经典性学术成果。
② 本社纪事·编印及史料之搜集.中国营造学社汇刊，1934，4（3、4）：341.
③ 本社纪事.中国营造学社汇刊，1935，5（3）：115.又如《童寯文集》第四卷 385 页："1934 年左右，北平中国营造学会朱启钤来上海。学会邀他在功德林素菜馆午饭。他谈到营造学社的一些情况，说想要研究南方古典园林。"引自童寯.童寯文集（第四卷）.北京：中国建筑工业出版社，2006.
④ 中国营造学社汇刊，1933，4（1–4），1934—1935，5（1–3）.
⑤ 惟因抗日战争爆发在即，单士元《清代建筑年表》稿件与学社其他资料移存天津，翌年竟遭水灾浸蚀。至 1953 年，曾由中国科学院资助，将残稿重新整理和补充；嗣后历经波折，延至近年列入故宫博物院学术出版项目，最终作为《单士元集》第三卷由紫禁城出版社付梓面世。

图 1-27 单士元《清代建筑年表》水患后残件和原始摘录件（资料来源：单士元集·第一卷.北京：紫禁城出版社，2007）

其间，1934 年 9 月单士元、刘敦桢阅检北平图书馆藏明清舆图，发现康熙十九年（1680 年）绘制的《清皇城宫殿衙署图》，转年 12 月在《中国营造学社汇刊》发表《清皇城宫殿衙署图年代考》。[①] 同年，学社还收获汪申伯、刘南策捐赠样式雷图档 142 件，陵寝烫样一座。[②] 此外，1936 年 11 月，经学社审定并按样式雷图补充，北平工务局刊行《圆明长春万春园遗址地形图》。[③]

第二，开拓清代宫苑、陵寝等建筑实物的系统调查测绘。

据《中国营造学社汇刊》记载，相关测绘工作如下：

1934 年 2 月，邵力工、麦俨曾等测绘景山万春、缉芳、周赏、观秋、富览五亭，梁思成、刘敦桢编制修理计划[④]，9 月刊布《中国营造学社汇刊》。[⑤] 同月，刘敦桢偕莫宗江、陈明达等赴河北易县清西陵调查并测绘，相关成果《易县清西陵》翌年 3 月在《中国营造学社汇刊》发表。[⑥]

1935 年 9 月，梁思成、麦俨曾等测绘故宫文华殿文渊阁[⑦]；12 月，刘敦桢、梁思成《清故宫文渊阁实测图》一文在《中国营造学社汇刊》发表，朱启钤特意作跋。[⑧]

1936 年 4 月，梁思成、邵力工等测绘紫禁城四处角楼，及南海新华门；5 月，林徽因、刘致平、麦俨曾等测绘北海静心斋建筑（图 1-28）。[⑨]

---

① 中国营造学社汇刊，1935，6（2）：106–113. 该图现藏台北故宫博物院。
② 本社纪事.中国营造学社汇刊，1935，5（4）：173.
③ 北京图书馆善本特藏部舆图组编.舆图要录.北京：北京图书馆出版社，1997：108.
④ 本社纪事.中国营造学社汇刊，1934，5（2）：127.
⑤ 中国营造学社汇刊，1934，5（1）：85–92.
⑥ 中国营造学社汇刊，1934，5（3）：68–109，其中包括 48 个图版。
⑦ 本社纪事·测绘故宫外朝东部：中国营造学社汇刊，1935，6（2）：173.
⑧ 中国营造学社汇刊，1935，6（2）：32–48.
⑨ 本社纪事·测绘北京清宫苑.中国营造学社汇刊，1936，6（3）：195.

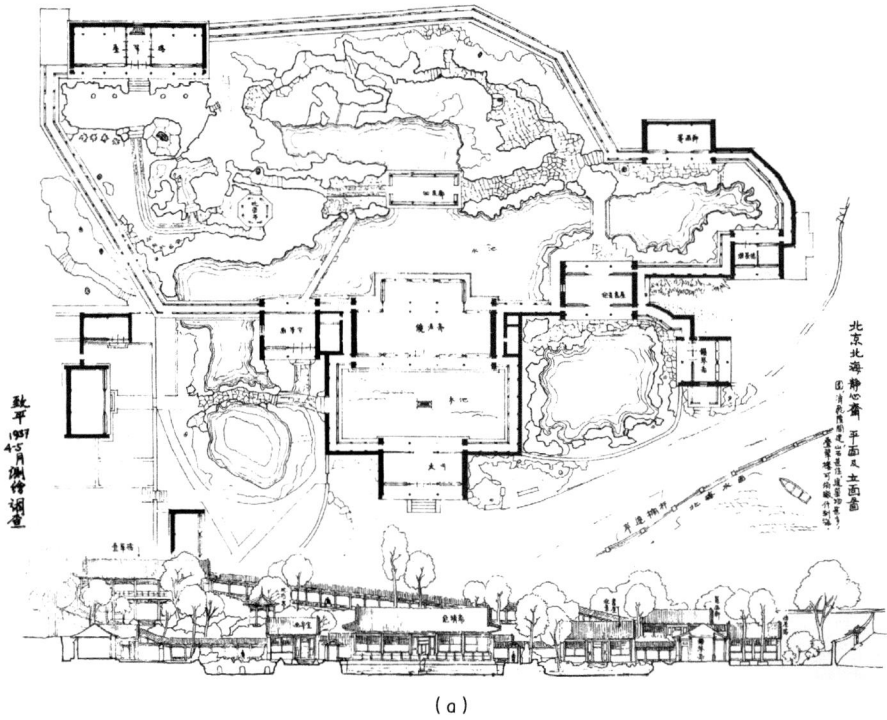

（a）

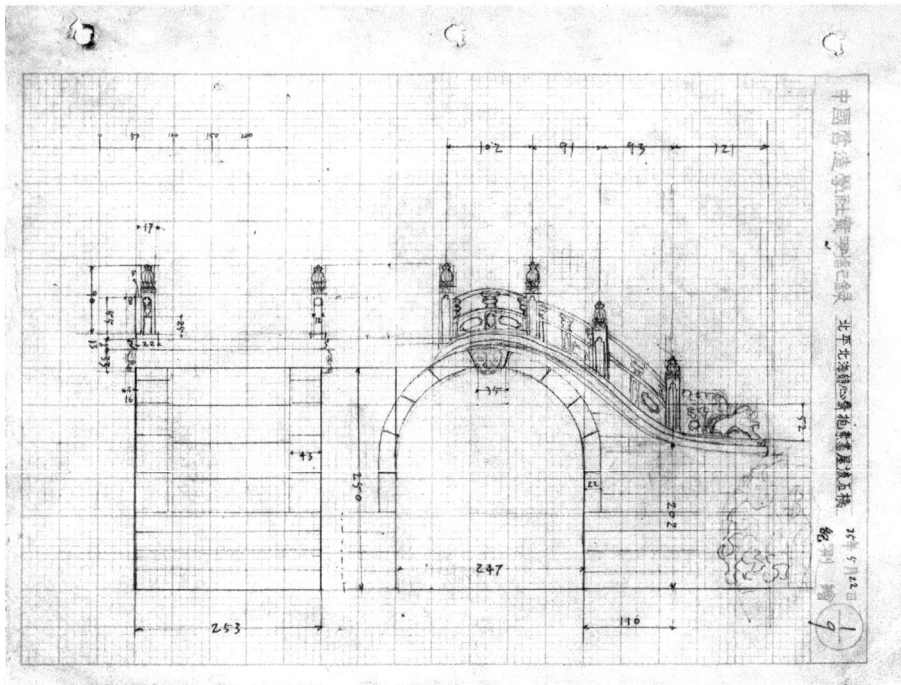

（b）

图 1-28　1936 年北海静心斋测绘图。（a）刘致平《北京北海静心斋平面及立面图》[资料来源：刘致平 . 北海静心斋的园林建筑——为纪念林徽因、张蔚廷先生而作 . 华中建筑，1986（02）：31-34] ;（b）纪玉堂《北平北海静心斋抱素书屋后石桥》测稿（资料来源：清华大学建筑学院提供）

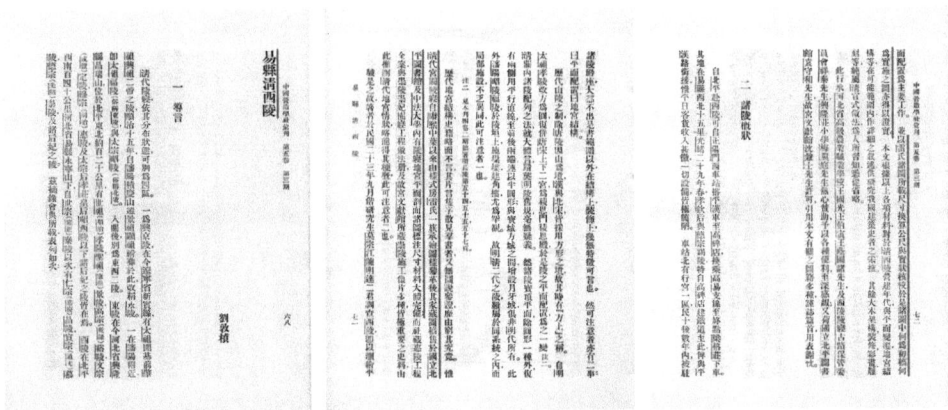

图1-29　刘敦桢《易县清西陵》书影［资料来源：刘敦桢.易县清西陵.中国营造学社汇刊，1934，5（3）］

1937年3月，梁思成、邵力工等测绘紫禁城文华、武英殿及东、西华门等处建筑。[1]

除上述建筑而外，现藏清华大学建筑学院的700余幅铅笔图与167张墨线图表明，从1933年10月到1937年6月30日，即"卢沟桥事变"一周之前，学社还曾系统实施了北京故宫、大高玄殿、社稷坛、安定门、阜成门、东直门、宣武门、崇文门、新华门、恭王府、孔庙、文丞相祠等建筑的测绘。[2]

必须强调的是，这些业绩都是在抗日战争爆发前夕学社的诸多要务中见缝插针地取得的，展现了学社同仁鼎建中国建筑史学和遗产保护大业的深宏宇量和忘我敬业精神。

第三，拓展样式雷图档的综合研究，适时推出新成果。

首先是刘敦桢的《易县清西陵》（图1-29），作为开启清代陵寝建筑研究的经典，其中仍然恪遵朱启钤的研究方略，系统梳理《清实录》《宣统政纪》《大清会典事例》《东华续录》《清史稿》《易水志》等文献，利用学社藏《惠陵工程备要》[3]、崇陵及其妃园寝《工程做法》和故宫藏崇陵工程照片等，结合实地调查测绘，研判北平图书馆和中法大学藏样式雷陵寝建筑图档，使清初关外的

---

[1] 本社纪事·测绘北京清宫苑.中国营造学社汇刊，1937，6（4）：179.

[2] 据天津大学建筑学院建筑历史研究所博士生李婧2013年调查记录；按图上标注日期，1933年10月绘太和门、午门平面为时最早，其中如"午门东半部南首亭子平面图"还有"成"字即梁思成的署名。另见林洙.中国营造学社史略，天津：百花文艺出版社，2008：150.

[3] 本社纪事.中国营造学社汇刊，1931，2（1）.朱启钤曾概述《惠陵工程备要六卷》的来由、内容及价值等，还强调其为样式雷"与修陵工之证"。其在《易县清西陵·导言》称为《惠陵工程》全案，比对其中工程做法尤其是小夯灰土做法的文字，实皆引自该《惠陵工程备要》。

永陵、福陵、昭陵和入关后的所有帝、后陵及妃园寝，凡建置与规制沿革，冷僻的名词术语，乃至隐秘的地宫构造，都前所未有地得到揭示。重要的是，样式雷图档的综合研究方法也有新的拓展，就是用建筑实物测绘成果比对并判别雷氏相关图档：

> 调查西陵，即以测绘平面配置为主要工作。并以雷氏诸图所载尺寸，换算公尺，与实状核校，于是诸图中何为初稿，何为实施之图，亦得以证实。[①]

其实，如前述朱启钤《中法大学收获样子雷家图样目录之审定》和刘敦桢《同治重修圆明园史料》曾已认知的那样，雷氏图档涉及众多工程个案，涵盖了选址勘测、设计和施工的完整程序。惟《易县清西陵》既属开山之作，又有时局牵掣，遗存实物的测绘和相关档案的发掘均未全面展开，以致无法像研究重修圆明园那样，对陵寝工程个案予以系统揭示，但其研究理路，毕竟为往后更深入的工作提供了珍贵启示。[②]

拓展样式雷图档综合研究的重要成果，还有 1935 年 6 月王璧文在《中国营造学社汇刊》发表的《清官式石桥做法》[③]（图 1–30），被后人尊为开创相关研究的杰作。其"弁言"申明：

> 清代桥梁做法，未著录工部《工程做法则例》……唯近岁坊间发现之匠工秘藏底册……《营造算例》第九章桥座做法，及新购《石桥分法》《工程备要随录》二书，类皆记录官式桥梁做法之专著。……爰就前述三书，及清《崇陵工程做法》所示尺度，与国立北平图书馆，及中法大学图书馆所藏清代帝妃陵寝石桥图样多种，互相参照，依其施工顺序，重新标题排比，成《清官式石桥做法》一篇。内分石作、瓦作、土作及搭材作四章。

文中所涉《工程做法则例》研究，最早始于 1919 年朱启钤发现宋《营造法式》抄本后的校雠工作，1925 年仿宋刊本还彰示有相关成果。[④] 同年，营造学会成立，

---

① 其中包括测绘图共 19 幅，即各陵寝的宫门、享殿、方城明楼平面；泰陵龙凤门平、立面及神厨库平面；还有样式雷图样 27 幅，涉及关外永陵，清西陵的泰、昌、慕、崇、泰东、昌西、慕东等陵和崇陵妃园寝，清东陵的孝、景、惠、孝东、定东等陵和景陵双妃园寝的总平面；清西陵的昌、慕、崇、昌西、慕东等陵的地宫平面和剖面，以及崇陵妃园寝的地宫剖面。

② 自 1980 年代以来，在天津大学对清代陵寝建筑的研究中，就受益这一启示，曾组织上千名师生对清初关外三陵、清东陵和清西陵的所有建筑遗存展开了大规模测绘，继而又对散藏诸多机构的相关工程档案进行了深入系统的发掘整理，由此成功鉴识了北京图书馆收藏的 5000 余件有关清代陵寝的样式雷图档，在此基础上，系列性地完成了慕陵、定陵、惠陵、崇陵等帝陵以及昌西陵、慕东陵、定东陵等后陵的建筑工程个案研究，在相关研究领域取得了多方面的突破，形成了非常丰富的学术成果。

③ 中国营造学社汇刊，1935，5（4）：56–136.

④ 其中包括参加过晚清皇家建筑工程的老工匠贺新赓、秦渭滨等对《营造法式》大木作制度图样增绘清式做法术语，以及吕茂林、贾瑞龄等按《营造法式》彩画制度图样色名填色。参见 1925 年"陶本"后附朱启钤《重刊〈营造法式〉后序》、陶湘《识语》。

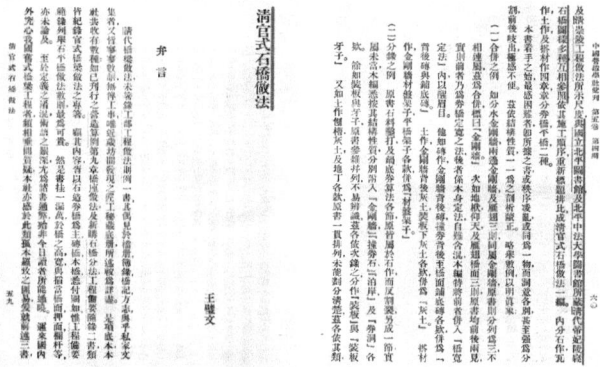

图 1-30　王璧文和《清官式石桥做法》书影 [资料来源：王璧文 . 清官式石桥做法 . 中国营造学社汇刊，1935，5（4）：56-136]

研究持续，为营造学社奠定了根基。[1] 到学社初创，尤其是 1931 年 9 月朱启钤百计延揽的建筑学英才梁思成担当法式部主任后，作为要务的补绘图释工作更臻严谨[2]，部分成果还曾参展芝加哥世界博览会、北平学术团体联合展览会及中国建筑展览。[3] 往后历经沧桑，相关成果于 2006 年正式出版为《清工部〈工程做法则例〉图解》。[4]

　　至于《营造算例》，缘自朱启钤清末"以司隶之官兼将作之役"时对营造旧籍的勉力搜集[5]；俟学社创立，不少关涉清代官式建筑的工匠抄本经过悉心整理，"总名曰营造算例"，1931 年 4 月起连载于《中国营造学社汇刊》，还发表《营造

---

① "启钤……于民国八年影印宋李明仲《营造法式》以来，海内同志景然风从，于是征集专门学者，商略义例，疏证句读，按图传彩，有仿宋重刊《营造法式》之举。嗣以清工部《工程做法》，有法无图，复纠集匠工，依例推求，补绘图释，以匡原著不足，中国营造学社之基，于兹成立。"引自本社纪事 . 中国营造学社汇刊，1932，3（3）：178.
② "清工部工程做法则例……止有大木作二十七卷在每卷首列有一图，已甚简单，其他各作并此无之。……曾招旧时匠师，按则例补图六百余幅。"引自本社事纪要 . 中国营造学社汇刊，1930，1（2）. 又："社长朱先生于数年前已有补制工程做法则例图之举，曾聘大木、琉璃、彩画等匠师制为补图四百余幅。然此类匠家，对于绘图法，绝无科学训练，且对原书做法，或误释或不解，以致所制各图多不适用。法式组今年度主要工作，即在此图之整理，将原书中所说明各建筑物，为制平面、立面、剖面图，务求各建筑物之做法，一一解释准确精详。共计约百余幅共图四百余种。其中彩画约占五分之一。现已工作过半，预计六月中旬可以全部告竣。"引自本社纪事 . 中国营造学社汇刊，1932，3（1）：183.
③ "参加芝加哥博览会科学组赛品征集委员会北平分会函邀请本社参加出品……将……清工程做法补图及汇刊等送往该会参加。组织北平学术团体联合展览会……计为：……清工部工程做法补图一二卷，圆明园鸟瞰图数种。"引自本社纪事 . 中国营造学社汇刊，1932，3（4）. "今春二月，本社借北平万春园美术陈列室举行中国建筑展览。计陈列……工程做法补图共十余幅。"引自本社纪事 . 中国营造学社汇刊，1937，6（4）.
④ 梁思成 . 清工部《工程做法则例》图解 . 北京：清华大学出版社，2006. 需要指出的是，1933 年加入学社的王璧文，数十年如一日地坚持《工程做法则例》的研究，恪遵朱启钤的综合研究方法，会通各种相关档案，调查实物乃至各作工匠操作技术，1981 年完成《清工部〈工程做法〉注释补图》，1995 年 5 月由中国建筑工业出版社正式出版，成为解读《工程做法则例》最为系统和完整的学术经典。
⑤ 朱启钤 . 中国营造学社开会演词 . 中国营造学社汇刊，1930，1（1）.

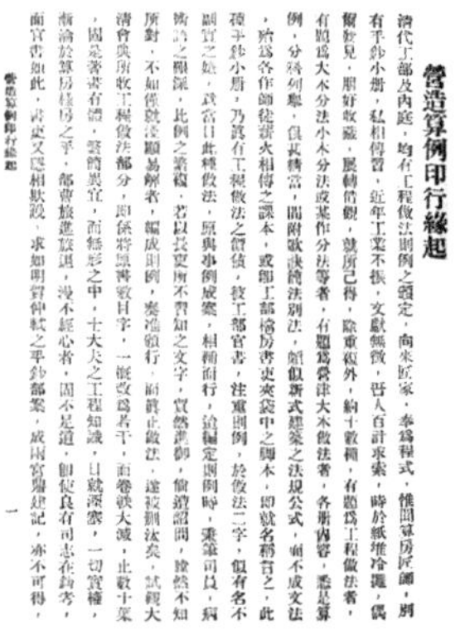

營造算例印行緣起

清代工部及內庭，均有工程做法則例之頒定，向來匠家，奉為程式，惟聞算房匠師，別有手鈔小冊，私相傳習，近年工業不振，文獻無徵，吾人百計求索，時於紙堆冷攤，偶爾發見，朋好收藏，展轉借觀，就所已得，除重複外，約十數種，有題為工程做法者，有題為大木分法小木分法或某作分法等者，有題為營津大木做法者，各冊內容，悉是算例，分條列舉，俱甚精當，間附歌訣簡法別法，頗似新式建築之法規公式，而不成文法，殆為各作師徒薪火相傳之課本，或即工部檔房書吏夾袋中之脚本，即就名稱言之，此種手鈔小冊，乃兼有工程做法之價值，較工部官書，注重則例，於做法二字，似有名不副實之嫌，蓋當日此種做法，原與事例成案，相輔而行，迨編定則例時，秉筆司員，病其[illegible]之[illegible]深，比例之繁複，若以長吏所不習知之文字，貿然叢錯，[illegible]部冊，[illegible]然不知所對，不如徑就淺顯易解者，編成則例，奏准頒行，而舊式做法，遂被刪汰矣，試觀大清會典所收工程做法部分，即係將原書數目字，一概改為若干，而卷帙大減，止數十葉，固是著書有體，譬諸異宜，而[illegible]之中，士大夫之工程知識，日就湮塞，一切實權，漸淪於算房樣房之手，部曹[illegible]，漫不經心者，固不足道，即使良有司志在鈎考，而官書如此，吏又隱相欺毅，求如明賢仲軾之手鈔部案，成兩宮鼎建記，亦不可得，

營造算例印行緣起　一

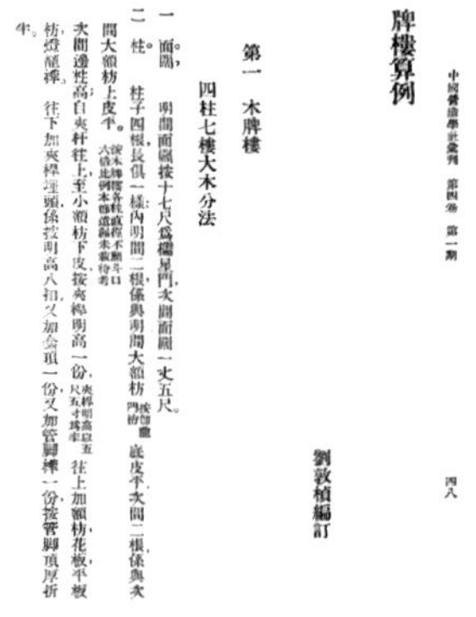

中國營造學社彙刊　第四卷　第一期　四八

牌樓算例

劉敦楨編訂

第一　木牌樓

四柱七樓大木分法

一　面闊。明間面闊按十七尺為標準，次間面闊一丈五尺。

二　柱。柱子四根，長俱一樣，內明間二根，係與明間大額枋（按即龍門枋）底皮平，次間二根，係與次間大額枋上皮平。（按木牌樓各柱截面不顯斗口，六倍比例本節遺漏未敢符考）次間邊柱高自夾杆往上至小額枋下皮，按夾桿明高一份，（夾桿明高以五尺五寸為率）往上加額枋花板平板枋，燈籠榫，往下加夾桿埋頭，係按明高八扣，又加套頂一份，又加管腳榫一份，按管腳頂厚折半。

图 1-31　朱启钤《营造算例缘起》书影 [资料来源：朱启钤 . 营造算例印行缘起 . 中国营造学社汇刊，1931，2（1）]（左）

图 1-32　刘敦桢《牌楼算例》书影 [资料来源：刘敦桢 . 牌楼算例 . 中国营造学社汇刊，1933，3（1）：39-81]（右）

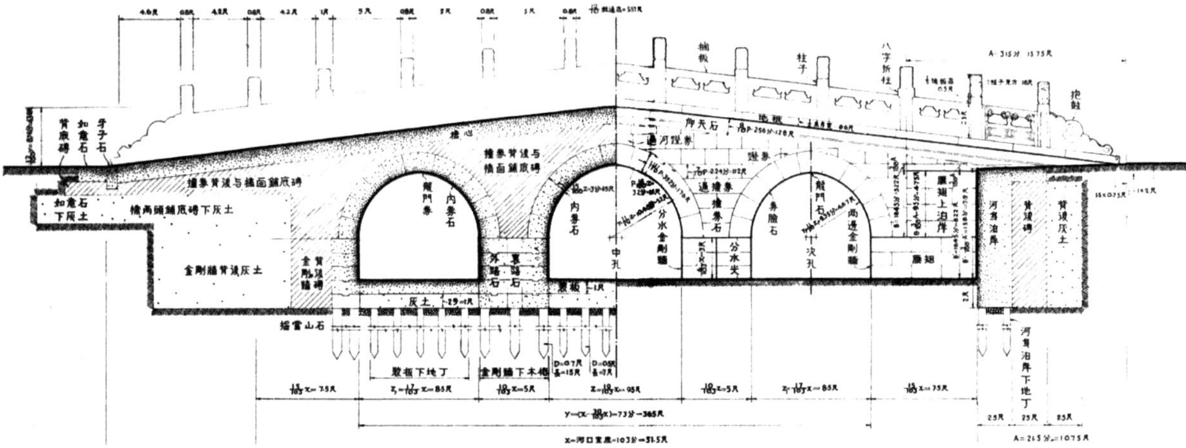

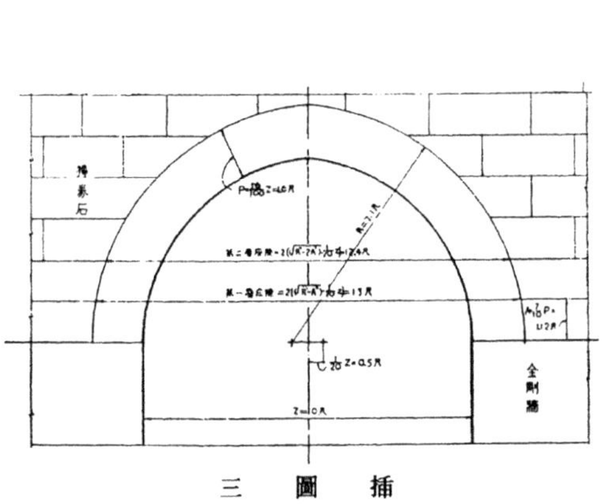

三　圖　插

图 1-33　《清官式石桥做法》插图，首次践行梁思成“以算求样”方法的案例 [资料来源：王璧文 . 清官式石桥做法 . 中国营造学社汇刊，1935，5（4）：56-136]

算例印行缘起》（图 1-31），强调了其远胜《工程做法则例》的价值。[1]1931 年 9 月，梁思成到社，立足前贤成果，遵照朱启钤"制为图解，演作公式，期于印证官书，树为圭臬"的方略，倾力投入，翌年 3 月重校《营造算例》并出版单行本，解读《工程做法则例》和《营造算例》的《清式营造则例》也同时脱稿[2]，于 1934 年 6 月出版[3]，自此成为中国建筑史学著名经典。相辅刊行的《营造算例》则纳入了整理工匠抄本的最新成果，包括刘敦桢 1933 年 7 月在《中国营造学社汇刊》发表的《牌楼算例》（图 1-32）。[4]

　　王璧文的《清官式石桥做法》，正是上述工作的延展，其中首次融入了样式雷图档的研究，既填补了清代官式石桥做法的空白，充实了《清式营造则例》未遑解释的大量怪异名词术语[5]；其"制为图解，演作公式"的成果，还彰示了梁思成解读《营造算例》曾予强调而未遑具体陈述的"极可喜的收获"，即"以算求样"的方法（图 1-33）。[6]更重要的是，王璧文这一汇通性的综合研究，还为样式雷图档研究和利用开辟了新的有效途径。《中国营造学社汇刊》旋踵发表王璧文《清官式石闸及石涵洞做法》[7]，也表明了这一点。

七、回响：样式雷建筑图档的社会收藏

　　学社对样式雷图档的搜藏整理研究及其煌煌业绩，激起了社会的强烈反响，其时出版的各类介绍北平史地的读物纷纷将样式雷作为清代重要的哲匠代表刊载

---

[1] "各册内容，悉是算例，分科列举，俱甚精当，间附歌诀简法别法，颇似新式建筑之法规公式……殆为各作师徒薪火相传之课本，或即工部档房书吏夹袋中之脚本；即就名称言之，此种手抄小册，乃真有工程做法之价值。……自此种抄本小册之发见，始憬然工部官书标题中之做法二字，近于衍文……清代工部工程做法则例当日如有此类算例在内，价值更当增重也。"又申明对其深化研究的方略："刊行之初，不加笔画，以存其真……最后之目的，如制为图解，演作公式，期于印证官书，树为圭臬。"引自营造算例印行缘起. 中国营造学社汇刊, 1931, 2（1）.
[2] 本社纪事. 中国营造学社汇刊, 1932, 3（1）：184. 其中还首度提到《清式营造则例》的编著宗旨、方法和体例："《清式营造则例》，梁思成君新著，现已脱稿。原《工程做法则例》及《营造算例》二书，前者既非做法，又非则例，严格命名，只能称为'木料尺寸书'，后者则为算例，对于做法，仍多不详，而二书对于建筑专门名词之定义，尤无一字之解释，使读者只见满纸怪名词而无从下手。营造则例一书，首重名词之解释，然后用准确之图，任'做法''则例'解释之责。自木石砖瓦以至彩画共分六章。插图二十，图版二十余幅，内彩画四幅。"
[3] "本社法式主任梁思成君所著《清式营造则例》，为国内外介绍清代官式建筑唯一之著作，自去岁十一月付印以来，已于本年六月底出版。"引自本社纪事. 中国营造学社汇刊, 1934, 5（2）：127. 落款 1934 年的梁思成《清式营造则例·序》也提到："本书脱稿于二十一年三月，为着许多困难，迟至今日始克付印。"
[4] 中国营造学社汇刊, 1932, 3（1）：39-81.
[5] 梁思成《清式营造则例》解释定义清代官式建筑术语名词共 507 条，王璧文《清官式石桥做法》则新释清代官式石桥术语名词共 169 条。
[6] 1932 年 2 月梁思成《营造算例·初版序》："（营造算例）这全部书的最大目标在算而不在样……我们现在由算的方法得以推求出许多样的则例，是一件极可喜的收获。"引自梁思成. 清式营造则例. 北京：中国建筑工业出版社, 1981：130.
[7] 中国营造学社汇刊, 1935, 6（2）：51-72.

其中。①学社之外不少机构和个人，如前文提到的中法大学，以及学社成员汪申伯、刘南策、金勋、荒木清三和关野贞、竹岛卓一等，也纷纷着手收藏甚或研究样式雷图档及相关遗物。

私人收藏中，尤以陆达夫、陆伯忱父子最为突出。1935 年 10 月 12 日《北晨画刊》曾专辟两版推出《样式雷遗迹专号》②，图文并茂地公示部分样式雷遗物，就出自陆氏父子的收藏（图 1–34）。据编者按，《北晨画刊》编者由陆伯忱的同学张景苏引见，专谒陆宅，拍摄陆氏所藏样式雷遗物，并由陆伯忱撰写说明及《书雷氏制样》《雷氏同族争工的短札》等短文，进而辑成专号。其中，陆伯忱《引言》提到：

> 庚申以还，雷姓遗物，多归专家保存研究，刊有专书；鄙人所藏，不啻九牛一毛，何敢妄为辽东之献。然……此举关系旧京文物之表彰至钜，不可自我中止，不嫌谫陋，辄取雷氏遗物，为之刊布论列用实晨画。

其"专家保存研究"云云，当然是指学社的丰功伟绩，陆氏父子与《北晨画刊》编者为之钦慕，纂辑《样式雷遗迹专号》，也勉力仿效学社，面向社会彰示样式雷遗物。尽管该专号并非系统严谨的学术成果，但对样式雷世家的研究，仍有不容低估的意义。

其一，专号全文刊布了康熙五十八年（1719 年）雷发达侄雷金兆追叙清初该家族经历的《雷氏迁居金陵述》（图 1–35），其中以雷金兆生父雷发宣的经历为主，简略而明晰地言及雷氏家族渊源，明清易代时流落江左，以及随后雷发宣与雷发达偕子同赴北京的原委：

> 国朝定鼎，县经兵火，路当孔道，差徭百出，被累不堪，是以先君发宣公，先伯发宗公，于康熙元年正月奉祖母李，伯祖母郭，伯母邹，堂伯发达公，发兴公，发明公俱南来暂避，计图反棹。

> 癸亥冬，父以艺应募赴北……诸堂兄弟候补于京师，予弟兄亦忝入于太学，皆祖父之庇训。

陆伯忱注称："康熙二十二年西历一六八三，此雷氏北上以艺供职之始。"这对朱启钤《样式雷考》中雷发达与其堂弟发宣以艺应募赴北京等情节，无疑为重要挹注。除此而外，陆伯忱还在《雷氏迁居金陵述》前刊发"雷思起遗像"，篇

---

① 如 1935 年印行的《旧都文物略》即在"技艺略·楠木作"中专述样式雷世家，文中虽未注明文献出处，但实际内容均引自朱启钤《样式雷考》。

② 样式雷遗迹专号 . 北晨画刊，1935-10-12（2、3）. 该专号据陆达夫、陆伯忱父子庋藏的部分样式雷遗物如族谱、画样及烫样等辑成。

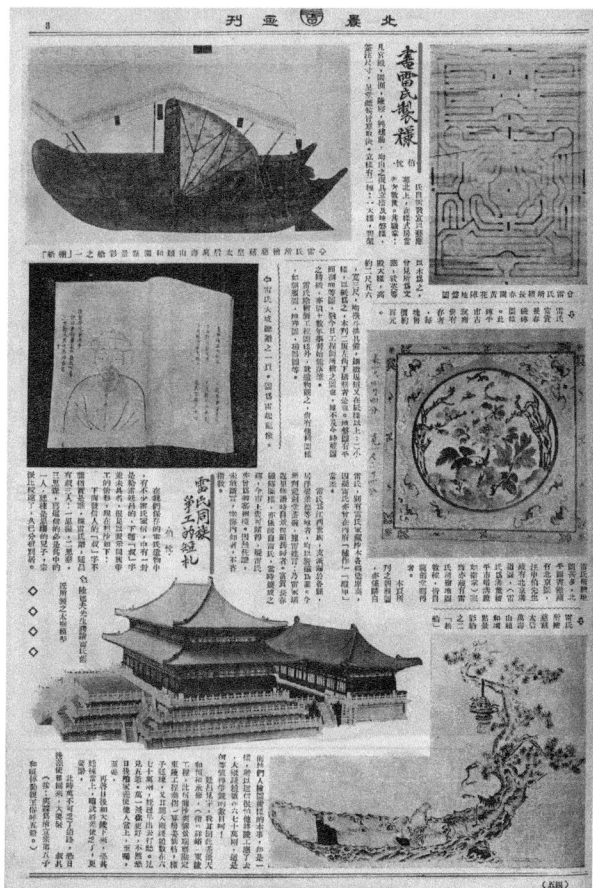

图 1-34　1935 年 10 月 12 日《北晨画刊·样式雷遗迹专号》[资料来源：样式雷遗迹专号 . 北晨画刊，1935-10-12，6（9）：第 2、3 版]

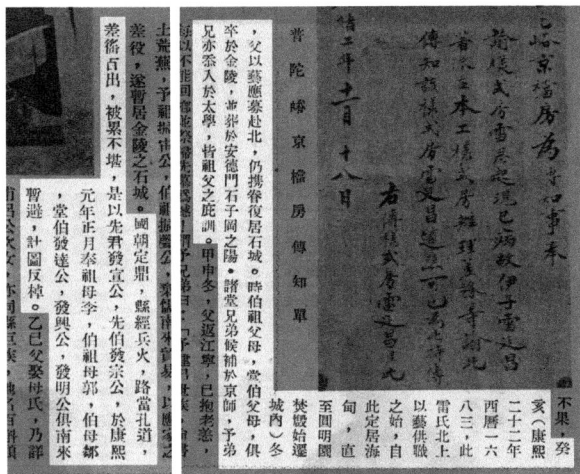

图1-35 《北晨画刊》刊载的雷金兆《雷氏迁居金陵述》[资料来源：样式雷遗迹专号.北晨画刊，1935-10-12，6（9）：第2、3版]

末则附录根据家中收藏雷氏族谱辑出的"雷氏迁居北京海甸各支简表"，补记雷廷昌后裔"献"、"文"两辈；又同时刊发"《雷氏大成总谱》之一页"的雷氏先祖雷起龙像，等等，也都是对朱启钤《样式雷考》的重要弥缝。[①]

其二，陆氏购藏雷氏遗物而外，还向雷氏后裔采录口述历史。所辑"雷氏迁居北京海甸各支简表"，就补有族谱不载而经访查尚存者。另如陆氏指出，画刊登载"龙剑堂"茶杯为嘉庆朝雷家瑞返里修谱时自江西景德镇携归，也出自雷氏后裔介绍。

其三，陆伯忱《书雷氏制样》指出，购自龙剑堂雷氏先辈遗物中，除建筑图样外，还有朝服图、地图、瓷器图等，均一并选刊。又提示北平图书馆、汪申伯等机关或个人藏有雷氏所绘地图数种。除刊出样式雷绘朝服图外，陆氏还指出雷氏家藏图档中发现"各织造原奏"抄本，据此推测雷氏曾在内务府"绣作"、"缎库"当差；瓷砖图样则暗示了雷氏曾为御窑制样。凡此，说明雷氏执业，除皇家建筑规划设计外，还参与了诸如服装、器物等工艺美术范畴的设计。

此外，专号的《雷氏同族争工的短札》，原是陆氏收藏样式雷家书中的一件，由雷思起一位胞弟写给侄子雷廷昌，陆伯忱以为其中暗示了雷思起、雷廷昌父子与雷思跃之子雷廷栋争办普祥峪定东陵工程，遂标题刊发。惟按现知史料，该信

[①] 应当指出，陆伯忱未言《雷氏迁居金陵述》的来由和价值，惟"雷氏迁居北京海甸各支简表"和"雷起龙像"注语，或可推测与后两者同其收藏的《雷氏大成总谱》。又按现知乾隆、嘉庆、道光朝等雷氏族谱，雷氏自江西迁居南京、北京各支房均推尊《雷氏迁居金陵述》为原典，收为谱序而载引在族谱篇首；以之比较陆氏所刊《雷氏迁居金陵述》，其中多有不同，证明陆氏藏《雷氏大成总谱》另有所本，其下落有待追踪。

本属不谙实情的杞人之忧 ①，但也可借以说明清代样式房差务殊非世袭，而是充满了激烈的同行竞争。

　　从整体看，在 1930 年代，在抗日战争爆发前，对于样式雷世家及其遗存图档，中国营造学社以外的其他机构或者个人，甚至包括北平图书馆和故宫博物院在内，除了搜藏和粗疏的编目整理，几乎没有可圈可点的相关研究成果，与学社的辉煌业绩和深远影响全不可同日而语。两者对比，不难发现，能否有一个具有强烈历史使命感和深厚学术造诣，高瞻远瞩、知人善用的卓越组织者，能否有一个专业修养博洽，精诚敬业，善于合作的精英型学术团队，能否有一个目标、方法、技术路线合理而明确的运作机制，而非简单地占有相关资料，才是系统而深刻地揭橥样式雷图档作为历史遗产的重大价值和意义的关键所在。

---

① 该书信全文如下："廷昌见字，我耳闻此差派天和、恒和承修，算房姜仙舫，样子廷栋；又耳闻大概钱粮在六七十万两，任赶早出去打听，见见五爷，万一派你更好，不然恐日后咱家差使他人当上，至嘱，至要。再启：日后如大陵下来，恐其廷栋当上，咱就将差使乏了，更要紧。此时万不可乏了道路，恐日后差使难回来，大要紧。叔具。"按现知相关史料，"叔"应指雷思起胞弟雷思泰或雷思森。雷思泰自幼在同义钱铺学生意，未曾效力皇家建筑工程；雷思森曾参与同治九年大婚庆典工程，此后中断。二人未在样式房当差，不知恭亲王、醇亲王等董工权臣对雷思起、雷廷昌的仰重，又担忧家庭收入，才致信雷廷昌。

第二章　承先启后：

样式雷世家及其建筑图档的持续研究（1937—1998年）

抗日战争爆发后，中国社会陷入长期战乱，样式雷世家及其图档的研究被迫中止。此后，面对满目疮痍、百废待兴的新中国，中国建筑史学界的当务之急是对全国各地大量幸存的古代建筑遗迹展开系统调查、记录、保护及维修，充实由梁思成搭建的中国建筑史学框架，集全国之力协作编纂中国建筑史。"文化大革命"期间，又由于意识形态的禁锢，皇家建筑研究无法开展，造成 30 年间样式雷世家及图档研究基本停滞。1970 年代后期，随着社会思想大解放的到来，沉寂多年的中国建筑史学研究开始复兴，并由通史研究进入专项史研究阶段。[①] 作为清代国家工程代表的皇家建筑研究也在较宽松的学术环境中方兴未艾，图书馆、博物馆等地沉睡多年的样式雷图档重回研究者的视野，年轻一代的学者们在中国营造学社奠基的这一学术领域持续探索。

一、流传有序：样式雷建筑图档的传布

1930 年代北平图书馆和中法大学对样式雷家藏图档的两次大规模购藏，奠定了样式雷图档收藏的基本格局。中华人民共和国成立后，随着国家机构的调整和重建，样式雷图档的分布随之发生了新的变化。

1. 中国营造学社藏样式雷图档的析分

1930 年代，中国营造学社除介绍北平图书馆垄断性购藏样式雷家藏图档外，也曾搜获市面零散图档，并接收社会捐赠的图档。[②]1946 年营造学社解散，原存

---

① 参见温玉清.二十世纪中国建筑史学研究的历史、观念与方法——中国建筑史学史初探.天津：天津大学，2006.
② 如 1935 年 6 月，汪申伯、刘南策捐赠学社样式雷图样 142 件、陵寝模型一座。见本社纪事·本社自二十四正月起至六月底止受赠各界图籍参考品胪列于左敬表谢悃.中国营造学社汇刊，1935，5（4）.

图 2-1　惠陵隆恩殿前檐格扇三槽上面叶图样 [资料来源：何蓓洁，王其亨 . 华夏意匠的世界记忆——传世清代样式雷建筑图档源流纪略 . 建筑师，2015（03）：51-65]

各项资料为多家机构继承。[①] 其中，营造学社原藏样式雷图档等由文物整理委员会（今 "中国文化遗产研究院" 前身）和清华大学分别继承。

据中国文化遗产研究院藏《北京文物整理委员会代管北京营造学社图书登记簿》记载，当时共接收营造学社有关古建筑图书、资料、书籍、杂志 590 种，约 10000 册以上。[②] 其中包括：1933 年春，家居东观音寺胡同的雷献瑞、雷献华兄弟出示学社的 11 册《雷氏族谱》及先辈有关信札、文件 [③]，部分样式雷画样（图 2-1），以及朱启钤《样式雷考》遗稿、札记等，总计 35 册。[④]

学社原藏多件样式雷内檐装修板片类烫样、1 具陵寝烫样 [⑤] 以及画样百余张由清华大学继承。[⑥] 此外，30 件钤有清华大学营建学系图书室之章，并精心装裱

---

① 时任文物整理委员会成员的杜仙洲曾参加分配学社财产的讨论。据其回忆："照相仪器、绘图仪器、照片等归清华，家具归北京市都市规划委员会，图书资料归文整会。" 见温玉清 . 二十世纪中国建筑史学研究的历史、观念与方法——中国建筑史学史初探 . 天津：天津大学，2006：321. 1995 年，林洙统计学社遗物分布现状称：书籍一类存文化部文物建筑保护研究所（今 "中国文化遗产院"）；图稿、照片、文物等存清华大学建筑系资料室；铜版、锌版、出版刊物及工具存北京市都市计划委员会，委员会改组后，归属情况不明；墨线图和彩色图由历史博物馆展陈后部分存故宫，部分存中国建筑技术研究院历史理论研究所（现中国建筑设计院建筑理论与历史研究室），部分存清华大学建筑系。见林洙 . 中国营造学社史略 . 天津：百花文艺出版社，2008：186.
② 《北京文物整理委员会代管北京营造学社图书登记簿》（油印本），转引自温玉清 . 二十世纪中国建筑史学研究的历史、观念与方法——中国建筑史学史初探 . 天津：天津大学，2006：321.
③ 参见何蓓洁，史箴 . 样式雷世家族谱考略，文物，2013（4）：74–80.
④ 据中国文化遗产研究院藏书目录，包括《样式雷图样暨雷氏族谱资料汇编（不分卷）》1 包 23 册、《样子雷资料辑存（不分卷）》1 包 1 册、《仪鸾殿福昌殿后照楼海晏堂仿俄馆样式楼装修立样》1 包 7 册、《清惠陵园寝殿阁器物铜活图样册》1 包 4 册等。
⑤ 应为 1935 年 6 月汪申伯、刘南策捐赠营造学社。
⑥ 清华大学建筑学院现藏内檐装修烫样 204 件、陵寝烫样 1 件、画样 102 件、文档 8 件。参见贾珺 . 清华大学建筑学院藏清样式雷档案述略 . 古建园林技术，2004（2）：25–26.

的画样，是否确为营造学社旧藏，有待进一步核实。[①] 除继承营造学社原藏样式雷图档外，中华人民共和国成立后，清华大学建筑学院还曾从其他渠道购入样式雷图档。如1950年代，清华大学建筑系图书室毕树堂从琉璃厂中国书店为清华大学购入样式雷图档一批，现存45件。又据林洙回忆，1958或1959年间，某教师曾向清华大学出售图样38件。[②]1980年代，清华大学建筑系又从算房高家后裔高宛英处购存文书档案404件。[③]

2. 故宫筹办"古代建筑馆"调集样式雷图档

1950年8月，故宫博物院按照拟定的年内工作计划，与北京文物整理委员会（今"中国文化遗产研究院"）合作，筹办以中国古代建筑为主题的专门陈列室，经商议定名为"古代建筑馆"，地点设在故宫保和殿内。[④] 为此，文化部文物局分别向历史博物馆、北京图书馆及中法大学等相关收藏单位调集样式雷画样和烫样。当月，北京图书馆先行移交样式雷烫样43具[⑤]，"由历史博物馆和文物整理委员会两处分别移运入院"[⑥]（图2-2）。该烫样及前述内务府造办处藏烫样现存故宫博物院古建部。[⑦]

中法大学自1950年9月6日接教育部通知后，会同文化部文物局和故宫博物院所属人员清点该校图书馆藏样式雷图档。经过四个月的紧张工作，于1951年1月19日清点完毕，开列《中法大学样子雷建筑图幅册子烫样摺条移交清册》[⑧]（下文简称《移交清册》）。三日后，由文化部文物局罗福颐[⑨]等前往接收，随后拨

---

① 1945年，抗战胜利后，一度避乱西南的各文化机构预备回迁，此时的营造学社已无经费来源，学社成员仅余四人。梁思成遂于国民政府决定扩大清华大学规模之机，提议创办清华大学营建系。1946年，清华大学营建系成立，梁思成任系主任，同时商得朱启钤和梅贻琦校长同意，以清华大学和中国营造学社名义共同创办"中国建筑研究所"。据罗哲文回忆，营造学社南迁时携带的书籍、图片、照片以及八年抗战时期在李庄、昆明等地调查研究的全部成果，在此次回迁过程中正式并入清华大学，存放于清华园内。参见温玉清.二十世纪中国建筑史学研究的历史、观念与方法——中国建筑史学史初探.天津：天津大学，2006：98.据样式雷图档所钤印章，推测这批图档可能是营造学社南迁时携带，并于此时并入清华大学。
② 参见贾珺.清华大学建筑学院藏清样式雷档案述略.古建园林技术，2004（2）.
③ 参见刘畅.清代晚期算房高家档案述略.见：建筑史论文集（13辑），北京：清华大学出版社，2000：119-124.
④ "8月16日召开筹备建筑馆座谈会，出席有刘敦桢、林徽因、郭宝钧等专家，会上决定筹设故宫博物院建筑馆，在保和殿布置陈列，专家们及文物整理委员会与故宫博物院合作办理。"见：本局通讯.文物参考资料，1950（8）：178.
⑤ 故宫官网《院史编年》："1950年，接收北京图书馆移交的样子雷烫小样模型43具。"但据北平图书馆馆员金勋1933年8月发表的《馆藏样式雷制圆明园及其他各处烫样目录》统计，烫样编册共76具，而国图现并无烫样收藏，造成数量差异的原因还有待进一步追踪。
⑥ 见《你院筹办建筑馆应即准备接收烫样模型由》（1950年），故宫博物院藏。
⑦ 故宫博物院古建部现藏烫样80余具。
⑧ 参见北京市档案馆藏《私立中法大学宫殿样子建筑部分图样移交清册》，档案号J026-001-00435。
⑨ 罗福颐（1905—1981年），古文字学家。字子期，笔名梓溪、紫溪，七十后自号倦翁。罗振玉之子。祖籍浙江上虞，出生于江苏淮安。历任北京大学文科研究所讲师、文化部副研究员和业务秘书、文化部国家文物局咨议委员会委员、中国考古学会理事、中国古文字学会理事、杭州西泠印社理事等。他对各种古文字资料很熟悉，研究范围涉及青铜器、古玺印、战国至汉代竹简、汉魏石经、墓志乃至尺度、量器、镜鉴、银锭等。为不使学识"黄土埋幽，与生俱尽"，他努力笔耕，著述多达123种。

图 2-2　圆明园廓然大公烫样，原藏国立北平图书馆，1950 交由故宫博物院收藏（资料来源：引自 2004 年"清代样式雷建筑图档展"）

交故宫博物院，经院长马衡批示，划拨文献馆收藏，并重新清点，复核数目。[①] 此次清点统计样式雷图档共计 3786 件[②]，其中包括整幅画样 1974 张、抄本 78 册、粘本 16 册（内粘零散图样 1565 张）、烫样 153 件。经往来复核，1951 年 4 月 16 日，文化部文物局正式下达通知，接收工作完满结束。自此，1931 年以来中法大学购藏样式雷家藏图档，由故宫博物院全数继承（图 2-3）。

四年后，即 1955 年 2 月 28 日，经故宫博物院学术研究委员会[③]呈请吴仲超院长批准，中法大学移交样式雷图档随清代建筑及工艺品绘画图样，一同由院档案馆（原文献馆）转至院图书馆收藏，学术委员会管理，供研究室查阅。本次移交清点出中法大学原藏样式雷图档 2331 件，及有关建筑、首饰、瓷器、木器等画样 3706 件。[④]此后，这批图档，包括烫样，一直由故宫博物院图书馆收藏至今，成为现今故宫藏样式雷图档的主体。除此而外，故宫博物院还从文物局接收景陵隆恩殿等样式雷画样 14 件[⑤]，来源待考。

① "前中法大学旧藏样子雷建筑图样，已于一月十九日由我局罗福颐同志会同你院点收竣事，此项图样即拨交你院保管，兹附去清册一份，望校核后报局，此清只有一份，应抄副本留存你院，原册仍送还我局存查，特此通知。附样子雷建筑图幅移交清册一份（手写）文其附册一册。"引自《中央人民政府文化部文物局通知》，1951 年 1 月 27 日，故宫博物院藏。文后有时任故宫博物院长马衡亲笔批示"交文献馆"。
② 故宫博物院文献馆接收中法大学藏样式雷图档后，经清点、登录在册的图档总计 2221 件。文献馆认为《移交清册》中登录的零散图样 1565 张即粘本 16 册内之件，故不应重复计数，且既已粘入册中，只应以册为件，故得 2221 件。见故宫博物院藏《文献馆致总务处函》。
③ 1953 年 2 月 26 日，故宫博物院设立"学术工作委员会"，管理全院学术与研究工作，主任委员唐兰，常务委员陈万里、陈炳、张景华、单士元，委员沈士远等 10 人，并拟定委员会组织规程。1955 年 7 月，撤销学术委员会，在陈列部下设研究室和诸类研究工作组。参见故宫博物院院史编年 [EB/OL]. [2010-09-12]. http：//www.dpm.org.cn/about/about_chron.html.
④ 1955 年 3 月 21 日档案馆移交学术研究委员会《交接单》，故宫博物院藏。参见故宫博物院样式房课题组 . 故宫博物院藏清代样式房图文档案述略 . 故宫博物院院刊，2001（2）：62.
⑤ 参见故宫博物院院史编年 [EB/OL].[2010-09-12].http：//www.dpm.org.cn/about/about_chron.html.

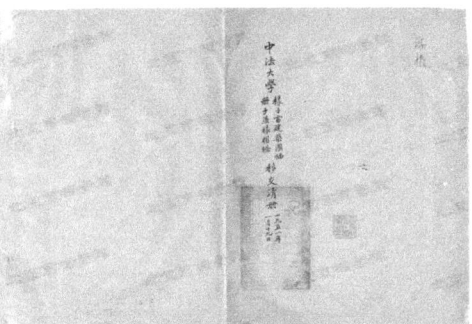

图 2-3　中法大学移交样式雷图档相关文书档案。（a）1950 年 9 月 6 日教育部致中法大学公函，通知该校已同意将图书馆藏样式雷图档移赠文物局统一保管，要求该校洽明点交并列单报部；（b）1950 年 9 月 11 日文物局致中法大学函，派傅忠谟、朱家濂两位先期前往中法大学了解模型数量，并商定移交日期；（c）1951 年 1 月 22 日文物局致中法大学公函（左），派罗福颐等前往中法大学接收样式雷图档烫样。右为当日文物局接收图档后所开正式收据，列明总数计 3787 件，其中包括画样 1974 张、抄本 78 册、粘本 16 册、零散图样 1565 张、烫样 153 件；（d）1951 年 1 月 23 日中法大学校长李麟玉致教育部呈文底稿，呈报教育部部长马叙伦图档移交工作完毕，并附《移交清册》备案；（e）1951 年 1 月 30 日教育部致李麟玉复函，准予备案；（f）1951 年 1 月 19 日《中法大学样子雷建筑图幅册子烫样摺条移交清册》封面；（g）《中法大学图书馆移交样子雷建筑图幅册子烫样摺条统计表》；（h）《中法大学样子雷建筑图幅册子烫样摺条移交清册》内页（资料来源：a—e 何蓓洁摹自北京市档案馆藏档案；f—h 北京市档案馆提供）

3. 雷氏后裔献图

1963 年 3 月，自外地返京探亲的雷氏后裔雷文雄，受到当年 1 月 15 日《北京日报》第三版登载的窦武《北京建筑史上的著名人物"样式雷"》的启发，同哥哥雷文桂将家藏先辈遗物捐献给北京市文物部门。[1]1966 年，这批遗物交由首都历史与建设博物馆筹备处珍藏。按该筹备处登录信息，遗物中除少量样式雷画样外，尤其珍贵的是身着清廷朝服的八幅样式雷祖先画像，其中男像、女像各四幅。经研判，应是雷家玺、雷景修、雷思起、雷廷昌四位清代杰出建筑哲匠及其夫人的画像（图 2-4，表 2-1）。[2]

首都历史与建设博物馆筹备处书画登记表 表 2-1

登记号	原号	名称	数量	质地	尺寸（cm）	年代	来源	收集日期
31.1.1998	66.135	样式雷家属影相	1	纸	99×166	清末	雷文雄雷文桂捐献	1966.3.4
31.1.1999	66.136	样式雷家属影相	1	纸	99×164	清末	雷文雄雷文桂捐献	1966.3.4
31.1.2000	66.137	样式雷家属影相	1	纸	101×196	清末	雷文雄雷文桂捐献	1966.3.4
31.1.2001	66.138	样式雷家属影相	1	纸	104×118	清末	雷文雄雷文桂捐献	1966.3.4
31.1.2002	66.139	样式雷家属影相	1	纸	99×119	清末	雷文雄雷文桂捐献	1966.3.4
31.1.2003	66.140	样式雷家属影相	1	纸	103×168	清末	雷文雄雷文桂捐献	1966.3.4
31.1.2004	66.141	样式雷家属影相	1	纸	63×123	清末	雷文雄雷文桂捐献	1966.3.4
31.1.2005	66.142	样式雷家属影相	1	纸	96×158	清末	雷文雄雷文桂捐献	1966.3.4

（资料来源：何蓓洁抄录，2007 年 7 月）

自此，除少量流落文物市场的画样、烫样外，国家机构或科研院校的样式雷图档收藏格局沿袭至今（图 2-5）。

---

[1] 据雷文雄本人回忆，他生于天津，长于北京，抗美援朝战争后分配到洛阳工作，1963 年 3 月回京探亲时，看了北京日报"北京春秋"专栏关于雷发达的报道，第二天就和哥哥用板车把图纸送给了北京市文物局。参见—家样式雷半部建筑史.（香港）文汇报，2003-12-21（B2）.另据雷廷昌曾孙雷章宝回忆："1963 年 3 月，湖北襄阳工作的二叔雷文雄，趁回北京探亲的时机，和他的兄弟和侄子们从姥姥家拉了一平板三轮的画样和祖辈的画像，送到北京市文物局，文物局领导请他吃了一顿炖肉烙饼，开了收到文物的收据，尔后又寄去一张奖状。剩下的一些图纸和烫样在'文革'中被舅舅销毁倒进护城河里了。在'文革'前，我父亲雷文相手里尚存有雷氏家谱和一些画样，在'文革'中被我母亲烧掉了。"见张宝章等编.建筑世家样式雷.北京：北京出版社，2003：402-403.
[2] 2007 年 7 月在姚安、章文永的支持与帮助下，何蓓洁赴首都博物馆查阅抄录《首都历史与建设博物馆筹备处书画登记表》。按首都博物馆已公示的画像着装和容貌，梳理雷氏家谱等有关样式雷各代传人及其配偶生平及受封的记载，可判断这些珍贵的画像刻画的不外乎雷家玺、雷景修、雷思起、雷廷昌及其夫人；一俟全部公示，将不难迅速判明各画像同这四位清代建筑哲匠及其夫人的具体对应关系。

图 2-4 样式雷祖先朝服像 [资料来源 : 样式雷遗迹专号 . 北晨画刊，1935-10-12，6（9）：第 2、3 版；何蓓洁拍摄于首都博物馆]

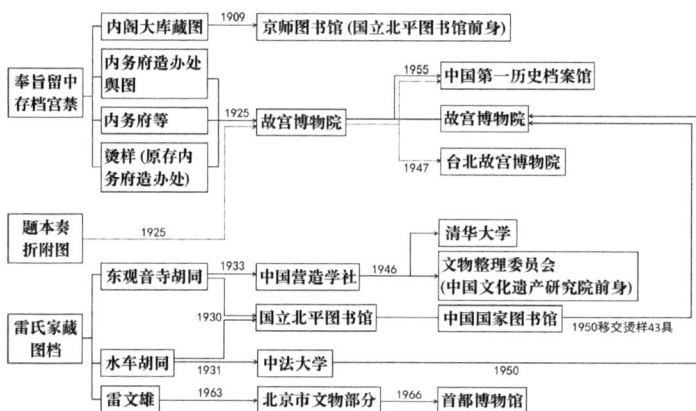

图 2-5 样式雷图档流传示意图（资料来源：何蓓洁绘制）

二、行远自迩 : 样式雷世家研究的起步

  1937 年后，中国社会陷入长期战乱，朱启钤《样式雷考》原稿以及《雷氏族谱》等核心基础史料几经流转，终至湮没不闻。史料的匮乏致使后人难有更深入的研究，也鲜有新的成果，很长时期内，相关论著多是复述或演绎《样式雷考》而已 [①]，但该世家执掌清代皇家建筑设计 200 余年的惊人业绩也因此广为传述，成为饮誉中国古代建筑史、科技史的典型代表。如 1961 年 10 月完稿的

[①] 如梁思成为《苏联大百科全书》撰稿介绍中国建筑与建筑师时，谈及样式雷的内容实则引自朱启钤的《样式雷考》，但误解皇家建筑师为世袭职位。见梁思成 . 中国建筑与建筑师 . 文物参考资料，1953（10）：53-69.

《中国古代建筑简史》，1964 年 8 月定稿的刘敦桢主编的《中国古代建筑史》，1982 年出版的李允鉌《华夏意匠：中国古典建筑设计原理分析》，1985 年 10 月出版的中国科学院自然科学史研究所主编《中国古代建筑技术史》等。在这些中国建筑史学里程碑式的著作中，样式雷都被引为中国古代建筑匠师的杰出代表（图 2-6）。

1. 样式雷祖茔碑的发现与碑文的传拓

1933 年 7 月朱启钤发表《样式雷考》时，未遑注明史料来源，仅暂作《哲匠录》的附录刊发，在学术乃天下公器的宗旨下，激发社会关注。尽管如此，《样式雷考》字里行间仍约略披露了雷氏族谱乃至口述历史等相关史料依据，更提示了有待追踪的线索。如在概述雷金玉事迹后，朱启钤叙及雷金玉的遗孀张氏和"继其业"的幼子雷声澂，就特意指出：

其孙景修笔记云，同治四年于张氏墓上立石，表扬祖妣盛德，或有所本欤？ ①

由于时局凶险，朱启钤及营造学社同仁，始终未能腾出精力来调查雷氏祖茔并采录碑文，诚属憾事！1958 年，北京市文化局在全市范围开展文物普查，其间，北京市文物工作队曾与北京图书馆合作，传拓了全市遗存的石刻文物，其中海淀区共得 1024 件 ②，包括巨山村样式雷祖茔四座墓碑的全套碑帖共 8 件（图 2-7）。③ 这一工作，弥补了朱启钤《样式雷考》中率先提示却未遑调查述录雷氏祖茔碑的缺憾。嗣后，雷氏墓碑损毁 ④，坟茔更被彻底破坏，唯其遗址格局和完整的碑文拓片至今尚存 ⑤，洵属万幸。但直到 1982 年，王其亨着手整理北京图书馆藏样式雷图档时，方蒙该馆善本部项惠泉襄助，重新发现了这些雷氏祖茔碑拓片。在《样式雷考》所涉雷氏族谱等材料湮没无闻的情况下，碑记对墓主人的记述无疑成为校核《样式雷考》的重要材料。

① 朱启钤 . 样式雷考 . 中国营造学社汇刊，1933，4（1）：86-89.
② 近几年来的北京文物工作 . 文物，1959（9）：13.
③ 2011 年 6 月 22 日，笔者赴北京石刻艺术博物馆采访吴梦麟。据其回忆，在研究清代传教士墓碑时，曾在放置碑文拓片的文件袋中发现 1958 拓碑时雇佣的拓碑人苏师傅的记载，但因线索不足，未能继续追踪彼时拓碑的当事人。
④ 据样式雷后裔雷章宝提示，其中一座墓碑已被北京市海淀区文物保管所收藏，雷氏祖茔内尚有三座青石墓碑压在厂房办公室地下。
⑤ 拓本原件现藏中国国家图书馆和北京市文物局；拓本图像后收入《北京图书馆藏中国历代石刻拓本汇编》第 83 册，1990 年由中州古籍出版社出版。另见国家图书馆网站"碑帖菁华"专栏。

 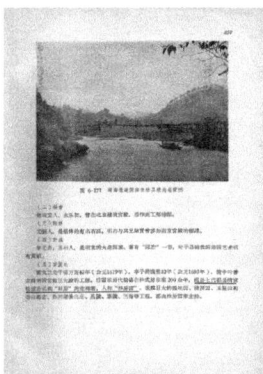 

(c)

图2-6 中国建筑史专著中对样式雷世家的成就给予了高度评价。(a)《中国古代建筑简史》书影（资料来源：建筑工程部建筑科学研究院建筑理论及历史研究室中国建筑史编辑委员会编．中国古代建筑简史．北京：中国工业出版社，1962：357)；(b)《中国古代建筑史》书影（资料来源：刘敦桢主编．中国古代建筑史．北京：中国建筑工业出版社，1980：278)；(c)《华夏意匠：中国古典建筑设计原理分析)书影(资料来源：李允鉌．华夏意匠：中国古典建筑设计原理分析．台北：龙田出版社．1982：414-415)；(d)《中国古代建筑技术史》书影（资料来源：中国科学院自然科学史研究所主编．中国古代建筑技术史．北京：科学出版社，1985：512-513，584-585)

(d)

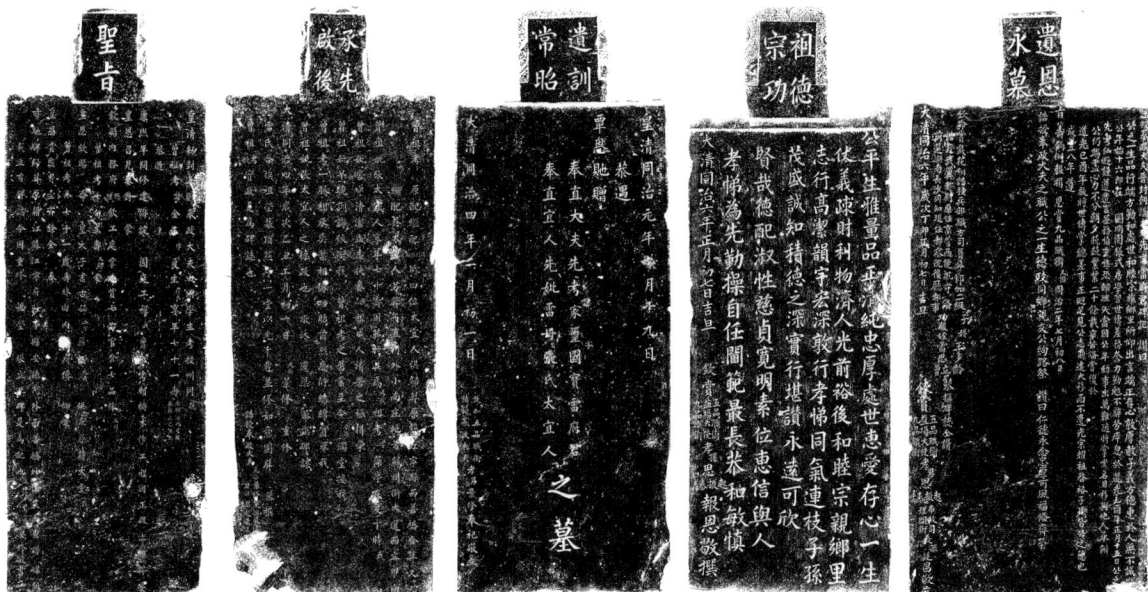

雷金玉墓碑　　雷金玉及妻张氏德政碑　　雷家玺及妻张氏墓碑　　雷家玺及妻张氏德政碑　　雷景修墓碑

雷景修及妻尹氏
（雷廷昌之祖父母）诰封碑

雷景修及妻尹氏
（雷廷昌之祖父母）诰封碑

雷景修及妻尹氏
（雷思起之父母）诰封碑

图2-7　雷氏祖茔碑拓片8件 [资料来源:北京图书馆金石组编．北京图书馆藏中国历代石刻拓本汇编(第八十三册)．
郑州：中州古籍出版社，1990]

图 2-8　单士元《宫廷建筑巧匠——"样式雷"》[资料来源：单士元.宫廷建筑巧匠样式雷.建筑学报，1963（02）：22-23]

2. 单士元《宫廷建筑巧匠——"样式雷"》

　　1963 年 2 月，时任故宫博物院副院长的单士元，在《建筑学报》刊发了《宫廷建筑巧匠——"样式雷"》一文，该文是其发表前后近 50 年间唯一一篇有关样式雷研究的专题论文（图 2-8）。撰写该文时，单士元已赓续供职故宫博物院文献馆、图书馆、建筑研究室、古建管理部达四十载，一直从事明清档案的整理研究，以及古建筑的研究与保护。[1]1955 年任故宫学术委员会常务委员及综合组组长时，单士元还曾促成并参加了样式雷图档移交故宫博物院图书馆的工作。[2] 根据他从 1930 年加入中国营造学社后长期检阅雷氏画样、烫样及有关档案的切身体会[3]，单士元在文章中别开生面地介绍了样式雷的不朽业绩，包括职业活动、建筑设计程序和方法、图学成就等。其中，有如下几点启迪了样式雷研究持续深化的方向，值得重视：

　　其一，文章介绍雷氏渊源，祖述朱启钤《样式雷考》，翔实转录了雷发达参役太和殿修建并上梁立功封官的"故老传闻"，并坦诚指出："这个传说并不一定完全符合当时的情况，但却刻画出了这个良匠的湛深技术，并道出了北京'样式雷'之由来。"单士元的这一判断，在后续研究中得到了进一步回应。

　　其二，明确雷氏代表了中国二三百年以来的优秀建筑师，清代皇家建筑设计由以掌案样式雷为首的样式房负责完成。雷氏执业范围"举凡宫殿、苑囿、陵寝、衙署、庙宇、王府、城楼营房、桥梁堤工、装修、陈设、日晷、铜鼎、龟鹤、斗扁鳌山灯的切末、烟火雪狮，以及在庆典中临时支搭的楼阁等点景工程都包括在内"，"在清代二百多年中，在建筑艺术、工艺美术上有着多种多样的贡献"。

① 单嘉筠.单士元.北京：文物出版社，2008：204.
② 故宫博物院样式房课题组.故宫博物院藏清代样式房图文档案述略.故宫博物院院刊，2001（02）：60-66.
③ 单士元 1930 年加入中国营造学社，主事明清档案整理研究。刘敦桢撰写《同治重修圆明园史料》时，单士元提供了其在故宫文献馆新整理出的大量内务府档案，令前者"为之狂喜"。1955 年，原中法大学藏样式雷图档移交故宫博物院图书馆收藏，单士元参加了此次交接。

其三，强调"中国古代建筑师进行设计的过程是有一套完整手续的"，"通过雷氏留下的资料，使我们比较清楚地知道这些建筑物是怎样设计修建的"。文章综括官木厂老工匠的口述，结合阅看雷氏画样获得的总体判断，归纳了古建筑设计定中、绘图、烫样的一般程序。

其四，指出样式雷图样及烫样具有科学性和艺术性。文中首次介绍了烫样的种类、原料，及其可灵活拆卸、洞视内部的特点，点明了烫样再现设计方案的科学性，以及彩色立体式模型呈现的艺术性。

其五，文中就清代工官制度背景下样式房设置等问题，稽考内务府档案，提出了新见解，并明确指出在官书及内廷档案中无"楠木作样式房"的机构设置。

此后，单士元还曾写作《再谈宫廷巧匠样式雷》。据单嘉筠介绍，在这篇重要的未刊稿中写到，无论怎样不规则的地形，在建筑群的主体上都能成为规则的建筑！无疑表明，单士元曾极其敏锐地关注到样式雷进行竖向设计的奥秘，其卓识又远远超越了前人研究。

3. 围绕雷发达"太和殿上梁"传闻考证的世家研究

在朱启钤《样式雷考》中，雷发达作为样式雷"发祥之始祖"，以康熙中叶营建太和殿上梁立功的传奇而闻名遐迩，甚至衍为样式雷的代名词，也引起了研究者的关注。对这一故老传闻的考证并由此引发的相关研究问题的讨论，成为营造学社以后样式雷世家研究的先导。

如上文所述，1963年单士元率先指出"上有鲁班，下有长班，紫薇照命，金殿封官"的民间韵语是时人对雷氏精湛技艺的写照，但雷发达太和殿上梁封官的传说"并不一定完全符合当时的情况"。单士元的这一判断，16年后在王璞子有关康熙三十四年（1695年）重建太和殿的研究中得到回应。王璞子依据参与此役并予翔实记录的工部郎中江藻《太和殿纪事》一书，结合其他文献及实物勘查，于1979年10月发表《清初太和殿重建工程——故宫建筑历史资料整理之一》[①]（图2-9）。文中注意到，康熙三十六年（1697年）太和殿大功告成的"赉赏"，有梁九等诸多工匠列名，却没有封官，也未载雷发达，实际排除了他在该役上梁立功封官的可能。王璞子由此推测"梁九是太和殿重建工程技术

① 王璞子.清初太和殿重建工程——故宫建筑历史资料整理之一.见：《建筑史专辑》编辑委员会.科技史文集·第2辑：建筑史专辑.上海：上海科学技术出版社，1979：53-60.

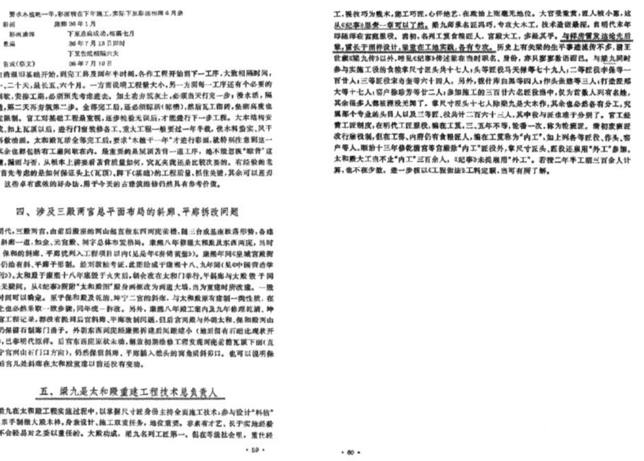

要求木植乾一年，彩画放在下年施工，实际下至彩画相隔6月余

7. 彩画　　康熙36年1月

彩画装饰　　下至总编成功，相隔七月

8. 悬匾　　36年7月13日卯时

下至告成相隔六天

9. 告成（祭文）　　36年7月19日

由拆掘旧基础开始，到完工将及两年半时间，各作工程开始到下一工序，大致相隔时间，最短一、二十天，最长五、六个月。一方面说明工程量大小，另一方面每一工序还有个必要的工艺间歇，安排工期，必须预先考虑进去。如土功夯筑灰土，必须当天打完一步，泼水活，隔夜焖透，第二天再夯筑第二步。全部完工后，还必须晾槽（晾槽），然后瓦工砌砖，垒砌高度也有一定限制。官工对基础工程最重视，逐步检验无误后，才能进行下一步工程。大木结构安装完成，加上瓦顶以后，进行门窗装修各工，重大工程一般要过一年半载，使木料垫实、风干以后再做油画。太和殿瓦作全部完工后，要求"木植干一年"才进行彩画，就特别注意到这一点。其余也都包括有工艺间歇在内。最重要的是屋顶苫背一道工序，绝不能忽视"晾背"这一步骤，漏雨与否，从根本上讲要看苫背质量如何，宽瓦夹陇还是比较次要的。有经验的老匠师，首先考虑的是如何保证头上（瓦顶）、脚下（基础）的工程质量，抓住关键，其余可以迎刃而解。这些卓有成效的好办法，用于今天的古建筑维修仍然具有参考价值。

四、涉及三殿两宫总平面布局的斜廊、平廊拆改问题

明代，三殿两宫，由前后殿座的两山起直接东西两庑前檐，随三台或基座跌落形势，各建有平、斜廊一道，如金、元宫殿，同字总体布置格局。康熙八年修理太和殿及东西两庑，当时太和、保和的斜廊、平廊就列入工程项目以内（见是年《奏销黄册》）。康熙年间《皇城宫殿衙署图》仍绘有斜、平廊于彩图。经刘敦桢考证，此图绘成于康熙十八、九年间（见《中国营造学社汇刊》）。太和殿于康熙十八年底毁于火灾后，朝会改在太和门举行，平斜廊与大殿毁于同时，当无疑问，从《纪事》所附"太和殿图"殿身两侧改为两道大墙，当为重建时拆改建。一般一改时间可以确定。至于保和殿及乾清、坤宁二宫的斜廊，与太和殿廊有建制一贯性质，在处理上也必然采取一致步骤，同年统一拆改。另外，康熙八年殿工案内及九年修理乾清、坤宁两宫工程记录，都没有提到后宫斜廊、平廊改制问题，但后宫两殿与外朝太和、保和殿两山墙现仍保留石制廊门滴子。外朝东西两庑经康熙拆建后间距缩小（地面留有石础比现状开间大），已非明代原样。后宫东西庑原状未动，解放初期维修工程发现两庑前檐瓦顶下留（直对坤宁宫两山石门口方向），仍然保留斜廊、平廊插入檐头的窝角或斜剪口。也可以说明保和及后宫几处斜廊在太和殿重建以前还没有变动。

五、梁九是太和殿重建工程技术总负责人

梁九在太和殿工程实施过程中，以掌握尺寸匠身份主持全面施工技术；参与设计"料估"预算，亲手制做大殿木样，身兼设计、施工双重任务，地位重要。非素有才艺、长于实施经验绝然不会轻易对之委以重任的。大殿功成，梁九名列工匠第一。但在等级社会里，重仕轻

· 59 ·

工，视技巧为贱术，能工巧匠，心怀绝艺，在政治上毫无地位。大官受重赏，匠人被小恩，这从《纪事》恩赏一章可以了然。梁九师承名匠冯巧，专攻大木工，技术造诣最深，自明代末年即随师在宫廷服役。清初，名列工部食粮匠人，宫殿大工，多经其手。与样房雷发达论先后辈，雷长于图样设计，梁重在工地实践，各有专攻。历史上有关梁的生平事迹流传不多，除王世禛《梁九传》以外，唯见《纪事》传述梁在当时职名、身份，亦只寥寥数语而已。与梁九同时参与实施工役的食粮掌尺寸匠头共十七人；头等匠役马天禄等七十九人；二等匠役李保等一百廿人；三等匠役宋奇金等六十四人。另外，拨什库白黑等四人；作头张德等三人；打造匠郑大等十七人；铺户徐珍芳等廿二人；参加施工的三百廿六名匠役当中，仅为首数人列有名姓，其余很多人都被湮没无闻了。掌尺寸匠头十七人除梁九是大木作，其余也必然各有分工，究属哪个专业的头目人以及三等匠、役共计二百六十三人，其中役与匠也难于分别了。官工经营工匠制度，在明代工匠服役，输在工部，三、五年不等，轮番一次，称为轮班匠。清初废班匠改行雇役制，但在工部、内府仍有食粮匠人，输在工部称为"内工"，加上列各等匠役、作头、铺户等人。顺治十三年修乾清宫等宫殿除"内工"匠役外，掌尺寸匠头、匠役还雇用"外工"参加。太和殿大工当不止"内工"三百余人，《纪事》未提雇用"外工"。若按二年半工期三百余人计算，也不在少数。进一步核以《工程做法》工料定额，当可有所了解。

· 60 ·

图 2-9　王璞子《清初太和殿重建工程——故宫建筑历史资料整理之一》（资料来源：王璞子．清初太和殿重建工程——故宫建筑历史资料整理之一．见：《建筑史专辑》编辑委员会．科技史文集·第 2 辑：建筑史专辑．上海：上海科学技术出版社，1979）

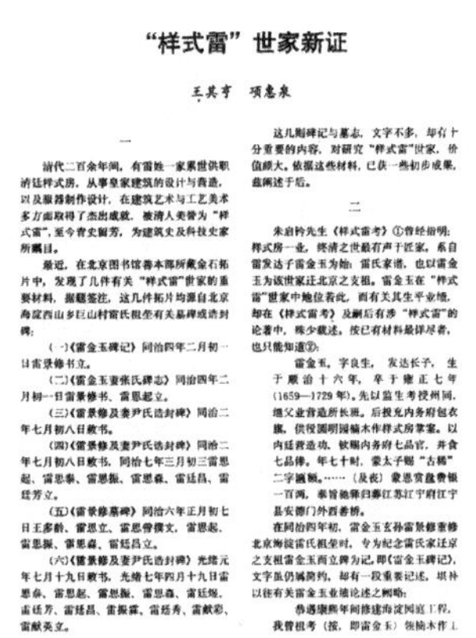

"样式雷"世家新证

王其亨　项惠泉

一

清代二百余年间，有雷姓一家累世供职清廷样式房，从事皇家建筑的设计与营造，以及服器制作设计，在建筑艺术与工艺美术多方面取得了杰出成就，被清人美誉为"样式雷"，至今青史留芳，为建筑史及科技史家所瞩目。

最近，在北京图书馆善本部所藏金石拓片中，发现了几件有关"样式雷"世家的重要材料，据题签注，这几件拓片均源自北京海淀西山乡巨山村雷氏祖茔有关墓碑或诰封碑：

（一）《雷金玉碑记》同治四年二月初一日雷景修书立。

（二）《雷金玉妻张氏碑志》同治四年二月初一日雷景修书、雷思起立。

（三）《雷景修及妻尹氏诰封碑》同治二年七月初八日敕书。

（四）《雷景修及妻尹氏诰封碑》同治二年七月初八日敕书，同治七年三月初三雷思起、雷思泰、雷思振、雷思森、雷廷昌、雷廷芳立。

（五）《雷景修墓碑》同治六年正月初七日王多龄、雷思立、雷思曾撰文，雷思起、雷思振、雷思森、雷廷昌立。

（六）《雷景修及妻尹氏诰封碑》光绪元年七月十九日敕书，光绪七年四月十九日雷思森、雷思起、雷思振、雷思森、雷廷煜、雷廷芳、雷廷昌、雷振霖、雷廷秀、雷献彩、雷献英立。

这几则碑记与墓志，文字不多，却有十分重要的内容，对研究"样式雷"世家，价值颇大。依据这些材料，已获一些初步成果，兹阐述于后。

二

朱启钤先生《样式雷考》①曾经指明：样式房一业，终清之世最有声于匠家，系自雷发达子雷金玉为始；雷氏家谱，也以雷金玉为该世家迁北京之支祖。雷金玉在"样式雷"世家中地位若此，而有关其生平业绩，却在《样式雷考》及嗣后有涉"样式雷"的论著中，殊少载述。按已有材料最详尽者，也只能知道②：

雷金玉，字良生，发达长子，生于顺治十六年，卒于雍正七年（1659—1729 年）。先以监生考授州同，继父业营造所长班。后投充内务府包衣旗，供役圆明园楠木作样式房掌案。以内廷营造功，钦赐内务府七品官，并食七品俸。年七十时，蒙太子赐"古稀"二字匾额。……（及丧）蒙恩赏盘费银一百两，奉旨驰驿归葬江苏江宁府江宁县安德门外西善桥。

在同治四年初，雷金玉玄孙雷景修重修北京海淀雷氏祖茔时，专为纪念雷氏家迁京之支祖雷金玉而立碑为记，即《雷金玉碑记》，文字虽仍属简约，却有一段重要记述，填补以往有关雷金玉业绩论述之阙略：

恭遇康熙年间修建海淀园庭工程，我曾祖考（按，即雷金玉）领楠木作工

· 52 ·

图 2-10　王其亨《"样式雷"世家新证》[资料来源：王其亨．"样式雷"世家新证．故宫博物院院刊，1987，（02）：52-57]

总负责人"，梁九"与样房雷发达论先后辈，雷长于图样设计，梁重在工地实践，各有专攻"。

不久，王璞子核对雷发达去世时间，又发现"梁九在康熙三十四年主持太和殿重建工程前二年——即康熙三十二年，雷发达即已去世，因此，他不可能参加此次重建工程"，随后发表《梁九是太和殿重建工程技术总负责人》①，在述及其新发现的同时，又将雷发达参加重修太和殿的时间推测为康熙八年（1669 年）。

两年以后，即 1985 年 10 月，中国科学院自然科学史研究所主编的《中国古代建筑技术史》出版，"建筑匠师"一节有张驭寰编写的《样式雷》，关于雷发达，仍祖述《样式雷考》，又吸纳王璞子的见解，将雷发达参役太和殿并上梁立功事推定在康熙八年。然而，这一推测很快也被否定。

1985 年末，王其亨在入手整理北京图书馆藏样式雷图档期间，蒙善本部项惠泉襄助，找到了 1958 年传拓的雷氏祖茔碑文拓片，发现了朱启钤《样式雷考》未遑采录的重要史料，涉及雷发达长子雷金玉及其后裔雷声澂、雷景修等事迹。分析这些碑文和其后寻获的《北晨画刊》所载的《雷氏迁居金陵述》，比对《样式雷考》，王其亨有不少新发现，随即发表了《"样式雷"世家新证》② 一文（图 2-10）。依据碑文迥别于《样式雷考》的记述，论文注意到，尽管没有碑文提及雷发达，

① 王璞子．梁九是太和殿重建工程技术总负责人．北京青年报，1983-10-25.

② 王其亨，项惠泉．"样式雷"世家新证．故宫博物院院刊，1987（02）：52-57.

但同治四年（1865年）初雷景修所撰写的《雷金玉碑记》却赫然记述了雷金玉的一件骄人业绩，竟与其父雷发达太和殿上梁的传说惊人雷同：

> 恭遇康熙年间修建海淀园庭工程，我曾祖考领楠木作工程，因正殿上梁，得蒙皇恩召见奏对，蒙钦赐内务府总理钦工处掌案，赏七品官，食七品俸。

经考据，论文认为，雷金玉参役的"海淀园庭"就是畅春园；其上梁立功并封官的"正殿"即畅春园"九经三事殿"。[①] 论文又指出：按雷发达堂侄雷金兆撰《雷氏迁居金陵述》记载，康熙元年（1662年），雷发达为躲避兵火差徭由江西移居金陵，后经"三藩之乱"，康熙二十二年（1683年）冬才与堂弟雷发宣"以艺应募赴北"；这样，雷发达既不可能参加康熙八年太和殿之役，也就不可能有上梁之功。准此，论文强调："对《雷金玉碑记》中有关雷金玉上梁事的记载和雷发达太和殿上梁事的传闻加以比照分析，完全有理由说，后者作为'故老传闻'，也是事出有因，不过……把雷金玉的真实业绩，传讹为雷发达的功勋了。"在廓清雷发达太和殿上梁立功真相的同时，突显出雷金玉的不凡业绩。文章还强调，畅春园一役，雷金玉只是"领楠木作工程"，即负责各殿座内檐装修，嗣因钦赐钦工处掌案，才执掌皇家建筑设计。论文又依据其在雍正朝两度蒙受皇帝恩典的事迹，推断雷金玉担纲圆明园样式房掌案，在该园全面扩建时作出了重大贡献。此外，文章还依据碑文补正了《样式雷考》论说雷声澂、雷景修等事迹的阙讹，如雷声澂身处乾隆土木繁兴之时，家谱却对其生平执业略而不载的疑惑；再如雷景修争回样式房掌案一职的确切时间，等等。

在《样式雷考》所涉家谱等下落不明的情况下，《"样式雷"世家新证》的阐析主要依据前述《雷氏迁居金陵述》，以及拓自雷氏祖茔的碑记。为了有利于相关研究，论文特地附录了《雷氏迁居金陵述》，王其亨还接踵发表了《雷发达太和殿上梁传说的真相》[②]。凡此努力，获得了学界认同，相关论述曾被汲取，略如《中国古代科学家传记》[③]，《中国科学技术史·人物卷》[④] 等，推进了样式雷世家的研究。

---

① "九经"出自《礼记·中庸》："凡为天下国家有九经，曰：修身也，尊贤也，亲亲也，敬大臣也，体群臣也，子庶民也，来百工也，柔远人也，怀诸侯也。"所谓"三事"即"正德、利用、厚生"，出自《尚书·大禹谟》："德惟善政，政在养民。水、火、金、木、土、谷，惟修；正德、利用、厚生，惟和。……地平天成，六府三事允治，万世永赖，时乃功。"又《左传·文公七年》："水、火、金、木、土、谷谓之六府；正德、利用、厚生谓之三事。"
② 王其亨.雷发达太和殿上梁传说的真相.新建筑，1988（4）：71-72.
③ 杜石然主编.中国古代科学家传记·下集.北京：科学出版社，1993：998-1004.
④ 金秋鹏主编.中国科学技术史·人物卷.北京：科学出版社，1998：649-659.

图 2-11 莫宗江像 [资料来源：
刘敏，陈迟．愿封植兮永固，俾
斯人兮不忘——中国古代建筑史
学术研讨会暨莫宗江先生诞辰
100 周年纪念会综述．世界建筑，
2016，(10)：10-13]

三、蓄势待发：样式雷建筑图档的研究利用

中国营造学社对样式雷图档的整理研究，已初步揭示了其对中国建筑史研究的巨大价值。正如 1930 年朱启钤在建议函中列举的："如圆明园等实物无存，得此可以考求遗迹；故宫、三海等处并可与实物互相印证；至陵寝地宫向守秘密，今乃借此为公开研究；实于营造学、考古学均有重要之价值。"①1949 年后的建筑史学研究全面继承了营造学社的成果。在清代建筑研究领域，样式雷图档已成为研究者无法回避的重要史料。此后展开的颐和园研究、圆明园研究、清代陵寝研究等均离不开样式雷图档的研究利用。

1. 颐和园样式雷图档的研究利用

在清代皇室主持营建的北京西北郊皇家园林中，颐和园是现存建筑规模最大、保存最完整的皇家御苑。最早对颐和园展开现代意义上的建筑史学研究始自清华大学。1954 年，清华大学建筑系开设"中国古建筑测绘实习"课程，因毗邻颐和园之便，在此后的 10 年间，建筑系师生以是园为基地，对园内万寿山前山及谐趣园等处建筑物逐一测绘，并编写《颐和园测绘图集》作为内部教材使用。1960 年代，在实测基础上，建筑历史与理论教研组对颐和园展开专题研究，拟编写一本论述颐和园的图文兼备的专书。研究中的一项成果便是 1965 年 12 月莫宗江（图 2-11 ）指导张锦秋完成的硕士学位论文，据其后发表的论文节选《颐和园后山西区园林的研究及复原》，在园林历史格局复原中特别强调"样式雷图样是复原的

---

① 朱启钤．社事纪要·建议购存宫苑陵墓之模型图样．中国营造学社汇刊，1930，1（2）.

重要参考资料"。① 清华大学利用已有颐和园图档目录，筛选与复原对象密切相关的画样，读取建筑名称、布局、尺寸等信息，用于复原的参考，其对图档的研究利用以朱启钤提出的"考求遗迹"为主。令人惋惜的是，由于"文化大革命"的全面爆发，清华大学的研究工作被迫中止，颐和园书稿也在动乱中遗失。

1970 年代，颐和园管理处也开始了对本园园史的研究。1971 年 9 月至 1972 年 7 月间，组织人员先后赴故宫博物院明清档案部（后改称"中国第一历史档案馆"）查阅、抄录颐和园相关档案。1975 年春，北京出版社又约请颐和园管理处编写《颐和园》一书，作为北京史地丛书之一种。为此，管理处联合中国人民大学清史研究小组在颐和园益寿堂成立编写组，选调清史研究所王道成、颐和园文物组组长叶捷春、文物组耿刘同从事编写工作。过程中，编写组曾向故宫博物院单士元、清华大学吴良镛、莫宗江等求教。1975 年 10 月，又邀请北京大学的侯仁之、商鸿逵、陈庆华，故宫博物院的单士元、朱家溍，清华大学的莫宗江，国家文物局的罗哲文等，在颐和园仁寿北殿召开审稿会。会后，编写组除依据审稿意见继续搜集文献档案外，还专赴北京图书馆柏林寺大库查阅样式雷图档。② 据参与编写工作的耿刘同回忆：③

> 样式雷的图大概一房间，码得满满的，整整能堆半个房间，都是高丽纸包着，一包一包的，上面有编号，现在编号都不一样了。一打开，里面破的烂的，有虫子，有虫死的都有，那时候就是那个状况。

另据其 1975 年完成的《颐和园园史查档工作总结报告》④介绍，编写组此次在北京图书馆共查阅样式雷图纸 60 余张：

> 这些图大部分是在准备修建颐和园或者在修建过程中绘制的，可分为以下几类：
>
> （一）属于规划范畴内的，是计划在清漪园的废墟上重新建园的建筑示意图，这些图反映了清漪园建筑分布情况，和其他文字档案相印证，基本上

---

① 张锦秋在论文中进一步说明了查阅及利用样式雷图档的情况："有关后山西区的共收集了六幅。这些图样的年代不明。但根据标题可以判断《清漪园后山图》当是清漪园时期的图样；《万寿山后山买卖街添修点景房图》则反映了英法联军焚园后，后湖两岸建筑无存，因此一度提出了添修点景建筑的方案图。其他四图的时间及性质较难断认。它们都表示了后山每一风景点建筑群的位置、布局形式、柱网及主要建筑的名称。《颐和园内构虚轩全部图样》则详细注明每个建筑的名称和开间、进深、柱高、台明的具体尺寸，并标有院落大小及建筑之间的竖向高差。不管它们究竟属于哪种性质，所有这些图纸表明的情况都基本相符，图纸与现存遗址也大体一致。因此，在作复原图时，建筑群的布局、建筑的平面形制和尺寸首先以遗址为准，遗址不清楚的再参考样式雷图样。"见张锦秋．颐和园后山西区的园林原状造景经验及修复改造问题．建筑历史研究，1983（2）：144.
② 王道成，谷媛．王道成先生与《颐和园》．颐和园，2007（05）：50–53.
③ 采自天津大学建筑历史与理论研究所博士研究生刘婉琳于 2017 年 2 月 16 日对耿刘同的采访记录。
④ 耿刘同．颐和园园史查档工作总结报告．见：中国紫禁城学会论文集（第五辑·下）．北京：紫禁城出版社，2007：641–651.

可以将清漪园的情况弄清楚，特别是可以弄清后山一带已经烧毁、未经修复的建筑群的位置和结构。

（二）属于建筑设计图，这些图是局部的，或者是一组建筑的平面图。有的注明有"拟修"字样，实际是设计图。有的里面标明了尺寸和间数。如佛香阁大踏子（档案中统称为"福儿踏跺"）高六丈。长廊注明为 276 间，等等。

（三）《万寿山一带图》，这些立体图绘于颐和园建成之后，里面包括由西直门至颐和园的水陆"御路"，也画进了圆明园、静明园、静宜园等处御苑，是了解颐和园当时所处地势的材料，这些图对绘制新的导游图也有参考价值。

（四）殿堂内部装修平面图，保留了各种落地罩、鸡腿罩和栏杆罩的图案花纹名称，以及殿堂内部宝座、炕床、架几案的位置。对殿堂布置有参考价值。

（五）在许多图里还注明了建筑物原来的用途，如军机处值房、外务部值房、升平署、海军衙门等国家行政和内务府的机构。这些机构在园内或在园外附近出现，是说明那拉氏（慈禧）在此居住期间颐和园便成为她政治活动中心的证据。除了政治活动场所以外还有许多表明慈禧生活起居的处所，如慈禧的厨房（寿膳房）便占了东八所的整整四个所。

（六）这些图里还保存了慈禧在颐和园过生日时，在仁寿殿前花七万五千多两白银所搭的彩棚图，大门外的牌楼图，慈禧来颐和园做寿沿途点景图等等。

1978 年 11 月，由颐和园管理处和中国人民大学清史研究所合作编写的《颐和园》出版，仍援引朱启钤《样式雷考》，简略介绍了样式雷家族的主要业绩，并明确指出"当修建颐和园的时候，已经是样式雷的第六代了"。文中也结合图纸烫样概述了颐和园设计的一般程序（图 2-12）。[①]

此后，颐和园管理处持续进行档案的搜集整理。1980 年代初，翟小菊、姚天新曾赴文津街北京图书馆善本部舆图组查阅样式雷图档，并用海鸥照相机翻拍

---

① "颐和园的设计，是从绘制地盘图开始的。地盘图是一种按比例绘制的建筑地基的平面图，图上粘有红、黄两色纸条，标明建筑物的位置。然后，根据地盘图绘制出各种建筑物的立面图。立面图绘制得更为细致，连油漆彩画也都表现得非常具体。在立面图的基础上，再绘制建筑物内部结构，即大木图样。由于颐和园是所谓的'钦工'，要求严格，许多建筑物的细部也专有图纸，如外檐装修的窗户槅扇的形式、纹样，内檐装修的各种门罩的形式和图案，室内空间的划分等。每种图纸都是先绘制草图，逐步过细，而后完成定稿。所以，在有关颐和园的档案材料中，同一个建筑物的图纸，往往有几份甚至十几份之多，如谐趣园殿堂的内檐装修，最初的草图只有寥寥数张，而且是画在较粗糙的纸上，最后的成图则绘制得非常精细，并用黄绫底面装订成册。它本身就是一件可供欣赏的艺术品。设计师们完成了各种图纸的绘制工作之后，接着就是制作烫样。烫样是一种根据图纸按比例缩小了的模型。它和建成后的建筑物完全一样，连一行行的瓦垄也非常清楚。掀开烫样的顶部，可以看到内部的装修。"引自北京市颐和园管理处，中国人民大学清史研究所编. 颐和园. 北京：北京出版社，1978.

图 2-12 "北京史地丛书"《颐和园》书影（资料来源：北京市颐和园管理处，中国人民大学清史研究所编．颐和园．北京：北京出版社，1978）

了部分颐和园画样。[①]1970 年代至 1980 年代，颐和园管理处对样式雷图档的查阅是其历史查档工作的一部分，主要用于颐和园园史的编撰，以更好地服务于颐和园的游览和管理，因而研究主题重在建设活动中相关历史史实的澄清，其对颐和园样式雷图档的记录和描述保留了这一阶段样式雷图档的真实状况。

"文化大革命"之后，清华大学于 1979 年恢复颐和园建筑测绘，同时重建研究组，在周维权带领下重启相关研究工作，继续颐和园专著的写作。1979 年 5 月，周维权发表《北京西北郊的园林》一文，在这篇综述西北郊园林自辽金以迄 1949 年之后恢宏发展历史的长文中，周维权在开篇便强调指出，研究史料中"最有价值的则是'样式雷'的图纸、烫样和工程做法的文字材料。"此后，周维权、冯钟平、付克诚等以《建筑史论文集》为阵地，又接续发表了《颐和园的排云殿佛香阁》（周维权，1980）、《颐和园霁清轩》（付克诚，1980）、《颐和园的前山前湖》（周维权，1981）、《谐趣园与寄畅园》（冯钟平，1981）、《承德的普宁寺与北京颐和园的须弥灵境》（周维权，1987）等系列文章，论文重点分析清漪园及颐

① 据翟小菊回忆："后来舆图组搬到国图的老馆，在北海那边，图书馆的善本部在那。当时国图的那个小伙子叫项惠泉，他不懂这些图画的都是哪里。那会我看到的样式雷图不像现在这样都装裱好了，而是折叠在一起，图上说签拧了很多，乱七八糟的，有些还贴错了地方。我跟姚天新看到这些图很珍贵，图上的很多信息是我们没见过的。于是我们就帮助项惠泉整理颐和园的图。那会每天就跟上班似的，早晨到那去，中午在他们那食堂吃饭，吃完饭跟他们一块休息，就在他们那个舆图的办公室里边。中午呢人家睡觉，我们俩拿着那图上外边去拍照。那会也没照相机，姚天新有一个海鸥 DF，一个特简陋的，那会也没有像现在似的那么好的机器。就在外边那地上照，当时图纸也不是像现在这样一打开一张图，它都叠了，叠得乱七八糟的那种，打开以后全是折印。反正照得也不是很清楚，就那会照了点。后来我还帮他们做那个图签，就是阅览室的卡片，好多都是我给他们写的，我就根据原来的那个图号，给他写这是什么什么东西，后给他们排了最少得有上百张。"采自天津大学建筑历史与理论研究所博士研究生刘婉琳 2017 年 3 月 16 日采访记录。

图 2-13　清华大学《颐和园》书影（资料来源：清华大学建筑学院．颐和园．北京：中国建筑工业出版社，2000）

和园中重要景区的造园特点及意匠，而园林历史格局及其变迁的准确复原是论证的基石，论文屡屡援引样式雷图档，凸显了其作为历史图像档案的重要史料价值。从所引图档出处可看出，周维权等在研究中曾调阅了北京图书馆及故宫博物院收藏的部分样式雷图档，并进行了复制。

1985 年，在清华大学莫宗江、周维权、楼庆西等前辈学者 20 余年的不懈努力下，《颐和园》书稿最终完成 [1]，该书无疑是此前清华大学建筑历史与理论教研组颐和园研究的集大成之作（图 2-13）。其中，作为证明园内各景点格局的珍贵史料，对样式雷图档的引用几乎贯穿全书。经统计，书中从北京图书馆藏颐和园样式雷画样中，精选刊印 28 张，对图档的研究利用涉及以下几个方面：

（1）考求遗迹。书中充分利用样式雷画样中相关西郊河道图、全园总地盘样、建筑平面图、立面图等，考证该园在不同历史时期的面貌，如清漪园时期的山形水貌等；对于现状无存仅留遗迹的建筑，则从画样中推知焚毁前的格局和形制；对于光绪重修时，拟建而未实施的建筑，则可以通过图档了解当时的设计意向。

（2）读取营造尺寸。提取样式雷图档中记录的建筑尺寸，并与遗址或实物尺寸进行比对，为复原研究提供了确实的数据信息。

（3）鉴识样式雷图档。书中结合样式雷图档、文献档案与实物遗存考求园林历史格局的变迁，并通过三者的互证，对所引样式雷图档进行了绘制内容、年代等的鉴定，在颐和园研究中践行了刘敦桢在《同治重修圆明园史料》中示范的图档断代性鉴识方法。更为重要的是，从所引样式雷图名中"重建""拟重建""拟建""修复""改建""测绘图"等字样可知，通过颐和园内建筑历史沿革的考证，

---

[1] 该书于 1985 年交稿后，由于出版经费无法落实而拖延，1989 年由台北建筑师公会出版社先行在台湾地区付印，2000 年才由中国建筑工业出版社在大陆地区发行。

以及与实物遗存营造尺寸的对照，研究者进一步梳理了图档中何为设计图，何为施工图，何为测绘图，证明了刘敦桢在《易县清西陵》中提出却未惶展开的图档研究方法是切实可行的。惟本书以探索颐和园造园艺术为旨归，所涉样式雷图档数量有限，但它在颐和园研究中的重要史料价值已经突显。

2. 圆明园样式雷图档的研究利用

1930 年，雷氏家藏图档入藏北平图书馆，恰为圆明园罹劫七十周年，真实反映该园历史面貌的样式雷图档及烫样作为珍贵的图像资料迅速进入研究者的视野。加之雷氏藏图中，圆明园图档在皇家园林图档中占据比重较大，以学社为主导的图档整理编目首先自圆明园开始。第二年，学社与北平图书馆联合举办"圆明园遗物与文献展览"，圆明园烫样和画样受到了更广泛的社会关注。两年后，《国立北平图书馆馆刊·圆明园专号》出版，特别是刘敦桢发表了第一个工程个案研究论文《同治重修圆明园史料》，被后世学者引为建筑史研究的经典，影响深远。[①]凡此，均使圆明园烫样及画样不仅受到建筑史研究者的关注，在清史、近代史、园林史、北京史等研究领域也广为人知，在很长时间内成为样式雷图档中最常被引用的典型代表。如 1949 年出版的喜仁龙《中国园林》一书中引用了长春园地盘样一幅；1961 年 10 月完稿的中华人民共和国成立以来首部正式出版的中国建筑通史《中国古代建筑简史》直接引用了刘文中的圆明园烫样照片 2 张（图 2–14）。[②]

圆明园样式雷烫样和画样的深入人心，使 1949 年之后有关圆明园的论述都强调样式雷图档的重要史料价值。[③]典型如 1959 年北京大学历史系陈庆华发表的《圆明园》一文，简述该园兴建与破坏的历史，同时引述刘敦桢所言，简略介绍了图档概貌，并进而强调圆明园样式雷图档的重大意义：

> "样式雷"旧藏的圆明园建筑图样、烫样（模型）和各种工程则例、工程做法，也是现存的一批重要记录……在建筑学史研究上这批资料无疑是很重要的。[④]

① 如白日新在《圆明、长春、绮春三园形象的探讨》一文中说："刘敦桢撰写的《同治重修圆明园史料》，详细地将重修活动涉及的各方面史料进行了整理，对于重修始末提出了清晰的线索，沾溉后学，阙功甚伟。"见：中国圆明园学会主编. 圆明园（第 2 辑）. 北京：中国建筑工业出版社，1983.
② 建筑工程部建筑科学研究院建筑理论及历史研究室中国建筑史编辑委员会编. 中国建筑简史第一册（中国古代建筑简史）. 北京：中国工业出版社，1962：352.
③ 如 1957 年周维权发表的《略谈避暑山庄和圆明园的建筑艺术》，1957 年王威出版的《圆明园》一书；1979 年秦国经、王树卿发表的《圆明园的焚燬》，或强调样式雷图档的史料价值，或引用样式雷烫样或画样。
④ 陈庆华. 圆明园. 文物，1959（09）：28–34.

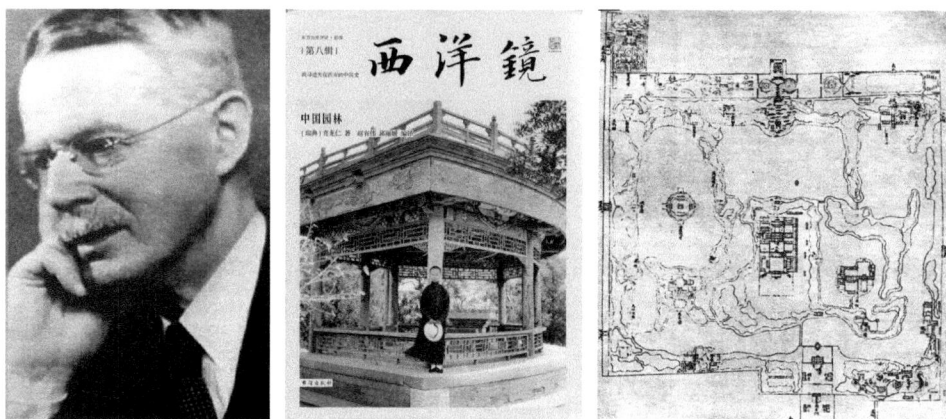

图 2-14 喜仁龙与《中国园林》中引用的长春园地盘样（资料来源：喜仁龙.中国园林.北京：台海出版社，2017）

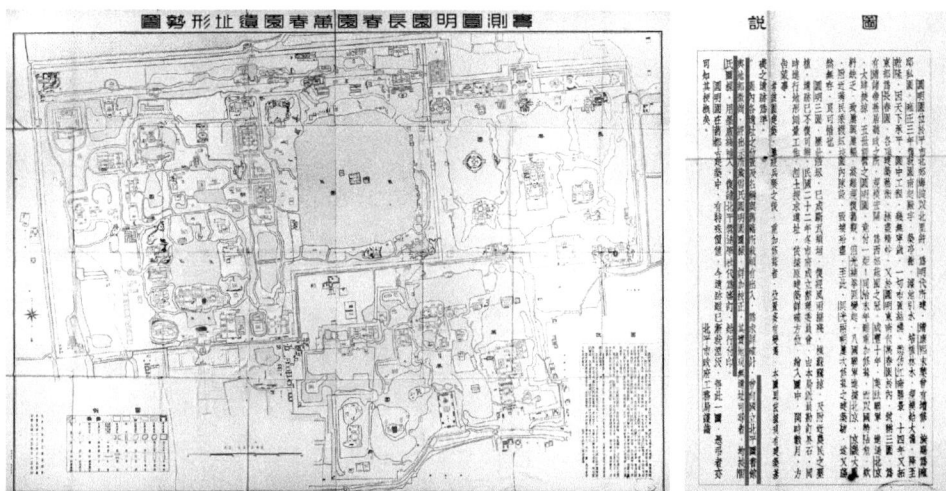

图 2-15 实测圆明园长春园万春园遗址形势图，其中墨虚线部分依据国立北平图书馆藏样式雷图档校订补充（资料来源：圆明园管理处编.圆明园百景图志.北京：中国大百科全书出版社，2010）

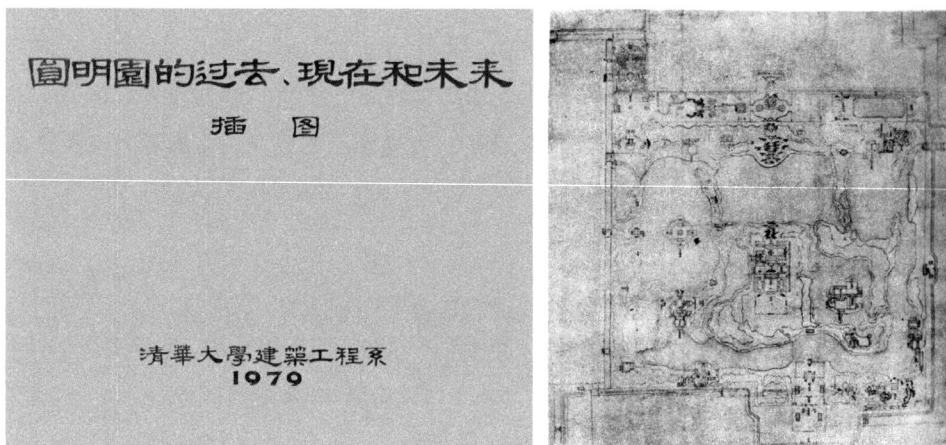

图 2-16 《圆明园的过去现在和未来》封面及引用的清华大学藏样式雷长春园画样 [资料来源：清华大学编.圆明园的过去现在和未来（内部资料），油印本，1979]

事实上，样式雷图档对于圆明园复原研究的重要价值早在1930年代便已彰显。1933年10月北平市政府工务局完成的《实测圆明园长春园万春园遗址形势图》被学界公认为时间较早、绘制准确、价值较高的三园实测资料，该图中墨虚线部分正是依据国立北平图书馆藏"雷氏圆明园图样"的校订补充（图2-15）。[①] 此外，1930年代完成的金勋《圆明园复旧图》、学社刊本《圆明长春万春三园总图》及梁思敬《圆明园透视鸟瞰图》等均依据样式雷图档，或重摩，或添注地点，或增补。

中华人民共和国成立后，为更好地保护并利用圆明园遗址，1978年清华大学建筑工程系受国家建委和北京市建委的委托，完成《圆明园遗址规划设计方案》，利用金勋1960年代复原图、馆藏样式雷图档、文献及遗址实测数据，对圆明园部分景区进行了复原规划设计，1979年出版了内部资料《圆明园的过去现在和未来》（图2-16）。清华大学建筑系何重义、曾昭奋及北京林业大学白日新延续营造学社的研究理路，重新检讨原始史料，于1979年分别绘制《圆明、长春、绮春三园总平面图》和《圆明三园鸟瞰复原图》，考释性地绘出了圆明三园各景区在不同时期的建筑布局，力图准确还原圆明园的历史面貌。在随后发表的《〈圆明、长春、绮春三园总平面图〉附记》和《圆明、长春、绮春三园形象的探讨》中，作者介绍了复原图绘制的缘起及过程，绘图时依据的主要资料之一仍然是样式雷圆明园画样及烫样。[②] 1995年9月科学出版社出版的何重义、曾昭奋的《圆明园园林艺术》，汇集了作者1986年以前进行遗址实地踏勘、搜集圆明园相关史料、考证景区格局等相关研究成果。[③] 书中对北京西北郊园林的介绍及圆明三园各景区的复原考证均利用样式雷画样及烫样，图档来源除北京图书馆藏样式雷图档外，还包括第一历史档案馆藏彩绘样式雷进呈样、故宫博物院藏各式烫样、清华大学建筑系资料室藏营造学社时期拍摄的样式雷图照片，以及北京大学图书馆藏图，其中不少图档均为首次披露（图2-17）。作者勉力搜罗原始资料，但没能查阅全部图档，其中的困难正如前言所言："近二十年来，我们从有关单位的档案库、资料室中获得了宝贵的原始资料，遗憾的是，尚有不少东西仍被束之高阁和藏诸密室。因此，我们必须付出更多的时间到遗址上去拣拾，去索取、踏勘、实测、拍照、拓片、铲去杂草、挖掘基址，一点一点地积累，考证。"

① 见1933年10月北平市政府工务局《实测圆明园长春园万春园遗址形势图》之《图说》："园内各遗址之位置及名称与旧籍所载颇有出入，为求详确计，曾向国立北平图书馆舆地部征询，经出示所藏雷氏圆明图图样，详加校正，其实地现无遗址可寻者，均按雷氏图样，用墨虚线补入，复请北平营造学社代为审订，始行付印。"
② 何重义，曾昭奋.《圆明、长春、绮春三园总平面图》附记.见：中国圆明园学会筹备委员会主编.圆明园（第1辑）.北京：中国建筑工业出版社，1981：81-92. 白日新.圆明、长春、绮春三园形象的探讨.见：中国圆明园学会主编.圆明园（第2辑）.北京：中国建筑工业出版社，1983：22-31.
③ 何重义，曾昭奋.圆明园园林艺术.北京：科学出版社，1995.

（a）

（b）

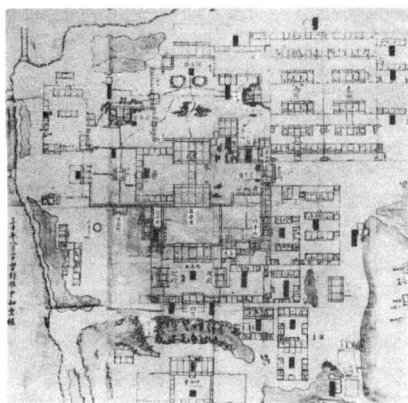

（c）

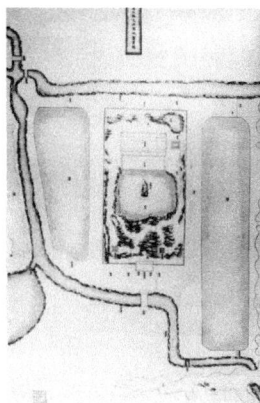

（d）

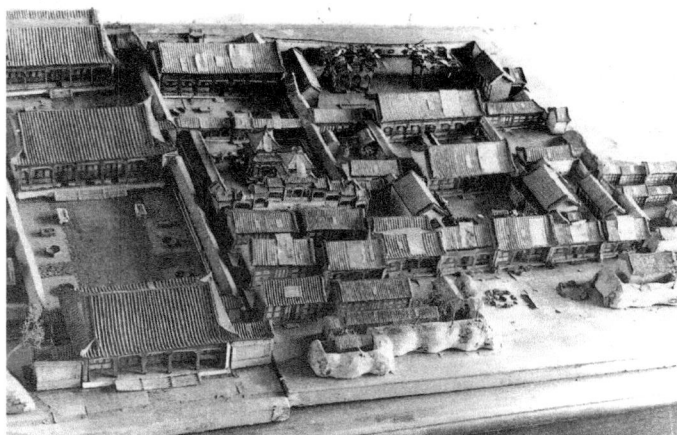

（e）

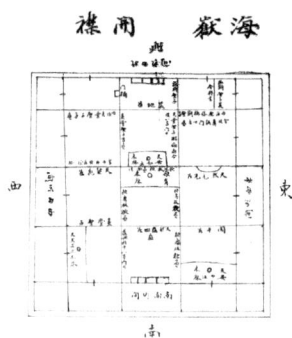

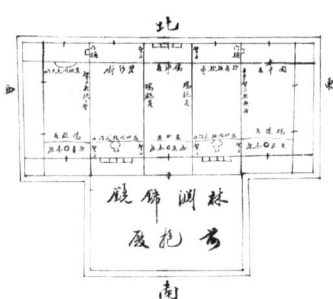

（f）

图2-17 《圆明园园林艺术》封面及书中所引样式雷图档。（a）《圆明园园林艺术》封面；（b）中国第一历史档案馆藏样式雷画样；（c）北京图书馆藏样式雷画样；（d）清华大学建筑系资料室藏样式雷图样照片；（e）赵廷介拍摄的故宫博物院藏样式雷烫样；（f）北京大学图书馆藏样式雷画样（资料来源：何重义，曾昭奋. 圆明园园林艺术. 北京：科学出版社，1995）

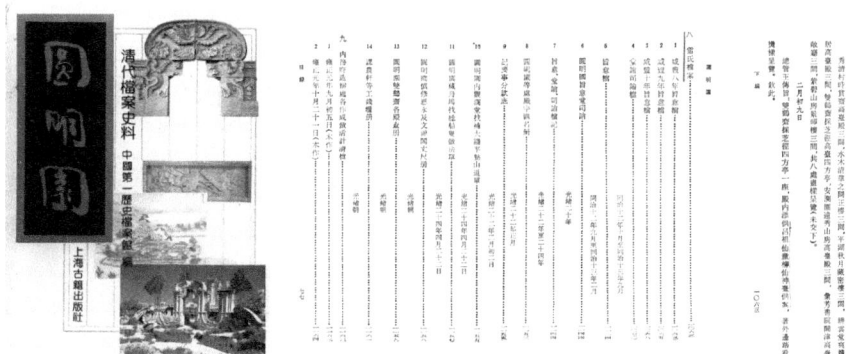

图 2-18 　《清代档案史料·圆明园》书影 [资料来源：中国第一历史档案馆编. 圆明园（全二册）. 上海：上海古籍出版社，1991]

鉴于越来越多的圆明园研究者对一手史料的迫切需求，1980 年原中国建筑科学研究院建筑理论与历史研究室与中国第一历史档案馆商定，合作整理档案馆收藏的圆明园相关史料，共同编辑出版《清代档案史料·圆明园》一书，旨在整理刊布有关圆明园的大量原始档案史料，裨益于圆明园研究的深化发展。史料选材及编辑工作由研究室杨乃济、档案馆方裕谨共同负责，中国建筑科学研究院吴伯之也参加了部分选材和标点工作。自 1980 年下半年起，编辑工作历时三余载，至 1983 年 10 月完成，编者从数万件档案中精心选取史料价值较高的 1463 件，录入近 110 万字，经标点、整理、编辑，于 1991 年 5 月由上海古籍出版社正式出版（图 2-18）。书中除收录中国第一历史档案馆藏内务府全宗、宫中各处档案全宗、军机处全宗、内阁全宗中与圆明园相关的档案文献，还由北京图书馆协助，提供了馆藏样式雷家族的《雷氏档案》14 件，包括咸丰、同治、道光三朝圆明园《旨意档》《堂司谕档》及做法单等，是雷景修、雷思起、雷廷昌、雷献彩四代样式雷任职圆明园样式房掌案、从事职业活动的忠实记录。此项原始资料的刊布惠及学林，为推进样式雷世家及其图档研究、圆明园及清史研究提供了异常珍贵的史料。

上述史料编辑工作开始的 1980 年正值圆明园罹劫 120 周年，中国建筑学会建筑历史学术委员会于 8 月 13 日在北京召开了纪念学术讨论会，并由中国建筑展览办公室组织，在故宫午门城楼上展出了部分圆明园史料，其中包括样式雷圆明园烫样和画样。[①] 会议还发起组织了国内建筑学界第一个社会学术团体"圆明

---

① 圆明园学术动态. 见：中国圆明园学会筹备委员会主编. 圆明园（第 1 辑）. 北京：中国建筑工业出版社，1981：224.

园学会",于次年出版"圆明园丛书"第1辑,重刊了圆明园研究的开山之作——刘敦桢《同治重修圆明园史料》,并发表周维权、何重义、曾昭奋、张驭寰等学者的论文,均提及样式雷图档的重要性或利用某样式雷画样从事具体研究。1983年9月"圆明园丛书"第2辑中又发表了方裕谨辑《原中法大学收藏之样式雷圆明园图样目录》,披露了1932年北平图书馆钞藏《中法大学样式雷图档目录》中关于圆明园的部分。

圆明园学会的成立以及"圆明园丛书"的持续出版,为深入、全面研究圆明园提供了良好的学术环境,为不同背景的研究者创建了相互交流的平台。1976年成立的"圆明园管理处"也通过参与学会的相关事务,在遗址保护及日常管理工作的同时逐渐展开对圆明园的研究。时任管理处副主任的张恩荫自部队转业进入圆明园管理处工作后,就以满腔热情积极投身圆明园相关档案史料的搜集与整理,1979年底曾在西洋楼旧址策划举办了小规模的"圆明园园史展览",加入圆明园学会后逐渐扩大了史料搜集的范围并涉足样式雷图档的研究,据其自述:

> 我从1980年代初期开始接触"样式雷"圆明园图。1986年下半年,在中国圆明园学会工作的军艺离休干部方震同志,在北图与图组全部查阅了这批圆明园藏图,并编制了各包图的细目。1989年10月,特别是1990年10至12月间,我用30个工作日在北图善本阅览室,逐张翻阅了有关圆明园的全部藏图。此外,我还在1989年乃至1998年5月间,先后在故宫、北京市档案馆、清华大学和中国历史博物馆,查阅了一批散见的"样式雷"圆明园藏图。①

从上述文字及其发表的研究成果可知,张恩荫几乎遍览了目前已知各收藏单位的圆明园样式雷图档,特别是逐张查阅了北京图书馆藏样式雷图档。②1991年3月,张恩荫撰文介绍了北京图书馆藏样式雷圆明园图档的数量、类型、年代特征等:

> 北京图书馆收藏至今的样式雷圆明园图籍,共105包,2200张,分装为13大函,叠起来约3米高。其中有工程说帖近300张,并加杂有故宫、三海、泉宗庙、陵寝等处工程图和说帖200张。属于圆明三园的各种图

---

① 引自张恩荫.样式雷图档的重要价值.《圆明园》学刊第七期——纪念圆明园建园300周年特刊,2008.又见张恩荫.样式雷图与圆明园.圆明园研究第4期,2010,转引自圆明园遗址公园官方网站,"圆明园研究"栏目,[EB/OL].[2017-08-20].http://www.yuanmingyuanpark.cn/ymyyj/.
② 参见张凤梧.样式雷圆明园图档综合研究.天津:天津大学,2009.

图 2-19　《圆明园百景图志》书影（资料来源：圆明园管理处编 . 圆明园百景图志 . 北京：中国大百科全书出版社，2010）

样共计 1700 余幅。图幅大者逾丈，小者不足一巴掌。有绘制极草的糙底，有实地踏勘的准样，有屡经粘贴涂改的画稿，也有精工彩绘的黄签进呈图，杂然并存。图中直接注有年月或据其内容可判明成图年代的共约 300 幅，其中嘉庆、光绪两朝各约 10 幅，余均为道光、咸丰、同治三朝图。三朝的比例约为 3：3：4。纯属乾隆朝以前独有平面的图样，几乎一幅未见。……在这 1700 多幅藏图中，半数是园内众多建筑的装修地盘图，500 余幅是各式装修和游船、桥闸等图案，还有 250 幅是山水、建筑平面布局图。①

凭借良好的记忆力以及长期从事园史研究的积累，张恩荫于 1989 年在故宫博物院查图时，敏锐地注意到一幅未被披露的《圆明园绮春园长春园三园地盘河道全图》反映了圆明园盛期的园林格局，是"弥足珍贵的最能反映圆明三园原貌的权威性史料"，并向社会介绍了该图的重要价值。在其呼吁建议下，1991 年，故宫博物院王淑芳撰文《圆明园、绮春园、长春园三园地盘河道全图》，详细介绍了该图档的内容，并依据图上标明的景区名称推断图档是同治年间重修圆明园时的勘测规划图，还以雷氏世系为标尺厘定该图作者为雷思起、雷廷昌父子。②1993 年出版的《圆明园变迁史探微》，1999 年完成初稿、2010 年配图并正式出版的《圆明园百景图志》汇集了张恩荫从事圆明园研究的成果（图 2-19）。作者集毕生之功，搜集圆明园史料包括清代档案、官书、文人笔记、民间记述等，以样式雷图档与之互相校证，逐一还原了圆明园内近百处景点的历史面貌。张恩荫的研究重在园史考证，虽曾全面浏览北京图书馆藏样式雷图档，但更注重样式雷图档内容对于圆明园文献材料的补充。

① 引自张恩荫 . 圆明园变迁史探微 . 北京：体育学院出版社，1993：178–179.
② 王淑芳 . 圆明园、绮春园、长春园三园地盘河道全图 . 故宫博物院院刊，1991（2）：91–96.

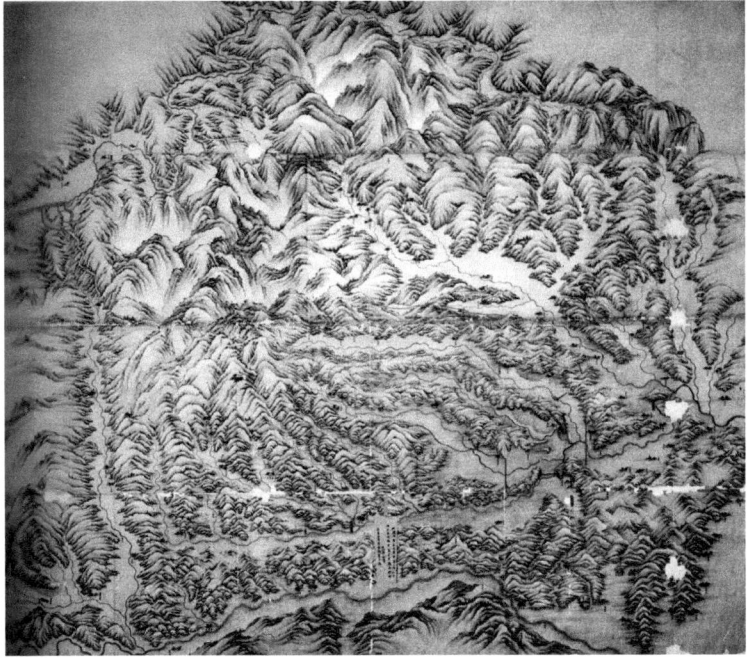

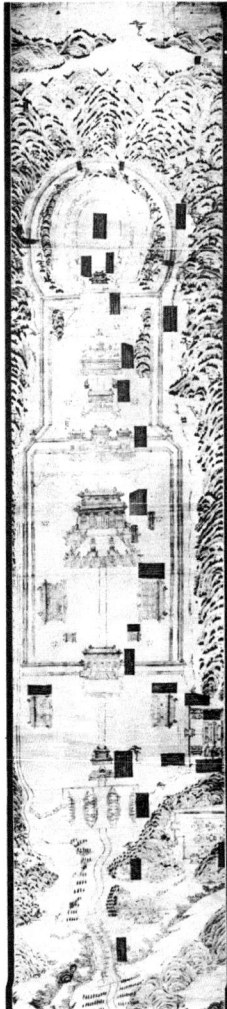

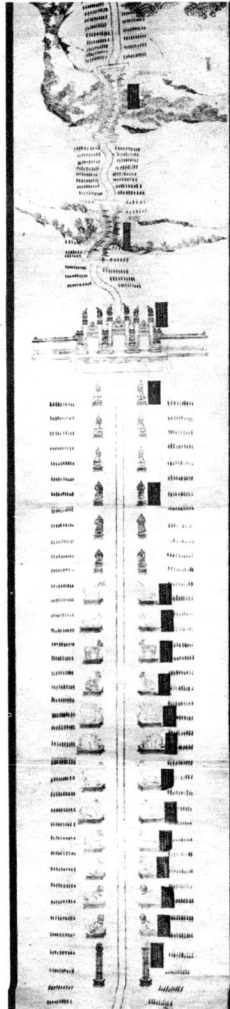

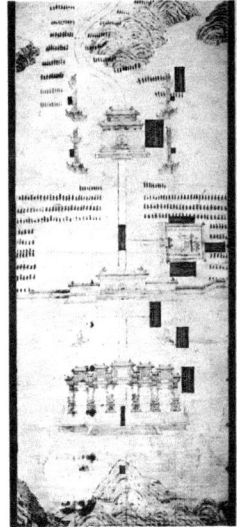

孝陵画样全图（1071 厘米 ×85 厘米）

图 2-20　《清代帝王陵寝》封面及书中所引样式雷画样（资料来源：中国第一历史档案馆编．清代帝王陵寝．北京：档案出版社，1982）

图 2-21　卢绳像（资料来源：天津大学建筑学院提供）

3. 清代陵寝样式雷图档的研究利用

　　中国建筑史学界一向重视清代陵寝的重要历史价值。刘敦桢于 1934 年发表的《易县清西陵》是清代陵寝建筑研究的开山之作，文中更提出用建筑实物测绘成果比对并判别雷氏相关图档，扩展了样式雷图档的综合研究方法。但在前辈学者开拓这一研究领域以来，由于各种原因，很长时间内缺乏系统、全面、深入的研究。至于陵寝样式雷图档的整理研究，仅第一历史档案馆鉴于有关清代帝王陵寝制度原始档案及图像资料绝少公之于世，于 1982 年精选了馆内珍藏的档案性图说，出版以历史图片为主的《清代帝王陵寝》彩色图集[①]，其中公布了十余张样式雷陵寝图档（图 2-20）。此后，天津大学对清代皇家陵寝展开了专题研究。早在 1962 年，天津大学建筑系部分学生即在卢绳（图 2-21）带领下，赴易县清西陵测绘。1980 年又继续对清东陵、清西陵展开大规模的系统测绘，历时四年完成了陵区内主要建筑测绘图，并在冯建逵的主持下，着手进行较深入的系统研究（图 2-22）。[②]

　　1982 年王其亨回到天津大学就读硕士研究生，在导师冯建逵的指导下，投入清代皇家陵寝的研究，并选择了陵寝中最核心、最复杂的地宫作为论文选题。为解决清东陵调研中发现的问题，1982 年 12 月 17 日，王其亨赴北京图书馆善本部舆图组，查阅了馆藏样式雷图档目录卡片，并摘抄了其中的陵寝部分（图 2-23）。面对数量庞大、杂乱无章、毫无条理的收藏状况，又无合理详明的编目索引可咨利用，王其亨回采营造学社时期朱启钤、刘敦桢等学术奠基人的研究思路及方法，清醒地意识到，除非进行大规模的实物测绘和深入的文献研究，否则无法系统鉴别样式雷图档，更遑论对图档的研究利用。

　　第二年，王其亨便倾力投入文献档案的挖掘和建筑实物的测绘，曾抄录百万

---

① 中国第一历史档案馆编 . 清代帝王陵寝 . 北京：档案出版社，1982.
② 1989 年 8 月冯建逵发表《清代陵寝的选址与风水》，以样式雷画样中展现的实例准确阐释了陵寝选址中风水理论的基本原理及概念。见冯建逵 . 清代陵寝的选址与风水 . 天津大学学报增刊，1989.

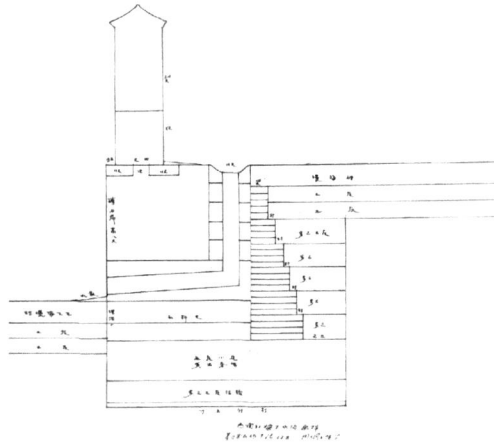

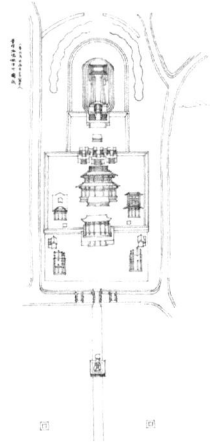

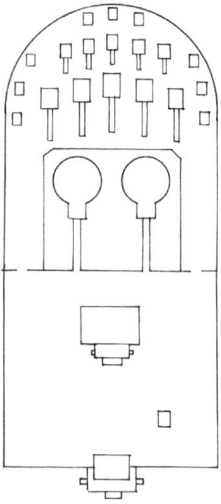

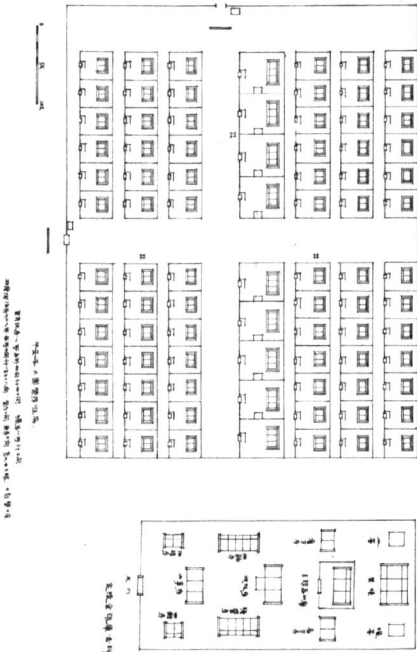

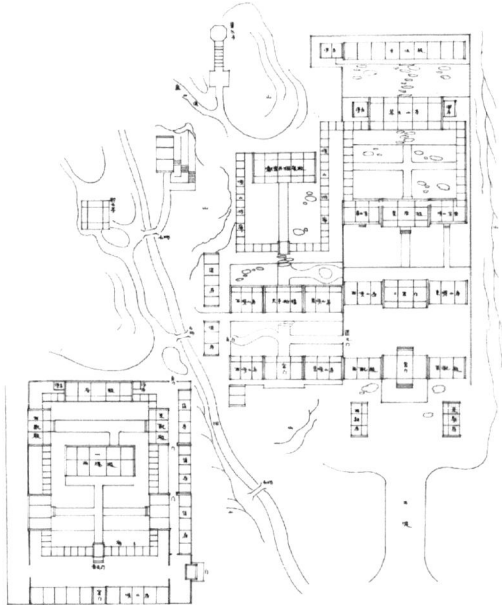

图 2-22　冯建逵及其摹绘样式雷图档手稿（资料来源：天津大学建筑学院提供）

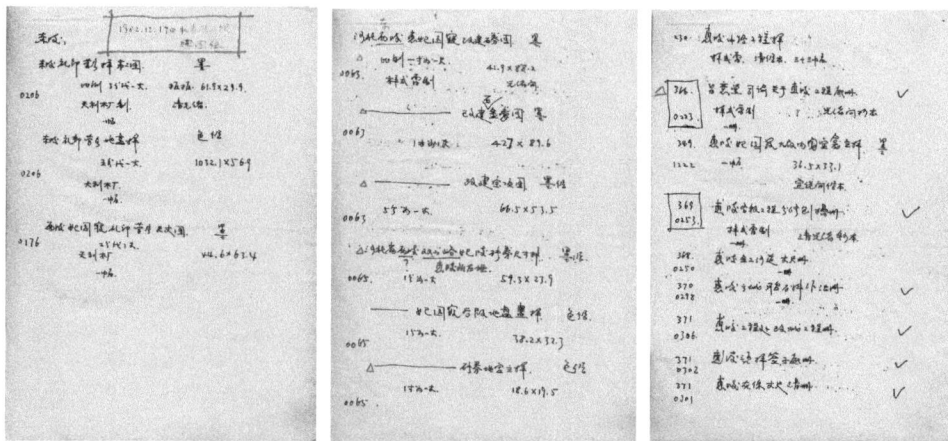

图 2-23　1982 年 12 月 17 日王其亨赴北京图书馆善本部舆图组抄录样式雷图档目录手稿（资料来源：天津大学建筑学院提供）

字清代陵寝工程相关档案，特别是发现了大量完备的、可与实物遗存相对应的工程籍本，如《工程做法》《工程备要》《销算黄册》等，同时扩展天津大学已有测绘成果，先后赴清东陵、清西陵测绘并详加校核。在埋首档案与驻守陵寝测绘的过程中，基于此前对梁思成提出的"以算求样"方法的实践心得，王其亨以工程籍本对照实物，不仅释读了大量晦涩难懂的建筑术语，突破了建筑史研究中的老大难问题，还通过推算作图，准确复原了隐蔽工程各结构的构造层次（图 2-24）。

经过一年的积累，1984 年 2 月，王其亨再赴北京图书馆，开始系统鉴识并整理样式雷陵寝图档。事实证明，实物测绘及文献研究是辨识样式雷图档的不二法门，面对繁杂混乱且缺少题名的画样，尽管是第一次调阅，王其亨却能迅速判断每一件图档各属于何陵，成稿于何时，孰是方案设计图，孰是施工图，孰是测绘图，对图上书写的怪异名词术语如数家珍。由于找到了有效的整理方法，自 2 月 14 日至 3 月 15 日便完成 1585 件陵寝图档的鉴定，并获准摹绘了部分画样（图 2-25）。此次样式雷图档的整理既验证了此前"以算求样"的成果，又加深了对样式雷画样的表现方法、图学成就、反映的清代建筑设计方法、设计思想、施工程序等的认识。5 个月后，王其亨顺利完成硕士学位论文《清代陵寝地宫研究》，利用工程籍本、样式雷画样并结合详细的实物测绘，系统整理了陵寝地宫基础、地面、墙体、拱券、石门、龙须沟等隐蔽部位的构造和做法，阐述了陵寝选址、设计和施工程序，深入剖析并指出地宫金井吉土是陵寝工程勘测、设计、施工的基准点，并论述了中国古代风水理论所包含的建筑学的科学意义（图 2-26）。参与论文评阅和答辩的专家单士元、陈明达、于倬云等均对论文取得的成果给予高

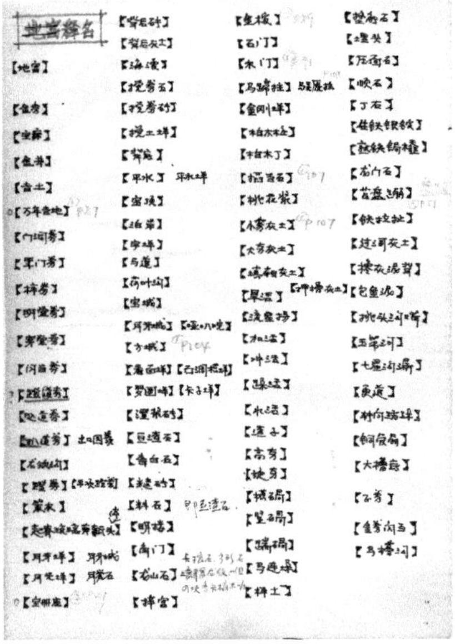

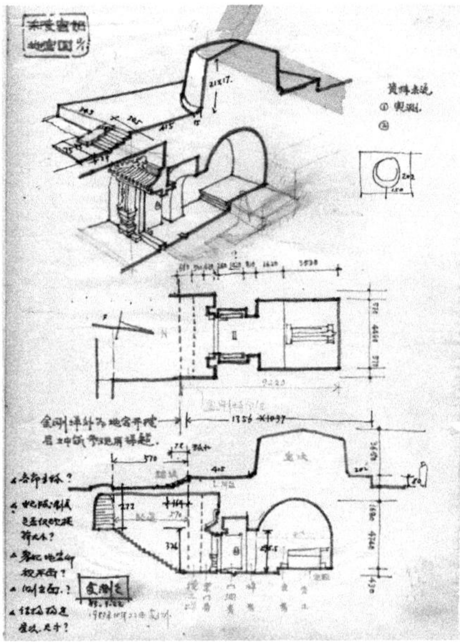

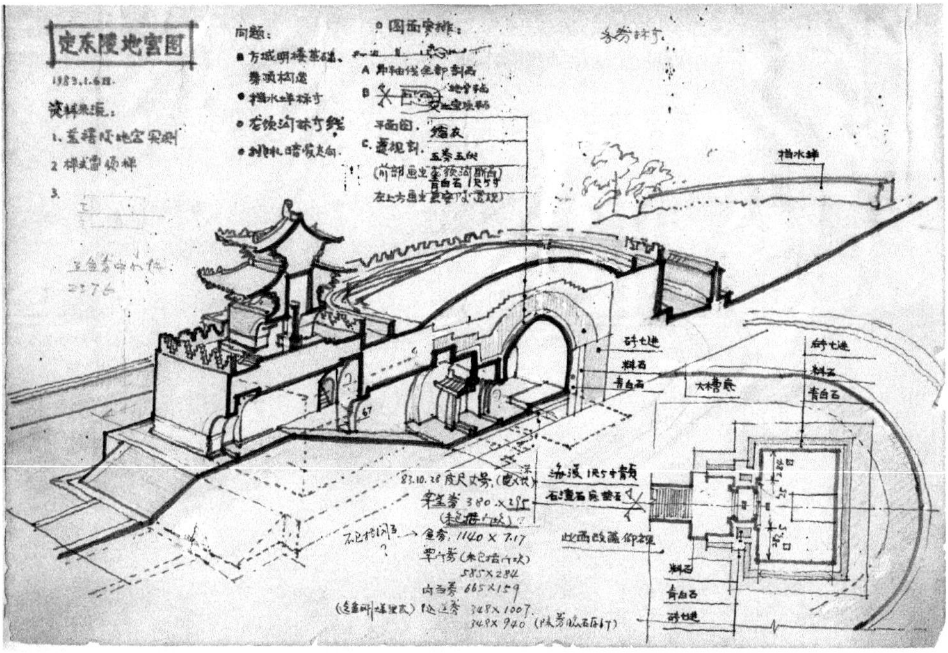

图 2-24 1983 年王其亨依据测绘图及档案文献，以算求样，推算地宫构造手稿（资料来源：天津大学建筑学院提供）

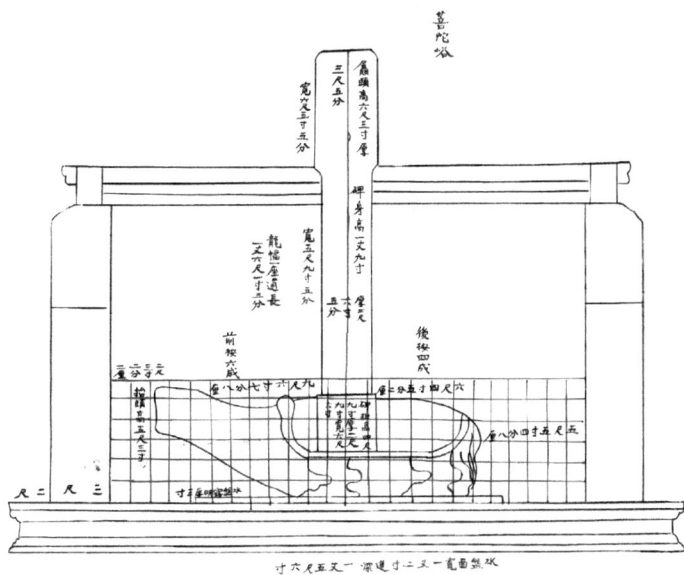

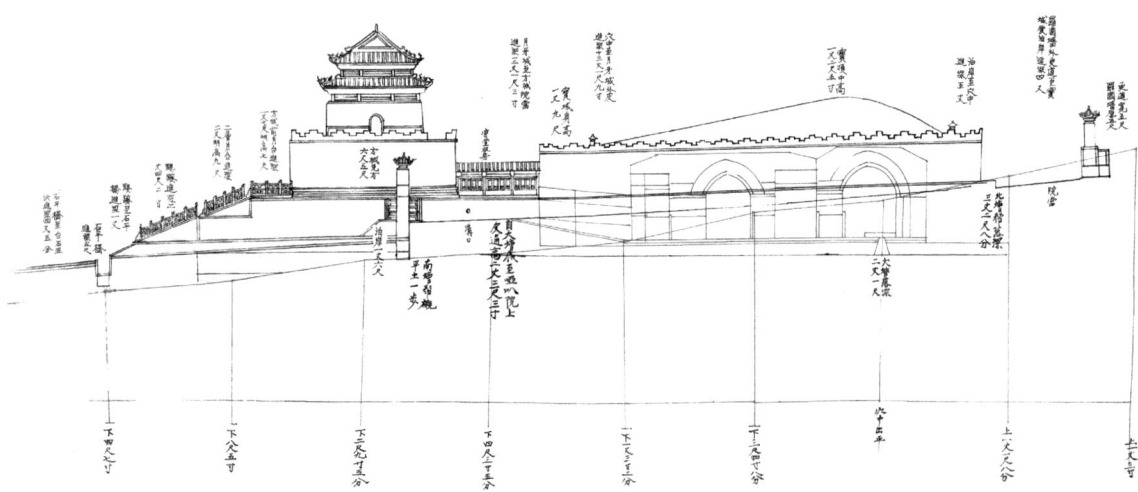

图 2-25　王其亨摹绘样式雷画样手稿（资料来源：天津大学建筑学院提供）

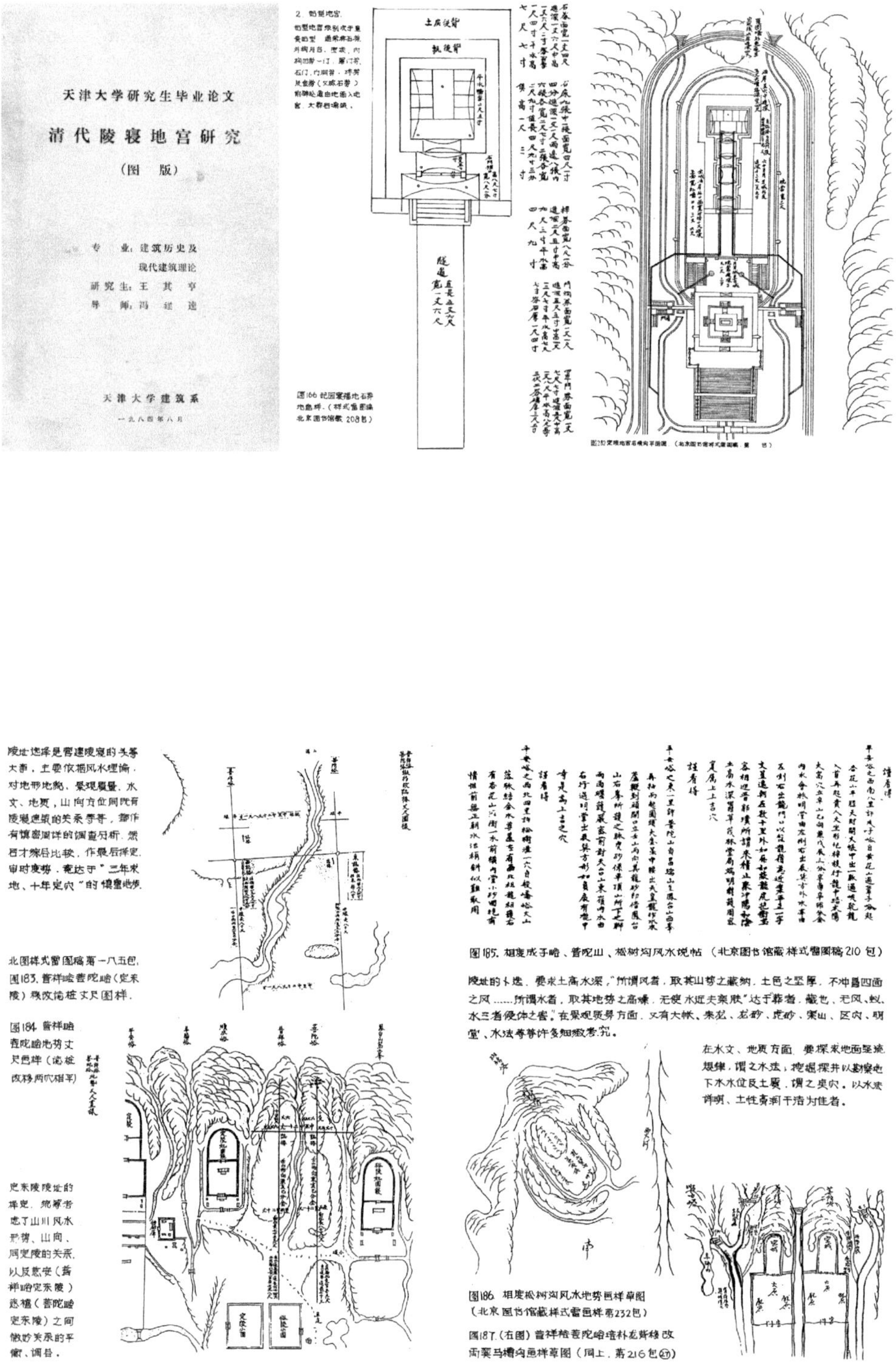

图 2-26　1984 年 8 月王其亨《清代陵寝地宫研究》中，摹自北京图书馆藏样式雷画样的图版（资料来源：王其亨．清代陵寝地宫研究．天津：天津大学，1984）

清 样 及 第
代 式 其 二
样 雷 建 章
式 世 筑
雷 家 图
世 档
家 研
及 究
其 史
建
筑
图
档
的
持
续
研
究
（
1937
—
1998
年
）

承先启后：

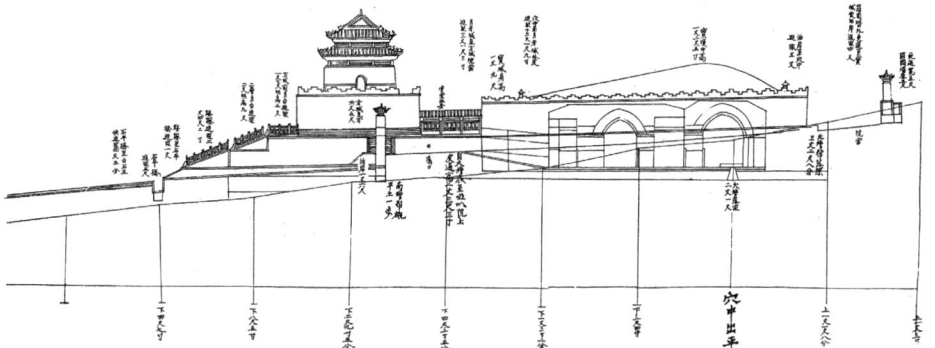

图195 遵照星览樫埕样并陵平子昏迪尺寸埕头砖灰土中立样（平安碻万年吉地——定陵）
北京图书馆藏样式雷图档 214-1 包 ①

穴中出平，即以金井所在平面位置的反电平探高为水平基准，堪以控制、权衡地宫及在个陵壝全部建筑工程的竖向设计、以反绝工定平，这是陵壝工程最重要的基准所在。

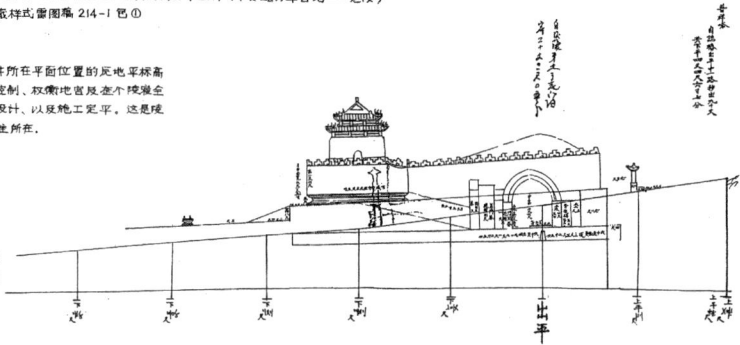

图196 普样墙自碻埕出平中一路立样
（局部）北京图书馆藏样式雷图
稿，第186 包 ③

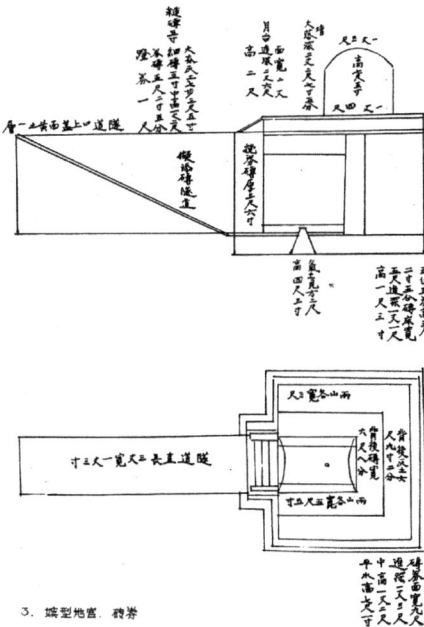

3. 端型地宫，砖劵

图176 砖劵立样、砖劵地盎样
（北京图书馆藏样式雷图稿，第186 包）

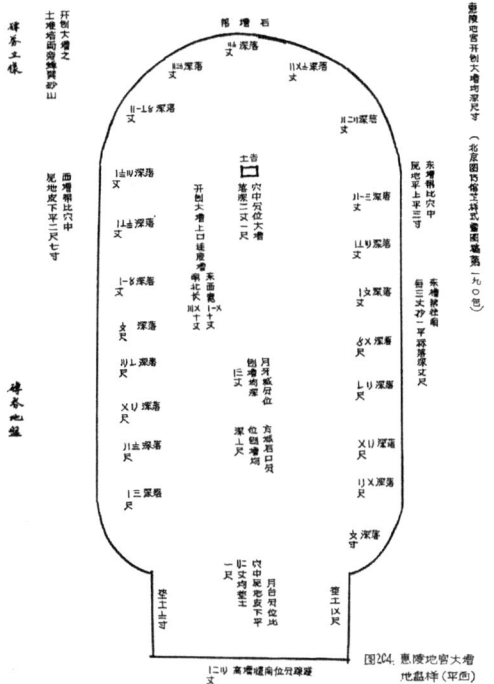

图204 惠陵地宫大劵
地盎样（平面）

图2-26 1984 年 8 月王其亨《清代陵寝地宫研究》中，摹自北京图书馆藏样式雷画样的图版（资料来源：王其亨. 清代陵寝地宫研究. 天津：天津大学，1984）（续）

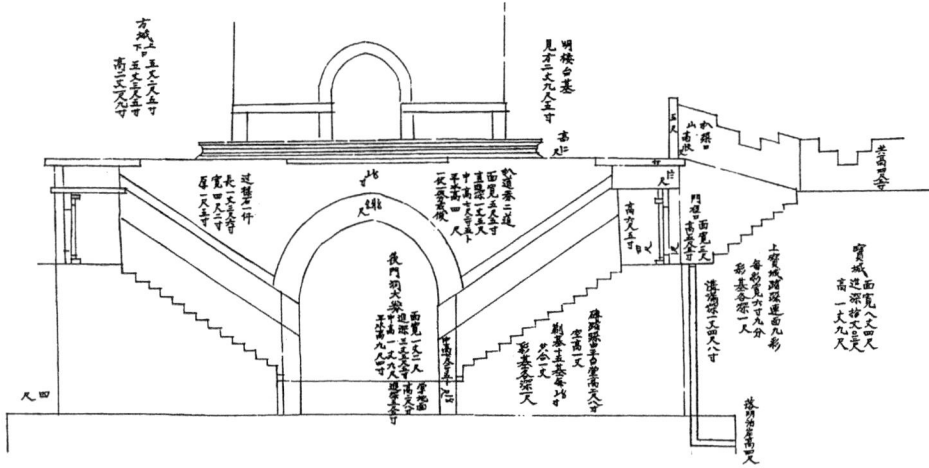

图99 普祥峪、菩陀峪定东陵方城门洞券、扒道券尺寸立样（北京图书馆藏样式雷图稿231包）

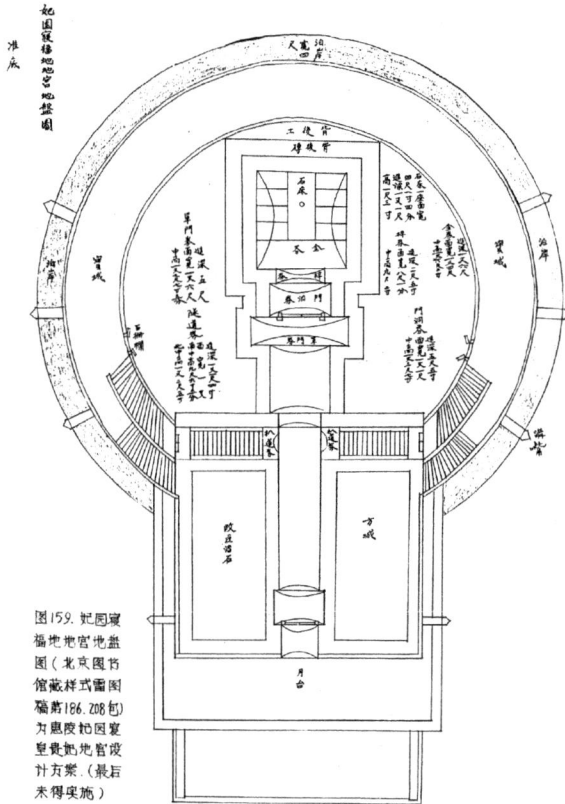

图159. 妃园寝福地地宫地盘图（北京图书馆藏样式雷图稿第186.208包）为惠陵柏园寝皇贵妃地宫设计方案（最后未得实施）

图2-26　1984年8月王其亨《清代陵寝地宫研究》中，摹自北京图书馆藏样式雷画样的图版（资料来源：王其亨.清代陵寝地宫研究.天津：天津大学，1984）（续）

度评价，认为对清代陵寝建筑研究"有所发现，有所前进"，并一致同意该论文已达到博士学位论文水平，建议直接申请博士学位。答辩会后，《人民日报》《光明日报》《天津日报》、香港《大公报》相继报道。

样式雷图档为上述突破性成果的取得提供了关键材料，正如王其亨在论文前言中首先指出：①

> 清陵的大量工程图纸、烫样、工程籍本和其他档案文献材料，得以保存至今，内容之丰富、系统、完备，不仅在清代建筑史上，更在整个中国古代建筑历史上，都是仅见的。所有这些，对于深入研究清代建筑史，弄懂清代建筑在设计、施工、工程技术和建筑艺术等方面的丰富内容和优秀成就，以及进而升堂入室，深入研究中国古代建筑史，都具有举足轻重的意义。

同时，在清代皇家陵寝研究中，结合档案文献以及实物测绘对样式雷图档的系统发掘和整理"对于深化认识样式雷画样在设计思想、设计方法、设计程序、表现手段和图学成就以及施工程序等许多方面的问题，无疑是新的进展和突破。更为重要的是，由于找到了系统有效的鉴定、整理方法，对于今后全面展开样式雷画样研究，填补以往的大量空白，已经展示了良好的前景。"②1985 年 12 月、1986 年 1 月、1987 年 2 月、3 月，王其亨又先后四次赴北京图书馆，继续鉴识和整理样式雷陵寝图档。至 1987 年 4 月 1 日，完成北京图书馆排架目录内全部样式雷陵寝图档的鉴别，共计 5052 件，形成 20 万字的图纸目录，并陆续输入电脑。③1990 年，王其亨在西安召开的"第四届古建园林学术讨论会"上发表《清代陵寝建筑工程样式雷图档的整理和研究》一文④，较为系统地归纳了样式雷陵寝图档的整理成果（图 2-27），包括以下几个方面：

第一，结合整理陵寝样式雷图档的经验，申明了图档整理的难度及原因，并通过陵寝图档鉴识的具体案例鲜明阐发了图档鉴别的关键方法，即如何依据清陵建筑的系统测绘以及档案文献的研究鉴别样式雷图档，并指出在图档翔实鉴别的基础上，按照各陵寝分别归类，进而按图样绘制时间、绘制内容进行系统编目的方向。

---

① 王其亨 . 清代陵寝地宫研究 . 天津：天津大学，1984.
② 王其亨 . 清代陵寝地宫研究 . 天津：天津大学，1984.
③ 参见汪敏华，右史 . 王其亨与样式雷研究 . 见：张宝章等编 . 建筑世家样式雷 . 北京：北京出版社，2003：334–342.
④ 王其亨 . 清代陵寝建筑工程样式雷图档的整理和研究 . 第四届古建园林学术讨论会论文，陕西西安，1990. 后被收入清代宫史研究会编 . 清代皇家陵寝 . 北京：紫禁城出版社，1995：168–187; 张宝章等编 . 建筑世家样式雷 . 北京：北京出版社，2003：282–306.

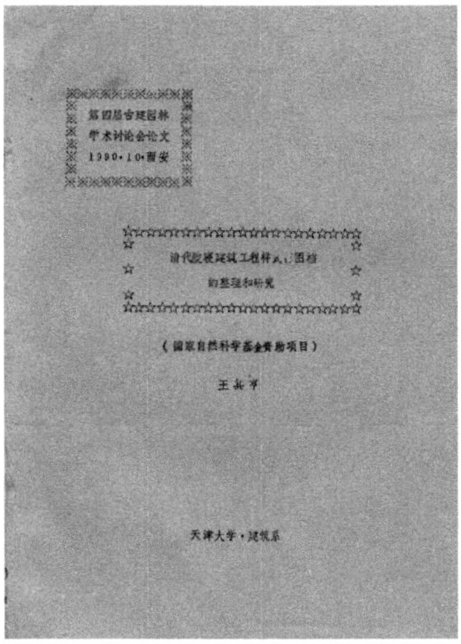
第四届古建园林
学术讨论会论文
1990·10·西安

清代陵寝建筑工程样式雷图档
的整理和研究

（国家自然科学基金资助项目）

王其亨

天津大学·建筑系

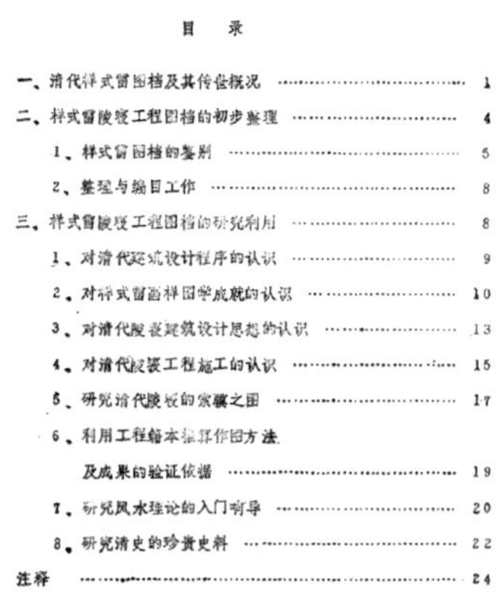
目　录

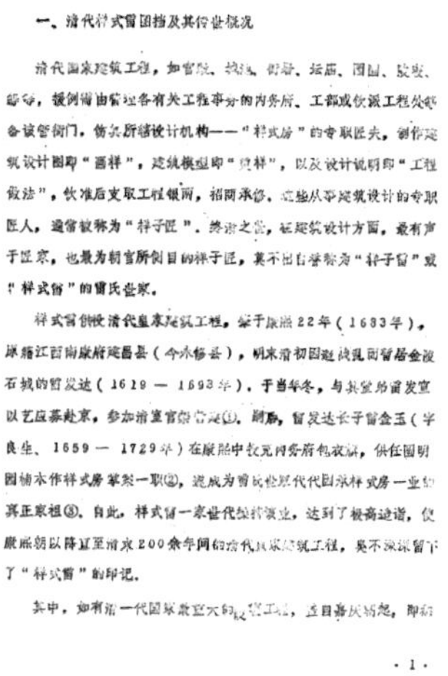
一、清代样式雷图档及其传世概况

清代国家建筑工程，如宫殿、坛庙、衙署、坛庙、园囿、陵寝、……，援例皆由管理各有关工程事务的内务府、工部或钦派工程处等各该管衙门，饬其所辖设计机构——"样式房"的专职匠夫，制作建筑设计图即"画样"，建筑模型即"烫样"，以及设计说明即"工程做法"，钦准后支取工程银两，招商承修。……从事建筑设计的专职匠人，通常被称为"样子匠"。终清之世，在建筑设计方面，最有声于匠家，也最为朝官所侧目的样子匠，莫不出自誉称为"样子雷"或"样式雷"的雷氏世家。

样式雷创设清代皇家建筑工程，始于康熙22年（1683年）。原籍江西南康府建昌县（今永修县），明末清初因避战乱而留居金陵石城的雷发达（1619 — 1693年），于当年冬，与其堂弟雷发宣以艺应募赴京，参加清室宫殿营建①。嗣后，雷发达长子雷金玉（字良生、1659 — 1729年）在康熙中充内务府包衣旗，供任圆明园楠木作样式房掌案一职②，遂成为雷氏世家代代回承样式房一业的开正家祖③。自此，样式雷一家世代继承该业，达到了极高造诣，使康熙朝以降直至清末200余年间的清代皇家建筑工程，莫不深深留下了"样式雷"的印记。

其中，如有清一代国家最宏大的……工程，迄自嘉庆……，即……

·1·

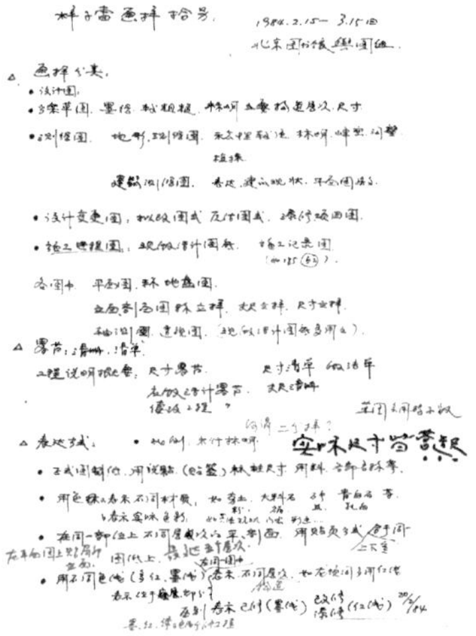

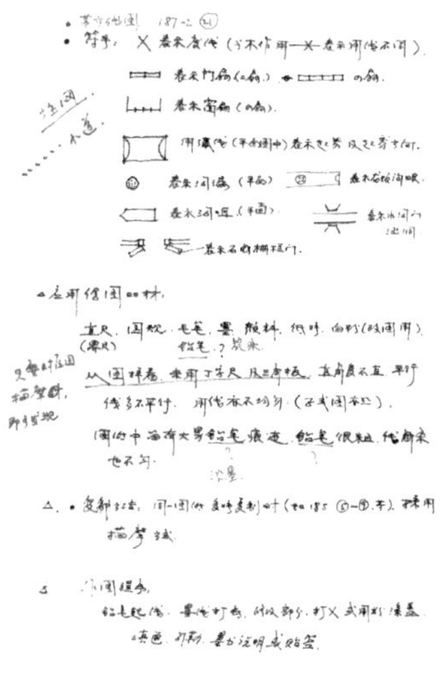

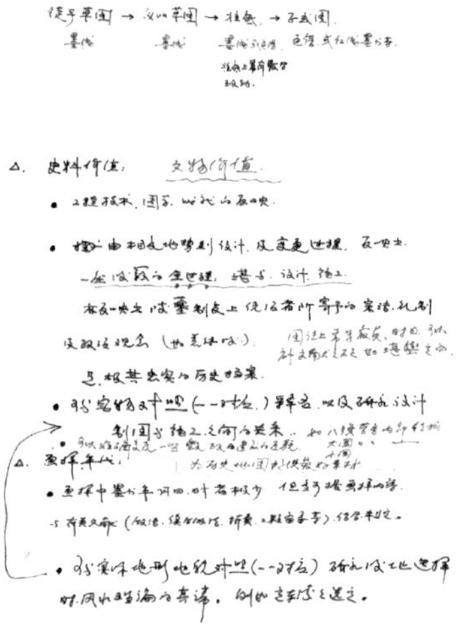

图 2-27　1990 年《清代陵寝建筑工程样式雷图档的整理和研究》书影及王其亨 1984 年有关样式雷画样图学成就的相关笔记（资料来源：天津大学建筑学院提供）

第二，取得了样式雷图档鉴识的突破。刘敦桢《同治重修圆明园史料》是样式雷图档整理方法转变后的力作，突破了此前图档鉴别的局限，以翔实丰富的档案史料与样式雷图档互证，以工程变迁历史为对照，鉴别图档内容和制作时间。此次陵寝样式雷图档的鉴定，在深入的文献研究基础上，又结合翔实的现场测绘，对图档内容的鉴别已不再只是对所涉建筑地点的判断，同时涉及图档在完整工程项目中的成图时序和图纸性质，如图纸反映的究竟是选址图、测绘图、设计图，抑或施工图、设计变更图等，而对成图时间的鉴定，可依据雷氏《旨意档》《堂司谕档》《随工日记》《工程备要》等籍本以及图纸的相互排比，具体到某年某月某日，甚至某时，进而明确判知图纸作者。

第三，扩展了样式雷图档研究利用的广度和深度。前述颐和园、圆明园研究中，样式雷图档多作为园林历史变迁考证或复原研究的依据。而陵寝研究中对于图档的利用则展现了更为丰富的内容，在"以图补史"的研究理路之外，拓展了对清代陵寝建筑及陵寝工程施工的通晓，对样式雷画样图学成就的认知，乃至对清代建筑设计程序、设计思想与方法的解析，突显了图档在清代陵寝建筑研究、清代工程籍本研究、中国古代风水理论研究，乃至清史研究中的珍贵史料价值。正因此，王其亨在完成硕士论文后的短短几年间，在各类期刊密集地发表了近 20 篇相关学术论文[①]，组织出版了论文集《风水理论研究》[②]（图 2-28），并受邀撰写了《中国建筑艺术全集》中的分卷《明代陵墓建筑》与《清代陵墓建筑》（图 2-29）。[③]

① 样式雷陵寝图档研究利用的价值集中体现在王其亨发表的一系列学术论文：
　王其亨.顺治亲卜陵地的历史真相.故宫博物院院刊，1986（02）：20-26；
　王其亨.清代陵寝地宫金井考.文物，1986（07）：67-76；
　王其亨.清代拱券券形的基本形式.古建园林技术，1987（02）：53-55；
　王其亨.清代样券坑方法的研究及收获.古建园林技术，1988（01）：19-21；
　王其亨.光绪生前于西陵金龙峪择定万年吉地的史实.故宫博物院院刊，1989（01）：91-96；
　王其亨.清陵地宫龙须沟.文物，1989（08）：89-94；
　冯建逵，王其亨.关于风水理论的探索和研究.天津大学学报，1989 增刊：1-9；
　王其亨（笔名史葳）.风水典故考.天津大学学报，1989 增刊：11-25；
　王其亨.清代陵寝风水探析.天津大学学报，1989 增刊：55-75；
　王其亨，王西京.清代陵寝牌楼门制度与做法（上）.古建园林技术，1992（03）：3-11；
　王其亨，王西京.清代陵寝牌楼门制度与做法（下）.古建园林技术，1992（04）：6-13；
　王其亨.清代陵寝建筑工程小夯灰土做法.故宫博物院院刊，1993（03）：48-51；
　王其亨.清代帝陵建筑制度沿革.见：清代宫史研究会编.清代皇宫陵寝.北京：紫禁城出版社，1995：3-22；
　王其亨.清代后陵建筑制度沿革.见：清代宫史研究会编.清代皇宫陵寝.北京：紫禁城出版社，1995：23-37；
　王其亨（笔名天大）.清代妃园寝建筑制度沿革.见：清代宫史研究会编.清代皇宫陵寝.北京：紫禁城出版社，1995：38-50；
　王其亨.慕陵拟建方城明楼史实探赜.故宫博物院院刊，2007（01）：6-13；
　王其亨（笔名史葳）.清代帝陵的哑巴院和月牙城.故宫博物院院刊，2007（02）：6-9。
② 该书前身为 1989 年 8 月刊发的《天津大学学报·建筑学专辑——风水理论研究》，1992 年增补后由天津大学出版社出版，见王其亨主编.风水理论研究.天津：天津大学出版社，1992.
③ 王其亨主编.中国美术分类全集·中国建筑艺术全集·明代陵墓建筑.北京：中国建筑工业出版社，2000.
　王其亨主编.中国美术分类全集·中国建筑艺术全集·清代陵墓建筑.北京：中国建筑工业出版社，2003.

相关成果得到学术界高度评价，曾被广泛汲取，典型如 2002 年出版的五卷本中国古代建筑通史之《清代建筑》中，便大量吸收采纳了王其亨陵寝研究的成果（图 2–30）。①

毫无疑问，这些成绩的取得使王其亨成为继朱启钤、刘敦桢、王璧文等学者之后，在样式雷图档整理与研究领域取得突破性成就的佼佼者。回溯其研究历程，重视研究方法的回采是其取得学术史上重大进展的首要原因之一。通过对营造学社时期样式雷图档整理研究历史的回溯，从中汲取宝贵的学术思想和经验，认识到如无对档案文献的深入研究和对建筑实物的测绘，便无法破解样式雷图档混乱的收存现状所导致的整理难度，及时有效地避免了研究中的弯路。

1990 年起，在国家自然科学基金和教育部博士点基金资助下②，王其亨又将研究领域从清代皇家陵寝扩展到清代皇家园林，其中一项重要研究内容即结合大规模实物测绘与文献发掘，系统鉴定、整理北京图书馆藏样式雷园林图档。但遗憾的是，善本部 1987 年起停止对外开放，整理工作尚未展开便被迫中断。此后，天津大学建筑历史与理论研究所在王其亨带领下仍坚持不懈地围绕样式雷图档深入开展了大量背景性工作，包括皇家建筑实物的测绘研究，以及相关宫廷档案的系统发掘与研究。

4. 样式雷图档的其他研究利用

除上述样式雷图档研究利用较为集中的领域外，也有研究者对各单位收藏的别具史料价值的样式雷图档进行了个案性的研究利用。典型如参与《圆明园》史料编辑工作的杨乃济于 1982 年在第一历史档案馆发现了未注明绘制年代的《北京中海铺修铁路图样》《北京北海至中海铺修铁路图样》2 张样式雷画样，通过与《翁同龢日记》的对照，证明"此二图为光绪十四年为铺修西苑铁路时进呈的线路规划工程设计图"，进而揭示了不见于官书及清宫档案的雷氏参与西苑铁路兴修的一段秘史。③

另一方面，自 1980 年代初起，样式雷图档的各收藏单位也开始撰文介绍所藏画样和烫样。1983 年，故宫博物院王璞子、刘彤等在《紫禁城》发表论文，

① 孙大章主编．中国古代建筑史·清代建筑．北京：中国建筑工业出版社，2002.
② 王其亨先后主持了教育部博士点基金资助项目《清代皇家园林系列研究》（1990—1994 年），以及国家自然科学基金资助项目《清代皇家园林综合研究》（59178304）（1992.01—1995.12）、《清代皇家园林综合研究（续）》（59778005）（1998.01—2000.12）。
③ 杨乃济．太液池边的小铁路．紫禁城，1982（03）：6–8.

图 2-28　1989 年《天津大学学报·建筑学专辑——风水理论研究》书影（资料来源：天津大学学报·建筑学专辑——风水理论研究，1989.）

图 2-29　《明代陵墓建筑》及《清代陵墓建筑》书影（资料来源：王其亨主编.中国美术分类全集·中国建筑艺术全集·明代陵墓建筑.北京：中国建筑工业出版社，2000；王其亨主编.中国美术分类全集·中国建筑艺术全集·清代陵墓建筑.北京：中国建筑工业出版社，2003）

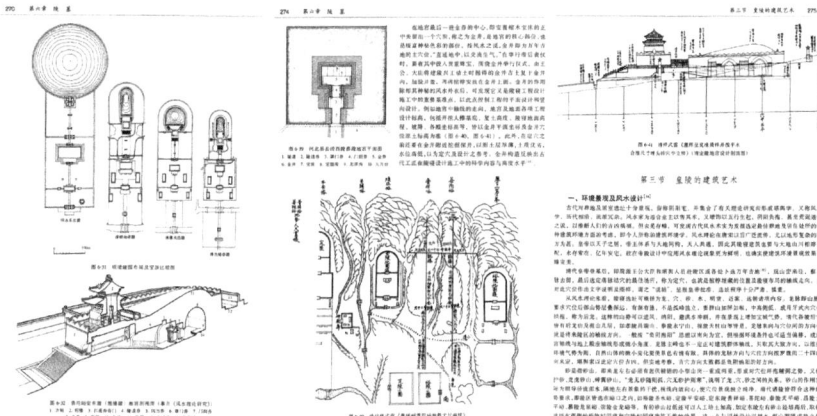

图 2-30　孙大章主编五卷本中国建筑史之《清代建筑》书影（资料来源：孙大章主编.中国古代建筑史·清代建筑.北京：中国建筑工业出版社，2002）

图 2-31　黄希明、田贵生发表《谈谈"样式雷"烫样》[黄希明, 田贵生 . 谈谈"样式雷"烫样 . 故宫博物院院刊,
1984（4）: 91-94]

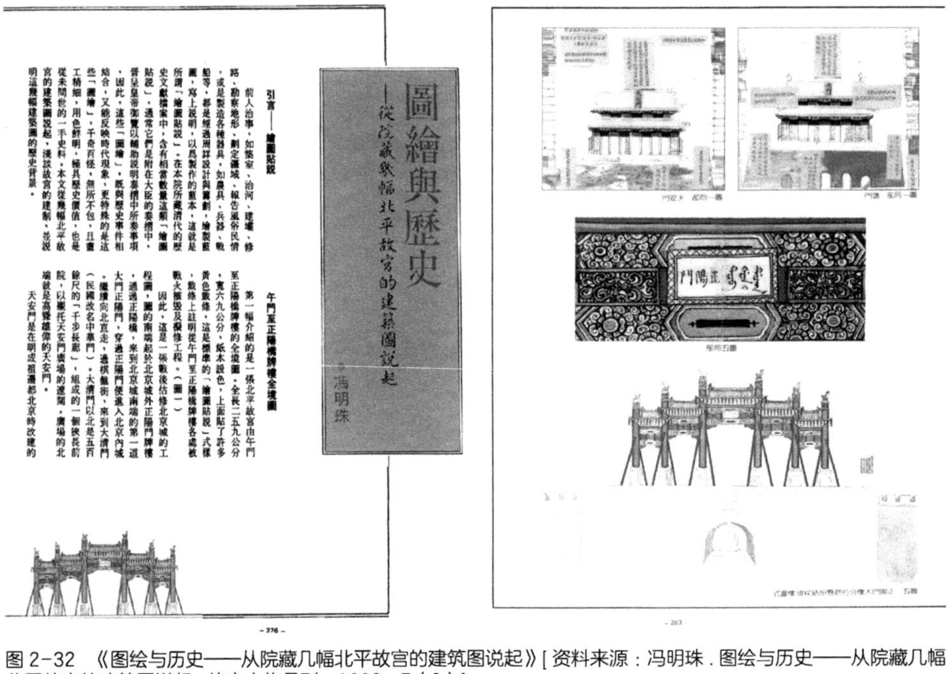

图 2-32　《图绘与历史——从院藏几幅北平故宫的建筑图说起》[资料来源：冯明珠 . 图绘与历史——从院藏几幅
北平故宫的建筑图说起 . 故宫文物月刊, 1989, 7（8）]

披露了故宫博物院藏光绪重修太和门彩色画样一张[1]，以及慈禧六旬万寿庆典点景样式雷图 7 张。[2]1984 年故宫博物院古建部黄希明、田贵生发表《谈谈"样式雷"烫样》一文（图 2-31），简要说明部藏样式雷烫样的来源，并分别以"地安门"及"画舫斋"烫样为例介绍了单体和组群烫样的特点。更具价值的是，文中依据工匠经验，还原了烫样制作的材料、工具、制作方法和程序，指出"烫样"得名源自其以烙铁熨烫纸张等成型，特别指出烫样屋顶的制作运用"盔作"工艺，加深并丰富了对烫样的认识。此外，1988 年古建部蒋博光在《古建园林技术》杂志连载《"样式雷"家传有关古建筑口诀的秘籍》，据其自述，曾参与 1950 年中法大学样式雷图档移交故宫博物院的交接工作，并发现雷氏手抄建筑口诀秘籍一册。因骈文体便于记忆且在实际修缮设计工作中具有指导意义，择录部分予以发表。1989 年，台北故宫博物院图书文献处编纂冯明珠发表《图绘与历史——从院藏几幅北平故宫的建筑图说起》（图 2-32），文章围绕光绪二十七年（1901 年）迎接两宫回銮整修跸路及重修东直门城楼工程，介绍了院藏附于大臣奏折中进呈皇帝预览的图档。1993 年，北京图书馆善本部舆图组苏品红发表《样式雷及样式雷图》[3]，介绍了样式雷图档概况及馆藏样式雷图档的来源。

① 王璞子.太和门的被燬和重修.紫禁城，1983（02）：18-19.
② 刘彤，鹏昊.慈禧六旬庆典点景.紫禁城，1983（03）：31-32.
③ 苏品红.样式雷及样式雷图.文献，1993（02）：214-225.后收入苏品红.文献研究与文献保护.北京：国家图书馆出版社，2009.

第三章

走向多元：

样式雷世家及其建筑图档研究的扩展（1999—2004年）

一、全面启动：国家图书馆藏样式雷建筑图档的整理与编目

1998 年 12 月，北京图书馆更名为"中国国家图书馆"，善本部重新开放，中断十余年的样式雷图档整理工作重张旗鼓。1999 年底，天津大学王其亨申报国家自然科学基金面上项目"清代样式雷建筑图档研究"获准 ①，2000 年 1 月项目启动。同年，与中国国家图书馆、北京图书馆出版社（今"国家图书馆出版社"）分别签署协议，合作整理研究清代样式雷建筑图档。为此，王其亨组织天津大学师生对国家图书馆藏样式雷图档展开了大规模的整理工作。

早在 1999 年 2 月，王其亨与国家图书馆善本部达成合作整理样式雷图档的共识后，便提出整理编目的首要工作是对图档进行数字化扫描。事实上，1931 年样式雷图档入藏北平图书馆一年后，就因编辑《圆明园史料汇编》，提出对"地样——为之缩写，模型为之摄影"，予以公开刊布，为图档利用提供便利，可惜这一构想因时局动荡未能实现。而令人忧心的是，遗存的万余张样式雷图档多为百年以上的高丽纸、宣纸等，且一直维持着自雷宅购入时的保存状况，即图纸经多次折叠，每十几件或几十件捆扎成包，加以收存。每次查阅时，均需打开包图纸，抽调翻看。一方面，极易造成图档本身的破损；另一方面，进呈画样上粘贴的大量浮签历时久远，多已松动，极易造成题签的失落或归位错误，以致信息大量流失。根据此前图档整理的实际经验，国家图书馆收藏的雷氏家藏图档因是历代积累，又屡经流转，内容庞杂且毫无条理，图纸中多次改绘与标写不清的情况严重，而且 90% 以上的图档没有文字注记，如图名、朝年题款或贴签注说等，辨识难度大。因此，若对图档进行系统整理和编目，势必需要逐一拆包阅看，且无可避免地需同时调阅两个甚至多个不同分包中的多张图纸进行反复比对，这必将为管理及鉴定工作带来不必要的麻烦。

---

① 王其亨主持国家自然科学基金面上项目"清代样式雷建筑图档综合研究"（59978027），执行期限为 2000 年 1 月至 2002 年 12 月。

为便利研究，也为避免重复翻阅对图档造成的损伤，天津大学果断购入当时最先进的大幅面黑白工程扫描仪，自 2000 年 9 月至 2003 年底，在国家图书馆善本部的鼎力支持和多名同志的协助下，前后投入近 40 名师生[1]，完成了 11000 余件样式雷图档的扫描工作。不仅全面提取并存储了图档信息，还将相关图档的分类、对比、辨识等工作改用计算机进行，实现了样式雷图档研究的技术性突破，为图档鉴定及后续研究提供了极大便利。

图档的整理编目工作在完成图纸的扫描和存储后展开，依据相关国家标准和行业规范，拟定了图档编目的内容和相应的著录规则或规范（表 3-1），其中"正题名""责任说明""版本说明"三项涵盖了图档题名、作者、年代等核心信息。对图档中数量最多的陵寝和园林部分，首先按工程项目分类编目，逐一打印小样进行鉴定。

拟定的国家图书馆藏样式雷图档的整理条目　　　　表 3-1

原始图号	分类	正题名	图档类型	数量	扫描高 dpi	扫描宽 dpi	原注比例尺	换算比例尺	版框高度 mm（纵）	版框宽度 mm（横）	责任说明	版本说明	图价	由来	附件	登录附注

（资料来源：何蓓洁绘）

此外，王其亨及其研究团队还积极在世界范围内追踪散落的样式雷图档。2001 年底至 2002 年 4 月，与美国康奈尔大学华氏图书馆合作，对该馆收藏的《天津行宫地盘样图》与《天津行宫立样图》进行了鉴定，并由国家图书馆善本部重新装裱（图 3-1）。2002 年至 2004 年，经日本东京大学村松伸博士牵线，天津大学与东京大学东洋文化研究所合作整理后者藏 53 件样式雷画样，2004 年出版大田省一、井上直美编《东京大学东洋文化研究所所藏清朝建筑关系史料目录》[2] 及《东京大学东洋文化研究所所藏清朝建筑图样图录》[3]（图 3-2）。同年，天津大学还应邀鉴定中国第一历史档案馆藏部分样式雷图档（图 3-3），发现了康熙皇帝钦命雷金玉执掌样式房后不久的清东陵图（其中昭西陵仍为雍正初年改建前的暂安奉殿格局），以及宣统七年（1915 年）逊清皇室为溥仪选勘"万年吉地"及开刨地宫基槽的画样等。

---

① 曾参加国家图书馆样式雷图档扫描工作的有：天津大学教师王其亨、王蔚；博士、硕士研究生张威、邹东瑶、安定、李树栋、袁滨、关卓睿、籍成科、崔山、苏怡、许莹、沈振森、温玉清、曹鹏、孙炼、赵熙春、唐栩、王晶、朱蕾、闫凯、张蕾、王蕾、李洁、曾辉、铁嵒、李晓丹、汪江华、刘江峰、吴莉萍、官嵬、孔俊婷。

② （日）大田省一，井上直美编. 东京大学东洋文化研究所所藏清朝建筑关系史料目录. 东京大学东洋文化研究所，2004.

③ （日）大田省一，井上直美编. 东京大学东洋文化研究所所藏清朝建筑图样图录. 山爱书院，2004.

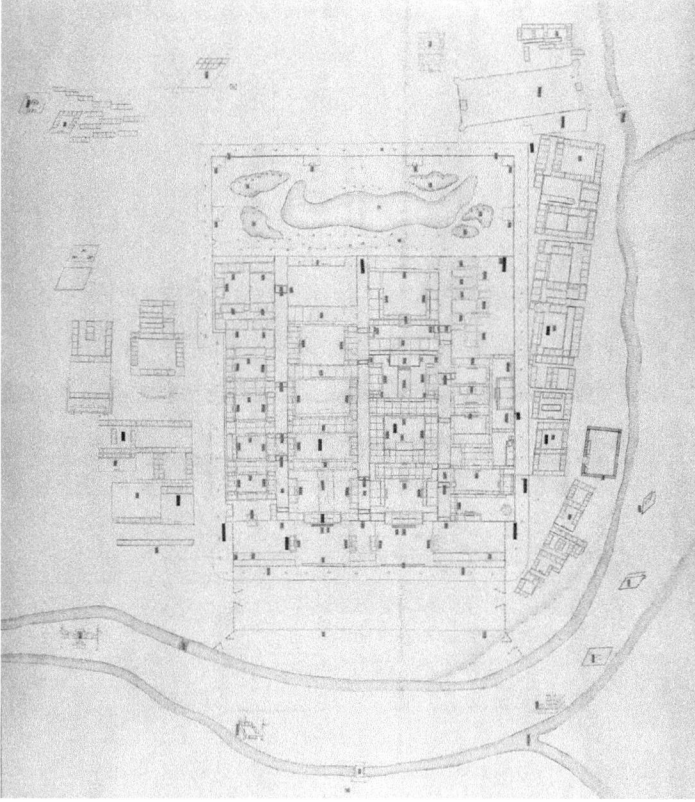

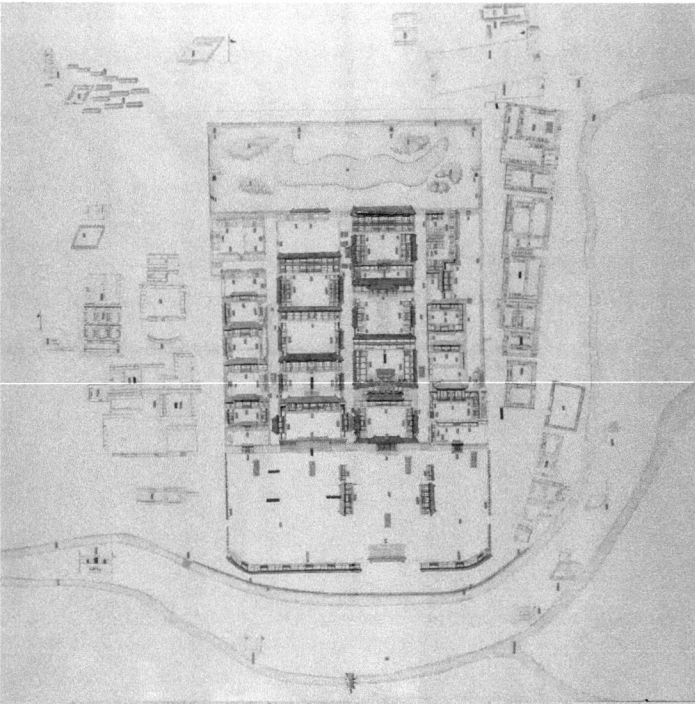

图 3-1　美国康奈尔大学藏《天津行宫地盘样图》及《天津行宫立样图》(资料来源：引自 2004 年"清代样式雷建筑图档展")

图 3-2　大田省一、井上直美编《东京大学东洋文化研究所所藏清朝建筑关系史料目录》《东京大学东洋文化研究所所藏清朝建筑图样图录》书影（资料来源：天津大学建筑学院提供）

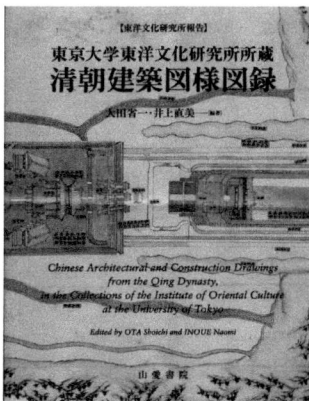

图 3-3　天津大学提交的中国第一历史档案馆藏样式雷图档鉴定单（资料来源：天津大学建筑学院提供）

二、深化推进：样式雷建筑图档专题研究

1. 天津大学对样式雷图档的专题研究

2001 年 11 月 25 日，王其亨做客中国国家图书馆"中国典籍与文化"系列讲座第二十二讲，主讲"'样式雷'图档——清代建筑工程的传世绝响"[①]，从"样式雷世家""样式雷世家的建筑作品""样式雷图档的组成""样式雷图档的流传与收藏""已有研究成果""样式雷图档的价值""展望"七个方面，全面介绍了样式雷世家的成就以及样式雷图档的价值（图 3-4）。半年后的 6 月 30 日，王其亨再次受邀主讲"'样式雷'与清代皇家建筑设计"[②]，内容包括"清代建筑工官制度与样式雷""工官制度下的建筑设计事务""清代皇家建筑的设计方式"（图 3-5）。两次讲座汇集已有研究成果，集中体现了天津大学样式雷专题研究的阶段性进展，并通过向公众传播最新研究成果，引起了社会的广泛关注，带动了样式雷世家及图档的研究，主要体现在以下四个方面：

（1）清代建筑设计程序与设计事务的研究。结合完备的清代陵寝工程个案研究，报告系统介绍了清代皇家建筑工程从选址、勘察、测绘、规划、方案设计、设计变更、设计说明、施工以至经济核算、工料勘估、工程验收等的一系列程序。其中，设计事务贯穿工程全过程，包括选址时的勘测构思、总体规划及单体设计、建筑施工设计、装修陈设和器物等设计、制作画样、烫样并编制设计说明《工程做法》等；施工中还要参与抄平、灰线、放样，并适时制作呈报工程进展及竣工实况的画样及说帖，等等。这些事务，皆由供职工程处样式房的样子匠，在钦差承修王大臣及辖官董督下，仰承旨意完成。

（2）清代工官制度研究。1995 年，王其亨撰写的《清代陵寝工程的兴修次序和施工礼仪》首次全文披露了《惠陵工程备要·办公次序》，揭示了国家大型工程的管理组织模式、机构建置、人员分派、工程组织流程等详情细节。[③] 与工程籍本对应，在个案性工程项目的各环节组织中，相应的管理机构和运作机制即工官制度，在雷氏图档大量《旨意档》《堂司谕档》《工程做法》《略节》《说帖》《随工日记》以至信函等文字中清晰透现。报告中特别指出："康熙朝以来营造商

---

① 讲稿内容收入 2007 年 5 月北京图书馆出版社出版的《中国典籍与文化（第一辑）》。
② 王其亨. 样式雷与清代皇家建筑设计. 见：张宝章等编. 建筑世家样式雷. 北京：北京出版社，2003：227-245.
③ 王其亨. 清代陵寝工程的兴修次序和施工礼仪. 见：王树卿主编. 清代宫史研究会编. 清代宫史丛谈. 北京：紫禁城出版社，1996.

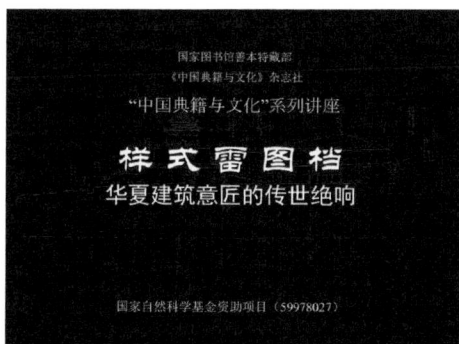

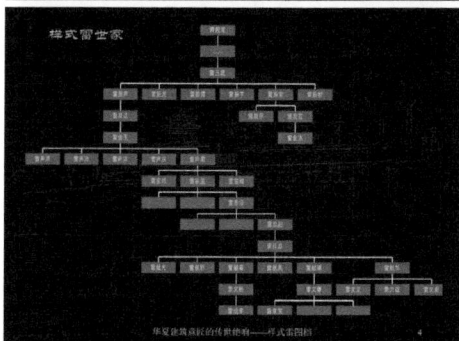

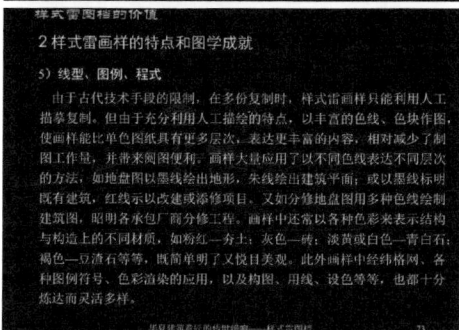

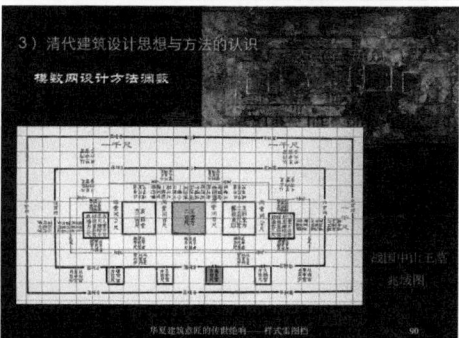

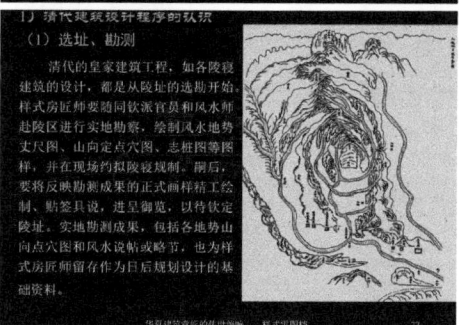

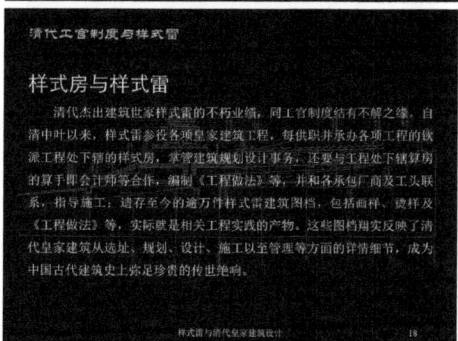

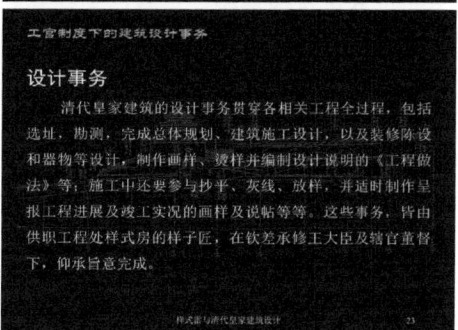

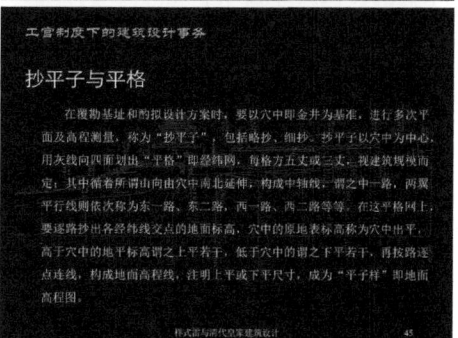

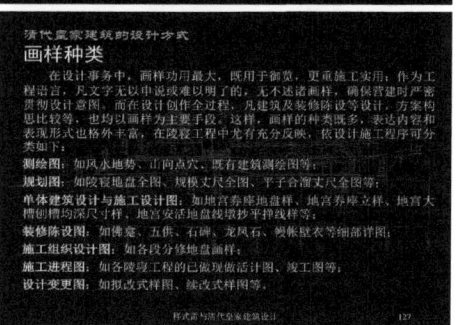

图 3-4　2001 年 11 月 25 日王其亨讲座"'样式雷'图档——清代建筑工程的传世绝响"演示内容（资料来源：王其亨提供）

图 3-5　2002 年 6 月 30 日王其亨讲座"'样式雷'与清代皇家建筑设计"演示内容（资料来源：王其亨提供）

业化的发展，清代官式建筑臻向标准化、定型化，大木作形成高度模数化的体系，土、石、木、瓦、彩画、搭彩等匠作分工明细，雇工制度彻底取代了以往的匠役制度；应运而生，雍正十一年颁定了著名的工部《工程做法》，对各类官式建筑做法和工料详加规度，以利经济核算。凡此，深刻改变了清代建筑工程的管理体制即工官制度，皇家建筑也转为工官督理、招商承包，相关工程经济核算、设计及施工管理备受重视，形成了卷帙浩繁的档案图籍"，揭示了样式雷职业活动及传世图档产生的清代营造业商业化背景，并明确指出样式雷建筑图档实际就是相关工程实践的产物。报告进一步论述了清代国家大型工程管理的"钦派工程处"模式，样式房、算房是工程处下辖主要的技术部门，拣选样子匠和算手供役。样子匠负责建筑规划设计，制作画样和烫样，会同算房算手编写说明建筑规制、丈尺和做法的《工程做法》。结合样式雷图档的工官制度研究突破了长期以来停滞在轮廓性粗略评述的状态，展现了具体而丰富的内容。

（3）清代建筑设计方法与思想的研究。1989 年，王其亨在《天津大学学报》风水理论研究专刊中发表的《清代陵寝风水探析——陵寝建筑设计原理及艺术成就钩沉》一文，已结合风水理论阐释了清代陵寝选址和规划中的尺度问题、组群布局等规律性内容，提出建筑外部空间设计的"形势原理"[①]。1992 年，进一步推广论证并提炼为既有严密的系统性和科学性，也有很高理论思维水平和实践应用价值的"风水形势说"[②]。这一理论的提出与样式雷陵寝图档的整理直接相关，陵寝设计图纸中大量运用的多以五丈或十丈见方的模数网，即"平格"，严密契合风水形势说"百尺为形""千尺为势"的空间尺度构成原则，正是风水形势说贯彻于建筑创作实践的充分实证。基于这一认识，王其亨在 1992 年出版的《风水理论研究》一书中的《清代陵寝风水——陵寝建筑设计原理及艺术成就钩沉》一文里，增补了有关平格的论述。这一发现也证实了陈明达、傅熹年对中国古代建筑运用模数网方法进行规划设计的卓绝推测。而对图档中"平格"方法的深入分析，又进一步系统揭示出其在勘测、规划、设计和施工中的指导意义。此次报告中还追溯了应用模数网进行大规模建筑组群的规划设计，同 2300 多年前《中山王兆域图》的方法一脉相承，代表了中国古代建筑哲匠的非凡智慧。2002 年10 月，王其亨在韩国汉城大学（今"首尔大学"）主办的 TamA2002 东亚建筑史

---

① 王其亨. 清代陵寝风水探析——陵寝建筑设计原理及艺术成就钩沉. 天津大学学报. 1989：62-71.
② 参见王其亨. 风水形势说和古代中国建筑外部空间设计探析. 见：王其亨主编. 风水理论研究. 天津：天津大学出版社. 1992：117-137；王其亨. 风水"形势"说与紫禁城建筑群的外部空间设计. 见：故宫博物院编. 禁城营缮纪. 北京：紫禁城出版社，1992：142-151；王其亨. 紫禁城风水形势简析. 见：于倬云主编. 紫禁城建筑研究与保护——故宫博物院建院 70 周年回顾. 北京：紫禁城出版社，1995：94-104.

国际会议（2002 Seoul Internatiional Conference on East Asian Architectural History：Traditional Architecture in Modern Asia）上，发表并宣讲了论文《Theory of Modular Grid Chinese Traditional Exterior Space Design》（《平格——中国传统外部空间设计理论》），系统阐述了平格网这一中国古代外部空间的设计方法和理论。

（4）样式雷画样图学成就的研究。1984 年，湖北大学吴继明发表《中国建筑制图史略》，最早把样式雷画样纳入中国建筑制图史的发展序列[①]，认为该图档的存世为我国古代建筑图样留下了大量可贵的原物，但文中仅援引刘敦桢《同治重修圆明园史料》，简略介绍了样式雷图纸的类型、比例等。与此同时，王其亨通过对陵寝样式雷图档的整理鉴识，已发现在清代工官制度背景下样式雷画样所反映的模数化、标准化的设计特点，以及对多种富于现代意义的投影画法、图层方法、图例符号、用线设色等图学表达手段的娴熟运用，并在 1990 年发表的《清代陵寝建筑工程样式雷图档的整理和研究》一文中进行了总结。[②] 由此扩展，1998 年 12 月王其亨指导吴葱完成博士论文《在投影之外——文化视野下的建筑图学研究》，吸收样式雷已有研究成果，从建筑制图发展史的角度论述了样式雷画样的特点及成就。[③] 王其亨在国家图书馆的两次报告则以上述研究为基础，条分缕析地介绍了样式雷画样的种类、绘制方法、表现手段等，向公众系统推介了以样式雷画样为典型代表的中国古代建筑工程设计图示语言的内涵和特色。

上述样式雷图档的专题研究直指长期以来困扰中国建筑史学界的重大难题，即中国古代建筑是否经过设计以及如何设计。结合实物和文献对样式雷图档的深入解析，揭示了图档所反映的清代建筑设计程序、方法和理念，纠正了中国古代建筑未必经过建筑设计，甚至无须设计，而仅凭工匠经验建造的偏见，为相关研究提供了新的学术思路。

2. 清华大学对内檐装修图档的研究

1933 年，朱启钤、刘敦桢先后指出雷氏执业楠木作及样式房的双重角色，在样式雷世家延续 200 多年执掌皇家建筑设计的历史中，相关内檐装修及家具陈

① 参见吴继明. 中国建筑制图史略. 武汉师范学院学报（哲学社会科学版），1984，12（S1）：190–200。1992 年，其指导的硕士研究生刘克明又发表《中国近代工程图学的引进及其教育》，同样引用样式雷图档论证清代建筑制图取得的成就，见刘克明. 中国近代工程图学的引进及其教育. 近代史研究，1992，（05）：1–15.
② 参见王其亨. 清代陵寝建筑工程样式雷图档的整理和研究. 见：第四届古建园林学术讨论会论文，西安，1990.
③ 该博士论文 2004 年由天津大学出版社出版。见吴葱. 在投影之外——文化视野下的建筑图学研究. 天津：天津大学出版社，2004.

设的设计与制作，也是该世家各代传人的重要差务。正因此，在样式雷家藏图档中，与装修陈设相关者，占有很大分量，如被国家图书馆购藏的 15000 余件原样式雷家藏图档中，就有 2000 余件涉及装修陈设；其中，圆明园的内檐装修图档，更是在已知所有该园图档中占去近半数。①1933 年刘敦桢发表的《同治重修圆明园史料》一文，最早涉及样式雷装修图档的研究利用，文中依据雷氏《旨意档》《堂司谕档》还原了重修工程中雷氏主持内檐装修设计和制作的史实，以及同治、慈禧操笔亲绘装修图样，交由样式雷修改承做的生动事例。②

此后，清华大学郭黛姮首先对样式雷装修图档展开了专题研究。因受上海科学技术出版社的委托，郭黛姮自 1980 年代末便注意考察全国各地古建筑内檐装修的实物遗存，并进行了一些档案文献的搜集整理工作；清华大学楼庆西也拍摄了大量的装修实例照片③。1992 年，郭黛姮写成《紫禁城宫殿建筑装修的特点及审美属性》一文④，又于 1997 年在中国紫禁城学会第二次学术讨论会上发表了《内檐装修与宫廷建筑室内空间》一文⑤，从建筑类型学的角度归纳总结了清代宫廷建筑中的 10 种室内空间形态。文中尽管没有提及或引用样式雷图档，但选为典型案例的中南海仪鸾殿、圆明园慎修思永、慎德堂、清夏堂、万春园澄心堂等建筑实物均无存，可以肯定的是，若无样式雷图档作为依据，仅依靠文字档案，对室内装修样式，甚至装饰题材的准确而详细的复原几乎无法实现。事实上，该文于 2003 年被收入作者的专著《华堂溢采——中国古典建筑内檐装修艺术》时，补充了部分原始史料，其中便包括上述建筑共 7 张摹自样式雷图档的内檐装修地盘样。这本强调鉴赏性与学术性并重的著作汇集了作者此前从事实物调查和档案资料搜集整理的成果，刊布了大量彩色图像资料，除实地拍摄的装修案例照片，也首次精选了清华大学建筑学院资料室藏 40 件样式雷装修画片作为配图（图 3-6）。⑥

2002 年，郭黛姮指导刘畅完成博士论文《清代宫廷内檐装修设计问题研究》⑦，试图搭建全面解读内檐装修设计问题的理论框架，论文立论的最重要史料之一即是样式雷装修图档。两年后出版的《慎修思永——从圆明园内檐装修研究到北京公馆室内设计》⑧，以北京公馆室内设计为契机，对圆明园四十景之一——

① 参见王其亨，何蓓洁.中国传统硬木装修设计制作的不朽哲匠——样式雷与楠木作.建筑师，2012（05）：68-71.
② 刘敦桢.同治重修圆明园史料.中国营造学社汇刊，1933，4（2）.
③ 郭黛姮.华堂溢采——中国古典建筑内檐装修艺术.上海：上海科学技术出版社，2003.
④ 郭黛姮.紫禁城宫殿建筑装修的特点及审美属性.见：故宫博物院编.禁城营缮纪.北京：紫禁城出版社，1992：274-296.
⑤ 郭黛姮.内檐装修与宫廷建筑室内空间.见：中国紫禁城学会论文集（第二辑）.北京：紫禁城出版社，1997.
⑥ 郭黛姮.华堂溢采——中国古典建筑内檐装修艺术.上海：上海科学技术出版社，2003.
⑦ 刘畅.清代宫廷内檐装修设计问题研究.北京：清华大学，2002.
⑧ 刘畅.慎修思永——从圆明园内檐装修研究到北京公馆室内设计.北京：清华大学出版社，2004.

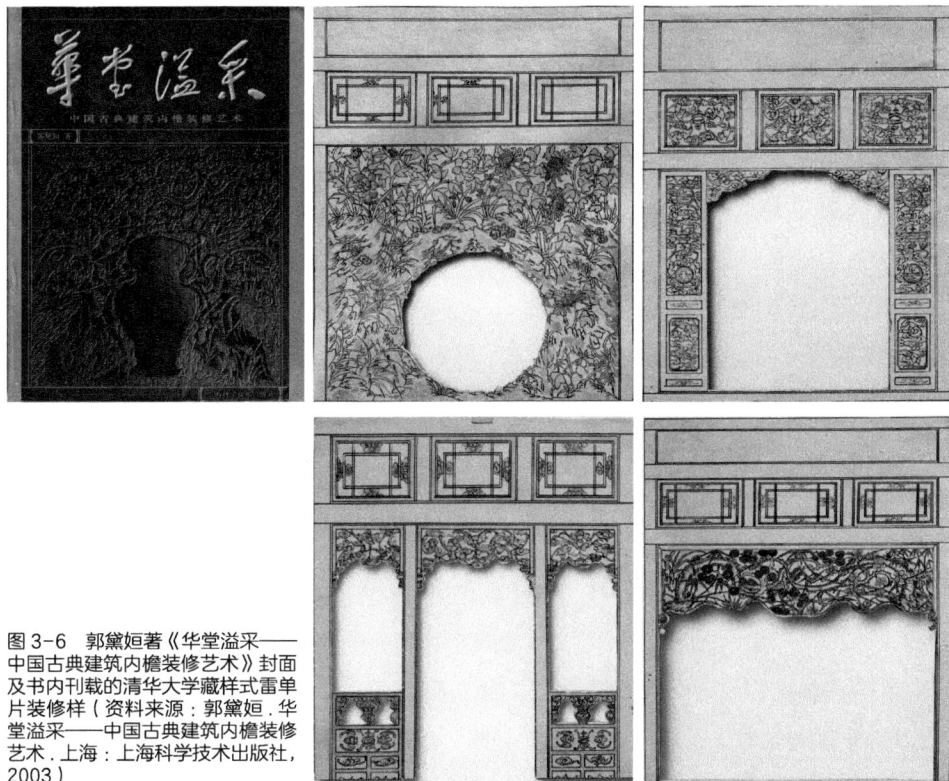

图 3-6　郭黛姮著《华堂溢采——中国古典建筑内檐装修艺术》封面及书内刊载的清华大学藏样式雷单片装修样（资料来源：郭黛姮.华堂溢采——中国古典建筑内檐装修艺术.上海：上海科学技术出版社，2003）

濂溪乐处的慎修思永殿室内装修展开了详尽的个案复原分析，吸收了博士论文中有关样式雷内檐装修图档的论述。有如下几点值得注意：

（1）全面搜集整理样式雷装修图档。据刘畅博士论文附录中收录的《中国国家图书馆藏样式雷排架圆明园内檐装修图样》《故宫博物院藏样式房内檐装修图样略览》《清华大学藏样式房内檐装修图样板样略览》[①]、《清华大学藏算房高家档案中内檐装修资料略览》共四份编目，可知作者广泛搜集了国家图书馆藏圆明园内檐装修图档 652 件，故宫博物院藏样式雷装修图档 232 件，清华大学藏样式雷装修画片 204 件、算房高家档案 156 件，共计 1244 件，较全面地占有了现存已知内檐装修的一手史料。[②]而该项图档的整理难度正如作者在绪论中所申明，图

① 据刘畅自述，该目录为清华大学贾珺整理，参见贾珺.清华大学建筑学院藏清样式雷档案述略.古建园林技术，2004（02）：35-36.

② 刘畅在故宫博物院任职期间曾参与《紫禁城内檐装修图典》的编写工作，1998 年至 2000 年又作为故宫博物院科研课题基金资助的"清代样式房课题"组成员，两次参加院藏样式雷图档的编目校核；师从清华大学郭黛姮教授，有机会查阅建筑学院资料室收藏的样式雷装修画片及样式雷画样，并系统梳理了 404 件算房高家档案，凡此，均为突破管理体制的制约、全面挖掘现存样式雷装修图档提供了便利条件。

档中"有相当比例没有题签和题记，甚至占有总数中相当比重的抄本、糙样缺少凡例或批注，尚不能确切辨认工程项目和年代"[1]。为此，作者梳理了存世装修图档收藏现状、构成、类型等，并讨论了图档目录的编制模式和方法[2]，试图系统整理与解读样式雷图档。[3] 但从上述依据各馆藏原有目录"重新整理、辨别、著录"所完成的编目不难看出，尽管作者已勉力完成了大量基础工作，但对上千件装修图档的鉴定仅能浅尝辄止。事实上，目录中经鉴定判明图纸绘制时间的不足40件，其中尚包括原图档已明确题写日期的；而涉及工程项目，多数装修大样仅表述为"某处内檐装修"。由此可证明，样式雷图档各项信息的完整鉴定是一项难度较大，需要长期、持续投入的工作。

（2）从设计媒介的角度阐述了样式雷装修图档的类型、特点、表现技法及其在设计程序中发挥的作用。在综合整理国家图书馆和故宫博物院两大机构收藏的样式雷图档的基础上，一方面，总结了该项图档的图学特征，如色绘、贴签、图层、图例、记数方法等绘图手段的运用，呼应了1980年代王其亨对样式雷画样图学成就的认识。[4] 其中，对内檐装修图例、文字或数字标注的统计归纳，具体揭示了清代建筑师在从事内檐装修设计时的图学语言，为今人解读样式雷装修图档提供了识图工具（图3-7）。另一方面，按照内檐装修设计从现场踏勘、测绘，到平面设计、隔罩设计、施工设计等程序，分析了不同阶段所产生图档的不同特点及其与使用者的关联。

（3）文中依据样式雷图档复原清中晚期典型建筑案例的内檐装修格局，进而

① 刘畅.清代宫廷内檐装修设计问题研究.北京：清华大学，2002：5.
② 图档整理的相关成果先后发表在学术期刊上：
　　刘畅.清代晚期算房高家档案述略.见：建筑史论文集（第13辑）.北京：清华大学出版社，2000：119-124.
　　刘畅.从清代晚期算房高家档案看皇家建筑工程销算流程.见：建筑史论文集（第14辑）.北京：清华大学出版社，2001：128-133.
　　故宫博物院样式房课题组（刘畅、齐秀梅执笔）.故宫博物院藏清代样式房图文档案述略.故宫博物院院刊，2001（02）：60-66.
　　刘畅，张克贵，王时伟.清代内务府样式房机构初探.故宫博物院院刊，2001（03）：65-69.
　　刘畅.清代匠家私辑做法算法歌诀刍议.古建园林技术，2002（01）：16-17
　　清代样式房课题组（李士娟、刘畅执笔）.关于故宫博物院藏清代样房图文档案目录编排的讨论.故宫博物院院刊，2002（01）：59-64，后以《关于清代样式房档案编目方法的讨论》为题，收入张宝章等编.建筑世家样式雷.北京：北京出版社，2003：307-318.
　　刘畅.从现存文图档案看晚清算房和样式房的关系.见：建筑史论文集（第15辑）.北京：清华大学出版社，2002：93-98.
　　刘畅.算房旧藏清代营造则例考查.见：建筑史论文集（第16辑）.北京：清华大学出版社，2002：46-51.
　　刘畅，王时伟，张克贵.雍正《王府图样》建筑制图特点讨论.见：建筑史论文集（第18辑）.北京：机械工业出版社，2002：65-72.
　　刘畅.样式雷·样式房·设计参与体系.张宝章等编.建筑世家样式雷.北京：北京出版社，2003：319-333.
　　这些密集推出的研究成果以及公布的原始史料，使更多研究者得以认识并了解这些珍贵的档案资料。
③ 刘畅在博士论文绪论中指出"选题的微观意义便正在于基础资料的搜集、整理、比较与解读工作"。而其参与的故宫博物院样式雷图档整理工作的目的也是图纸的系统编目。
④ 见王其亨.清代陵寝建筑工程样式雷图档的整理和研究.第四届古建园林学术讨论会论文，西安，1990.后被收入清代宫史研究会编.清代皇宫陵寝.北京：紫禁城出版社，1995：168-187；张宝章等编.建筑世家样式雷.北京：北京出版社，2003：282-306.

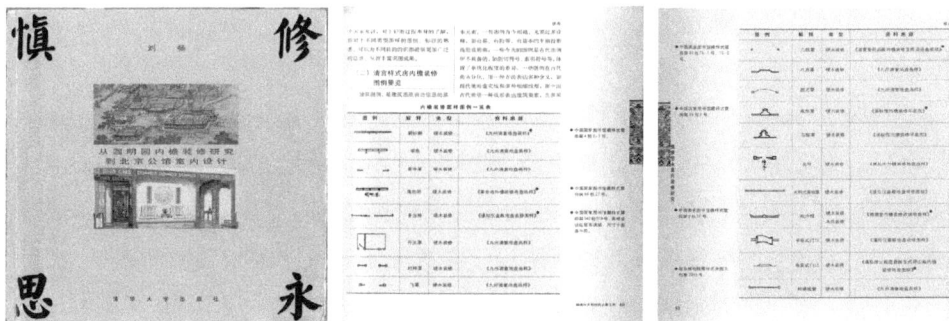

图 3-7　刘畅著《慎修思永——从圆明园内檐装修研究到北京公馆室内设计》封面及内页中的"内檐装修图样图例一览表"（资料来源：刘畅.慎修思永——从圆明园内檐装修研究到北京公馆室内设计.北京：清华大学出版社，2004）

总结了不同时期清宫内檐装修的形制及室内空间设计特点等。[①]

　　与此相关，2004 年贾珺在《古建园林技术》杂志发表《清华大学建筑学院藏清样式雷档案述略》一文[②]，介绍了清华大学藏样式雷图档的来源、内容、数量等概况。

3. 其他研究

　　如前所述，1950 年后，原藏中法大学及北平图书馆的雷氏家藏烫样均移交故宫博物院保存，加之原藏宫内造办处的烫样，使故宫博物院成为国内样式雷烫样的唯一收藏单位。1984 年，故宫博物院古建部黄希明、田贵生曾发表《谈谈"样式雷"烫样》[③]一文，首次专文概述了烫样情况。2004 年后，故宫博物院朱庆征又接续发表文章，简要介绍了故宫藏圆明园"万方安和"烫样、长春宫凉棚烫样、紫禁城阅是楼庭院彩棚烫样以及延禧宫烫样，并在第八届清代宫史研讨会上发表《"棚"系列烫样所折射出的清代皇家生活文化》[④]一文。文章以对烫样的描述为主，

① 刘畅.乾隆朝皇家宫室内檐装修设计研究.见：中国紫禁城学会.中国紫禁城学会论文集（第三辑）.北京：紫禁城出版社，2000：108-114；
　　刘畅.清帝处理政务的殿宇及其内檐装修格局.故宫博物院院刊，2002（05）：45-53；
　　刘畅.圆明园九洲清晏殿早期内檐装修格局特点讨论.古建园林技术，2002（02）：41-43；
　　刘畅.清代宫廷和苑囿中的室内戏台述略.故宫博物院院刊，2003（02）：80-87.
② 贾珺.清华大学建筑学院藏清样式雷档案述略.古建园林技术，2004（02）：35-36.
③ 黄希明，田贵生.谈谈"样式雷"烫样.故宫博物院院刊，1984（04）：91-94.
④ 见朱庆征.烫样宫殿建筑设计模型.紫禁城，2004（02）：49-52；
　　朱庆征."万方安和"烫样.紫禁城，2004（03）：45-46；
　　朱庆征.紫禁城·长春宫凉棚烫样.紫禁城，2004（04）：50-52；
　　朱庆征.紫禁城阅是楼庭院彩棚烫样.紫禁城，2005（01）：136-137；
　　朱庆征.方寸之间的宫廷建筑——紫禁城·延禧宫烫样.紫禁城，2006（07）：88-91；
　　朱庆征."棚"系列烫样所折射出的清代皇家生活文化.见：清代宫史研究会编.清代宫史探析（下）.北京：紫禁城出版社，2007：701-712.

发表了烫样照片，录入了部分烫样中贴签的内容，并依据文献反映的格局变迁，鉴定了部分烫样的制作年代。

此外，朱杰于 1999 年 4 月在《故宫博物院院刊》上发表《长春园淳化轩与故宫乐寿堂考辨》[①] 一文，利用国家图书馆藏长春园淳化轩与故宫宁寿宫乐寿堂样式雷地盘样 2 张，结合对清宫造办处档案的梳理和对乐寿堂建筑实物遗存的调查，对比了两处建筑的内檐装修及家具陈设，在推断其建筑形制相同的前提下，以故宫乐寿堂为淳化轩大木结构复原的依据。

三、重要契机：样式雷世家研究史料的突破

1933 年，朱启钤发表样式雷世家研究的开山之作《样式雷考》，此后，由于相关原始史料的湮没不闻，后续研究鲜有突破，仅有 1985 年王其亨、项惠泉在北京图书馆重新发现馆藏雷氏祖茔碑文拓片，以及《北晨画刊》刊载的《雷氏迁居金陵述》，考证并补充了有关雷发达、雷金玉、雷声澂、雷景修四代传人的生平，推进了样式雷世家的研究。可喜的是，随着样式雷图档整理编目工作的全面启动，雷氏祖茔地、雷氏后裔、样式雷世家相关原始史料在沉寂近 70 年后又相继被学界重新发现，为样式雷世家研究带来了新的契机。

1999 年，依据雷氏祖茔碑文提示的线索，王其亨等重新找到位于海淀区四季青乡巨山村的雷氏祖茔（图 3-8），并顺藤摸瓜，于 2000 年 4 月 1 日清明节寻获雷氏后裔雷章宝 [②]，通过对他的采访，雷氏在清末民初后的世系传承及生活状态为人所知。经雷章宝牵线，又陆续在北京、湖北、江西寻得样式雷嫡支和其他各支的雷氏后裔，以及位于雷氏祖籍地江西九江市永修县的雷氏祖宅（图 3-9）。

2000 年 6 月，阳光卫视与中国国家图书馆合作拍摄纪录片《国宝背后的故事》，编导葛芸生首选样式雷为拍摄题材。经国家图书馆善本部主任黄润华推荐，王其亨受邀接受了访问，带领摄制组赴清东陵、雷氏祖茔地等，现场讲解样式雷取得的辉煌成就及其透现的中国古代建筑设计方法与思想，将自己的最新研究成果融入了纪录片的拍摄。摄制组同时也采访了梁思成遗孀林洙，了解民国时期朱启钤垄断性购藏样式雷图档的历史，并由清华大学郭黛姮介绍了样式雷从事内檐装修

① 朱杰 . 长春园淳化轩与故宫乐寿堂考辨 . 故宫博物院院刊，1999（02）：26–38.
② 袁海滨 . 我是这样找到样式雷后人的 . 见：张宝章等编 . 建筑世家样式雷 . 北京：北京出版社，2003：392–396.

图 3-8　位于海淀区四季青乡巨山村的雷氏祖茔现状（2011 年 6 月 8 日，资料来源：何蓓洁拍摄）及 Google Earth2003 年 1 月 14 日航拍图中雷氏祖茔遗址（资料来源：Google Earth）

图 3-9　位于江西省九江市永修县的雷氏祖宅现状（2007 年 11 月 28 日拍摄，资料来源：何蓓洁拍摄）

图档设计与制作的事迹。此外，摄制组还同雷氏后裔雷章宝远赴湖北襄樊采访样式雷后裔雷文雄，从其口中获知曾于"文化大革命"之前捐献家藏样式雷图档的事迹，其中包括雷氏先祖的画像，为寻获该项图档提供了关键信息。[①]《探访样式雷》历经数月拍摄完成，由最初的一集扩展至上、下两集，自 2001 年 2 月开始向全世界滚动播出，激起较大的社会反响（图 3-10）。

　　更令人欣喜的是，2002 年 6 月，承国家图书馆善本部丁瑜[②]提供线索，王其亨等在中国文物研究所（今"中国文化遗产研究院"）重新发现了样式雷后人捐献中国营造学社的 11 册《雷氏家谱》、雷思起《精选择善而从》、雷廷昌禀文等笔记，以及朱启钤《样式雷考》遗稿及相关笔记、札记等（图 3-11）。[③] 这个重大发现

① 葛芸生 . 但愿不再失之交臂——电视片《探访样式雷》编导散忆 . 见：张宝章等编 . 建筑世家样式雷 . 北京：北京出版社，2003：352-385.
② 2012 年 12 月，笔者由国家图书馆出版社（原北京图书馆出版社）原社长郭又陵引荐，对古籍善本专家丁瑜进行了书面采访，据其回忆，1997 年至 2000 年间曾在文物研究所资料中心整理改编古籍善本书，得以见到雷氏家谱及相关资料等，并明确这些资料文献的来源应上溯到中国营造学社朱启钤先生的收集和保存。
③ 易晴点校、崔勇注释的《清代建筑世家样式雷族谱校释》的"校释说明"部分提到，2008 年 12 月底"又在中国文化遗产研究院图书馆新发现《雷氏重修迁居金陵复迁居北京世系图》卷一、卷二"，但事实上，该族谱 2002 年即已被重新发现，并且曾在 2004 年举办的"华夏建筑意匠的传世绝响——清代样式雷建筑图档展"中以实物展陈。

图 3-10 《国宝背后的故事·探访样式雷》纪录片画面（资料来源：天津大学建筑学院提供）

为持续多年的有关样式雷世家的学术论争画上了句号，大大推进了该建筑世家的研究。朱启钤遗稿中尚存有咸丰元年（1851 年）至光绪三年（1877 年）逐年梳理样式雷职业活动的手稿，表明他曾计划编纂《雷氏年谱》，这一未完成的工作为后续的样式雷世家研究提示了宝贵的研究思路。

《探访样式雷》纪录片的播出以及前述 2001 年 11 月、2002 年 6 月王其亨在国家图书馆举办的两次公开讲座，使样式雷再次走入公众视野，更多的人认识了这一中国古代建筑哲匠世家。2002 年，张有信正是在王其亨的讲座上第一次知晓样式雷，并告诉了北京市海淀区原副区长、海淀区政协原主席张宝章，后者方知在海淀历史上曾有对皇家建筑作出如此重大贡献的样式雷家族。[1] 有感于雷氏事迹的辉煌，正在负责编纂《海淀区志》的张宝章，依据朱启钤及王其亨等人的研究成果，为雷金玉至雷廷昌五代传人立传，收入《海淀区志·人物传》。此后，为进一步向社会各界推介这一海淀区的哲匠家族，张宝章又于 2002 年 11 月完成《样式雷家世诸考》，收入由其主编的"海淀史地丛书"之《建筑世家样式雷》[2]。为撰写该文，张宝章利用常年从事海淀文史研究的优势，走访世居海淀的老人，采录口述历史，结合样式雷图档中的线索，仔细考证了雷氏位于海淀镇槐树街的祖宅，以及巨山村雷氏祖茔的位置及格局。更为重要的是，张宝章持海淀区政府

① 张宝章．样式雷家世诸考．见：张宝章等编．建筑世家样式雷．北京：北京出版社，2003：97.
② 张宝章．样式雷家世诸考．见：张宝章等编．建筑世家样式雷．北京：北京出版社，2003：1-100.

附录二：朱启钤手稿图录
（中国文化遗产研究院藏）

样式雷考引证

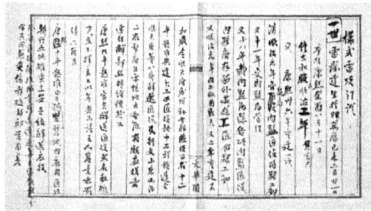

样子雷考·一辑

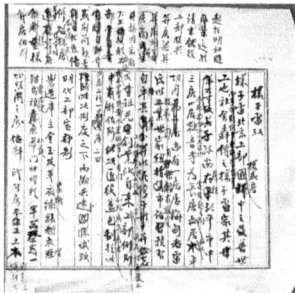

310

样子雷考·二辑

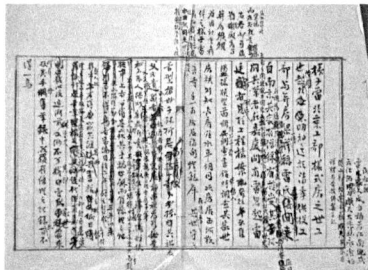

雷发达·稿

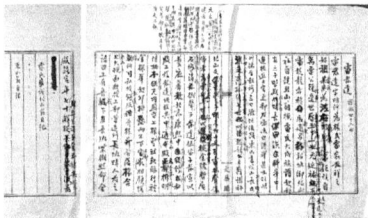

311

雷发达·二辑

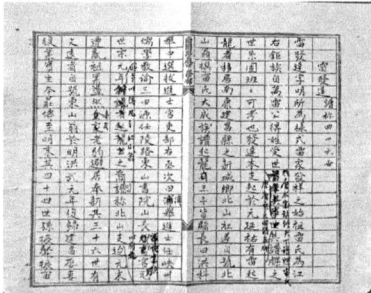

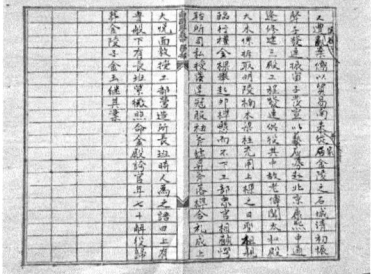

312

同治重修圆明园史料

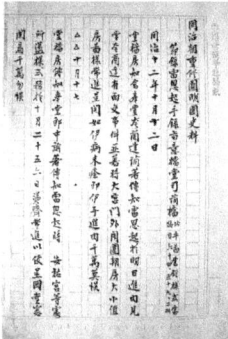

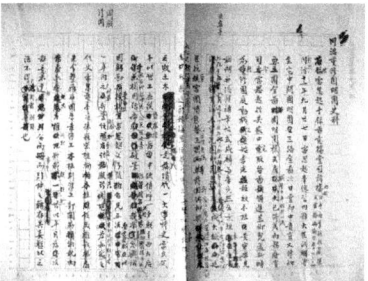

325

图 3-11　朱启钤手稿图录（资料来源：何蓓洁．清代建筑世家样式雷研究．天津：天津大学，2012）

介绍信赴国家图书馆善本部，系统查阅了馆藏样式雷图档中的 200 余件珍贵的雷氏信函和夹杂在样式雷画样中的各类家族史料，并择要予以引用，详细叙述了雷氏家族成员间的关系、家庭教育的细节、雷氏与皇家工程中相关人员的交游、建筑工程以外家族产业的经营，等等，并进而提炼了雷氏"不贪不啬、诚信做人"的家风，丰满了样式雷世家的历史形象。①

此外，在张宝章、雷章宝等人的积极呼吁及奔走下，新闻媒体广泛报道了样式雷世家的事迹，并关注北京巨山村雷氏祖茔的修复与保护，引起了海淀区及北京市文物保护部门的重视，相关机构进而对祖茔地进行了全面勘查，可惜未找到地面遗存。②样式雷的辉煌业绩也引起了雷氏祖籍地——江西省九江市永修县相关文化机构的高度关注。2003 年 12 月 13 日至 14 日，为纪念雷发达逝世 310 周年，由江西省谱牒研究会雷氏文化研究工作委员会筹备，雷氏后人和江西有关部门在南昌联合召开"雷发达暨样式雷建筑艺术研讨会"及相关纪念活动，希望借此弘扬江西雷氏祖德，凝聚雷氏后人。

四、集成之作：华夏意匠的传世绝响——清代样式雷建筑图档展

2004 年 2 月，经过多年研究积累，天津大学王其亨发起，会同国家图书馆善本部主任苏品红、北京图书馆出版社（今"国家图书馆出版社"）社长郭又陵，商定联合故宫博物院、第一历史档案馆、中国文物研究所、清华大学等单位举办样式雷图档展及国际学术研讨会。经过 5 个多月的紧张筹办，2004 年 7 月 12 日，在国家自然科学基金国际合作交流项目的资助下，"清代样式雷建筑图档国际学术研讨会"首先在国家图书馆绿轩召开，美国康奈尔大学东方图书馆馆长韩涛（Thomas H. Hahn）、日本东京大学东洋文化研究所大田省一和井上直美、法国巴黎拉维莱特建筑学院教授拉法热（Arnauld Laffage）、旅法学者朱杰、韩国成均馆大学教授李相海（LEE Sang Hae）、清华大学教授郭黛姮、故宫博物院古建部主任周苏琴、国家图书馆善本部主任苏品红等均出席会议，并在会议上发言（图 3-12）。8 月 12 日，由与会单位合办，日本东京大学东洋文化研究所与美国康奈

---

① 惟文章本非严肃的学术论文，未曾详细注明史料来源及文献出处，待原始史料公开后可做进一步的校核，从而推进样式雷世家的研究。
② 参见赵婷 . 样式雷祖茔有待勘察 . 北京日报，2004-03-20.

图 3-12　清代样式雷建筑图档
国际学术研讨会照片（2004 年
7 月 12 日）（资料来源：天津
大学建筑学院提供）

尔大学东方图书馆协办的"华夏建筑意匠的传世绝响——清代样式雷建筑图档展"，在国家图书馆文津厅揭幕（图 3-13）。国家图书馆馆长任继愈、文化部副部长兼故宫博物院院长郑欣淼、中国科学院兼中国工程院院士及清华大学教授吴良镛、城市规划专家郑孝燮、古建筑专家罗哲文、中国工程院院士及北京设计院总建筑师马国馨等出席了开幕式。展览展陈了来自国家图书馆、故宫博物院、文化遗产研究院等单位收藏的样式雷画样、烫样及《雷氏族谱》等遗物原件。同时，天津大学依托多年样式雷研究成果，制作了 61 块图版（参见本书附录三），详细解读了样式雷世家及其建筑图档，其意义正如展板前言所说：

近年来，由国家自然科学基金资助，经过相关单位人员的协同努力，样式雷图档的研究已取得根本性突破，中国建筑史学不少疑难或讹误得以澄清；凤呈研究空白的古代建筑设计理论和方法，选址、测绘、设计、施工以

（a）

（b）

（c）

（d）

（e）

（f）

图 3-13 《华夏建筑意匠的传世绝响——清代样式雷建筑图档展》开幕式照片（2004 年 8 月 12 日）。（a）展览海报；（b）展览开幕式剪彩；（c）中国科学院兼工程院院士清华大学吴良镛教授致辞；（d）中国科学院院士天津大学彭一刚教授看展；（e）中国著名古建筑学家罗哲文为展览题词；（f）天津大学王其亨教授讲解样式雷图档展（资料来源：天津大学建筑学院提供）

至经费核算等程序和管理机制即工官制度，在大量经过鉴定分类的样式雷画样及文档中得到揭示。其中，运用契符现代图学原理的投影、图层法绘制的大量设计及施工图，推翻了中国古代建筑未必经过设计的旧论；建筑组群布局常用的"平格"网，同当代建筑外部空间设计理论和方法、CAD 建模方法及 DEM 数字高程模型，特别是正方形格网建模方法比较，基本原理惊人类同，更凸显出中国古代建筑设计理论和方法的卓绝智慧。

事实上，自 1982 年以来，在单士元、陈明达、冯建逵、吴良镛、任继愈、傅熹年等先生的高度关切和鼎力支持下，在国家自然科学基金和教育部博士点基金的持续资助下，在众多相关机构的协同合作下，王其亨矢志继承中国建筑史学和文化遗产保护事业奠基者朱启钤及中国营造学社刘敦桢、单士元等前辈开创的事业，虔诚秉持他们一以贯之的"学术乃天下公器"的治学精神，带领天津大学建筑历史与理论研究所师生，多年潜心发掘、整理和研究样式雷及其建筑图档。此次展览，就正是其中取得的一系列堪称建筑史学突破性研究成果的综合展示，在样式雷研究史上具有承前启后、开拓鼎新的重要意义。

首先，展览以学术研究为依托，第一次全面系统地展示了样式雷图档及雷氏家族遗存这一珍贵的文物性文献资料，为嗣后的学术研究提供了一份有关样式雷的完备的视觉资料。

其次，展览全面综合了样式雷及其建筑图档和相关研究涉及的各个方面，包括工官制度、建筑世家、图档流传、整理研究、建筑作品、设计事务和设计个案等，对未来每一方面的研究都具有指导性的意义，分述如下：

（1）工官制度。展览指出在营造商业化发展的背景下，清代国家大型建筑工程"均要呈报工部奏请皇帝钦派承修大臣组建工程处,负责工程规划设计和施工"，"工程处又称钦工处，专设办事机构称为档房，在京者称为京档房，在工地者则称工次档房，下设样式房和算房，拣派样子匠和算手供役。其中算手办理工程工料核算事务，样子匠负责建筑设计，并会同算房算手编写《工程做法》。样式房主持人称为掌案，康熙朝以后则主要出自雷氏世家。"

（2）建筑世家。展览展示了世家研究的新材料,包括中国文物研究所（今"中国文化遗产研究院"）藏《雷氏族谱》、雷思起《精选则善而从》，以及国家图书馆藏雷金玉墓碑拓片。以精炼的话语概括了样式雷各代传人的主要业绩，在朱启钤《样式雷考》的基础上，又增补了新发现的末代掌案雷献彩的生平。

（3）图档流传。展览反映了追踪样式雷图档分布状况的最新成果，首次综合展示了国内各主要收藏单位以及美国、法国、日本等国外机构收藏的样式雷图档，

图3-14 2006年起"清代样式雷建筑图档展"走出国门，相继在法国、英国、韩国、瑞士、德国、新加坡等地的高校成功举办。（a）2006年5月在法国巴黎拉维莱特建筑学院开展；（b）2012年10月，在韩国首尔水原华城博物馆举办展览"东亚大木匠的世界"，样式雷世家作为中国古代建筑师的杰出代表，是展览的重要组成部分；（c）2013年5月由瑞士联邦高等理工学院（ETH Zürich）、苏黎世大学（University of Zürich）和天津大学联合主办"筑造清国胜景：样式雷建筑图档展"（Constructing Qing Imperial Landscapes：Exhibition of the Yangshi Lei Architectural Archives）；（d）2013年5月"中国清代样式雷建筑图档展"在德国亚琛工业大学建筑学院开展；（e）2013年10月由国家文物局主办，在原"北大红楼"（即现北京新文化运动纪念馆）前开展；（f）2014年2月在英国诺丁汉大学开展；（g）2014年11月在新加坡国立大学开展（资料来源：天津大学建筑学院提供）

并简要介绍了图档的流传过程。

（4）整理研究。展览首次系统回顾了1930年代以朱启钤为首的中国营造学社对样式雷图档的搜集、整理、宣传，以及形成的经典性学术成果。继而列举了1980年代以来，样式雷世家及图档研究形成的丰硕成果，指出各类刊物上的论文以至众多的相关专著，均对雷氏世家的杰出才能和卓越成就予以了高度评价。

（5）建筑作品。展览按照样式雷图档分类整理的成果，选取了图档中最具代表性的画样，全面介绍了雷氏曾主持或参与的清代皇家建筑工程，涉及城市、宫殿、坛庙、衙署府邸、园林、行宫、陵寝、洋房、点景、装修陈设、舟舆等。

（6）设计事务。展览全面揭示了样式雷从事皇家建筑设计的各项事务，包括选址、平格、测绘、烫样、施工设计、施工进程等。

（7）设计个案。展览以定东陵为例，翔实展现了样式雷图档中蕴含的完备的建筑工程个案设计和施工程序。

展览的成功举办激起学术界和广大观众的强烈反响和好评。如两院院士、清华大学吴良镛赞誉其精彩纷呈超乎想象，应尽量让建筑专业的学生都看看；中国工程院院士傅熹年特地率领建筑历史研究所全体研究人员参观；国家清史编纂委员会首席专家戴逸也亲自带领其核心团队前往观展；时任文化部副部长兼故宫博物院院长郑欣淼则建议组织巡回展览。此后，展览又先后在天津、南京、上海、重庆等地的建筑院校巡回展出，好评如潮，国内外有关专家纷纷呼吁尽早将该展览推向世界。在天津大学样式雷研究团队的策划下，2006年起，该展览走出国门，相继在法国、英国、韩国、瑞士、德国、新加坡等地的高校成功举办，令国外同行交口赞誉（图3-14）。展览体现的研究成果得到了学术界的广泛认可，不仅成为此后关于样式雷世家及其建筑图档的知识来源，也被后续研究广为吸纳，如傅熹年主编《中国科学技术史·建筑卷》便引用了此次展览的展板内容。[①]（图3-15）

经过学术界的不断探索，并且在国家图书馆的不懈推动与努力下，2007年6月20日，"中国清代样式雷建筑图档"被联合国教科文组织列入《世界记忆名录》，成为其中规模最大、内容最丰富的古代建筑设计图像资源（图3-16），这就明确宣示有关中国古代建筑设计理念和方法等的"失语症"从此终结。同年9月9日至23日，国家图书馆为庆祝清代样式雷图档入选《世界记忆名录》和首个国家图书馆日，举办"大匠天工——清代'样式雷'建筑图档荣登《世

---

① 傅熹年. 中国科学技术史·建筑卷. 北京：科学出版社，2008.

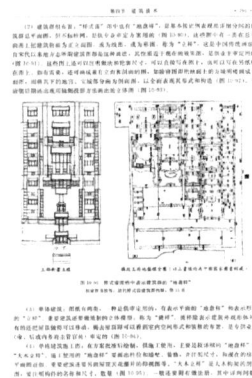

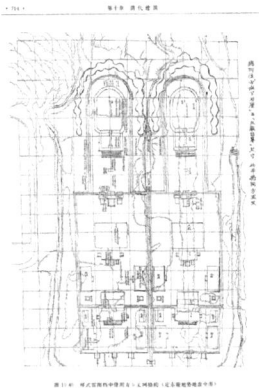

图 3-15　傅熹年主编《中国科学技术史·建筑卷》书影（资料来源：傅熹年.中国科学技术史·建筑卷，北京：科学出版社，2008）

界记忆名录》特展"，共遴选出 276 件图档原物进行展陈，是目前为止样式雷图档展陈数量最多的一次展览。2012 年 10 月教科文组织为庆祝"世界记忆工程"20 周年，精选了 24 个国家和地区最具典型性的世界记忆遗产项目，制成图版，在巴黎总部展出，其中唯以中国清代样式雷图档彰示了古代建筑设计的智慧，凸显出其对于人类文明历史的无与伦比的意义和价值（图 3-17）。①

---

① 参见联合国教科文组织官方网页 http://www.unesco.org。值得指出的是，网页选用了样式雷图档展的展板画面，对这一世界记忆遗产的定名，也采纳样式雷图档展的定义，添加"中国"而称为"中国清代样式雷建筑图档"。

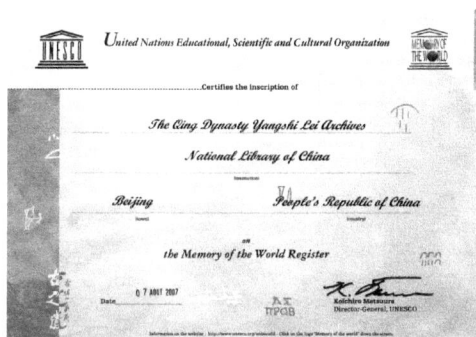

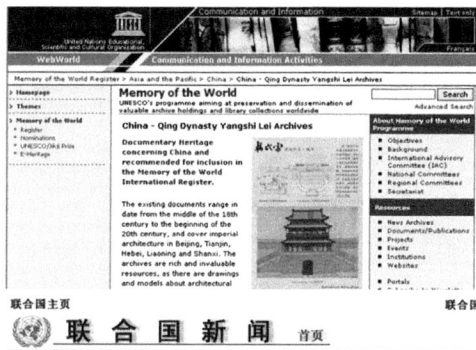

图 3-16 联合国教科文组织《世界记忆名录》证书，2007 年（资料来源：何蓓洁拍摄）

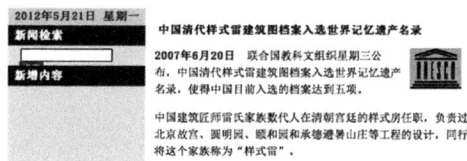

图 3-17 纪念世界记忆工程 20 周年"样式雷"图版，法国巴黎，2012 年（资料来源：联合国教科文组织官网 https://en.unesco.org，访问日期 2013 年 1 月 14 日）

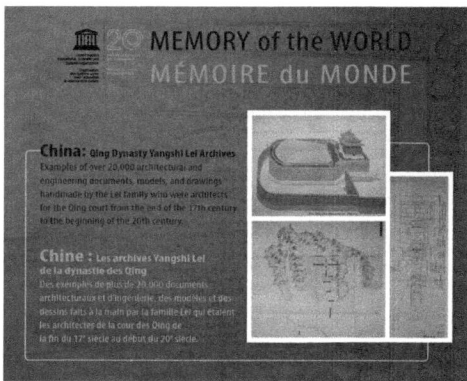

第四章

扩而充之：

样式雷世家及其建筑图档的综合研究（2005年至今）

　　2004 年清代样式雷建筑图档展的举办，使样式雷世家及其建筑图档的研究日益受到学术界及公众的广泛关注，国内主要收藏单位也加紧从事图档的编目，以希尽快将这批珍贵的档案公之于世。其中，天津大学利用已有研究积累，积极协助收藏单位进行图档的整理编目，并围绕这项工作，对样式雷世家及其建筑图档展开了系统的综合研究。而清华大学则利用长期从事圆明园研究与保护的优势，对样式雷图档中数量为众的圆明园图档展开了深入的专项研究。此外，也有部分学者利用自身资源获取样式雷图档，对单张图档展开细致的个案研究，助益于清代皇家建筑乃至中国古代建筑研究。

一、样式雷世家及其建筑图档的系统研究

　　1930 年代，中国营造学社朱启钤、阚铎、刘敦桢、金勋等对圆明园样式雷图档的开拓性研究历程已经表明，图档的系统鉴定必须仰赖于精诚合作的学术团队，而同仁的鼎力支持和学者的倾囊相助是完成图档鉴定及研究的重要因素，样式雷图档的研究绝非单枪匹马可以胜任，更不是仅仅梳理图档便可阙功。继1989 年以来国家自然科学基金项目"中国古代工程图学研究"（1989—1992 年）、"清代皇家园林综合研究"（1992—1995 年）、"清代皇家园林综合研究续"（1998—2000 年）、"清代样式雷建筑图档综合研究"（2000—2002 年）的持续开展，2004年以后，王其亨带领其研究团队又接续成功申报国家自然科学基金项目"明清皇家陵寝综合研究"（2004—2006 年）、"清代建筑哲匠样式雷世家综合研究"[①]（2007—2009 年），2007 年，又经国家自然科学基金委员会提议，获得重点项目"清

<hr />

① 王其亨先后主持国家自然科学基金面上项目"清代建筑哲匠样式雷世家综合研究"（50678113）（2007—2009 年），重点项目"清代建筑世家样式雷及其建筑图档综合研究"（50738003）（2008—2013 年），教育部博士点基金"清代建筑大师样式雷世家系列研究"（2007—2009 年）。

代建筑世家样式雷及其建筑图档综合研究"（2008—2011年）资助，持续围绕样式雷世家及其建筑图档展开综合研究。

1. 样式雷图档的持续追踪与溯源

1930年代，朱启钤面对各国列强步步紧逼的文化侵略，以一己之力高瞻远瞩地呼吁并促成北平图书馆及中法大学垄断性购藏雷氏后裔售出的家藏图档，但是在垄断性购藏的前后时间里，仍有部分图纸或烫样经由个人或机构流落在外。2004年，在清代样式雷建筑图档展中，展示了美国康奈尔大学东方图书馆、日本东京大学东洋文化研究所、法国巴黎吉美东方艺术博物馆收藏的样式雷画样。此后，天津大学仍持续不辍地追踪散落在全球各处的样式雷图档及其流传过程，取得了如下进展：

（1）2007年，在首都博物馆寻获1966年样式雷后裔捐赠的雷氏祖先画像及少量样式雷图档。

（2）2008年，在中国科学院国家科学图书馆发现数十件样式雷图档及相关清代皇家建筑档案。这批资料为1925年成立的具有对华文化侵略实质的"日本东方文化事业总委员会"于1930年代所收藏[①]，抗战胜利后至1949年，归属中央研究院历史语言研究所，中华人民共和国成立后，由中国科学院接收。

（3）2008年，在中国第一历史档案馆发现乾隆五十年（1785年）《奏呈明长陵地盘图》《奏呈十三陵汇总地盘图》《奏呈明洪武孝陵地盘图事》等画样，应属雷氏第三代传人雷声澂或其子雷家玺所绘。

（4）2009年8月，在天津文物市场发现彩绘惠陵立样图一幅，经研判，该图为雷思起所作设计方案原件，光绪元年（1875年）二月呈慈禧御览"留中"，清亡后流失（图4-1）。[②]

（5）2009年，在台北故宫博物院发现了部分样式雷图档，多属晚清雷廷昌、雷献彩父子有关光绪、慈禧回銮后整修北京城和宫殿的作品（图4-2）。

（6）2010年7月，在北京市档案馆寻获1950年8月至1951年1月原中

① 参见中国科学院图书馆编.中国科学院图书馆藏中文古籍善本书目.北京：科学出版社，1994；北京人文科学研究所编印.北京人文科学研究所藏书简目.1938；北京人文科学研究所编印.北京人文科学研究所藏书续目（1936—1939）.1939；孙颖，徐冰."北京人文科学研究所"筹建始末——20世纪上半叶日本对华文化侵略之典型一例.求是学刊，2007（05）：137—142.
② 2009年8月，《今晚报》报道，天津发现《惠陵中一路立样》，10月18日中贸圣佳国际拍卖公司以492800元拍卖，2013年6月30日该画样又由门德扬拍卖股份有限公司在台北拍卖，但未成交。

图 4-1　惠陵中一路立样，中贸圣佳国际拍卖公司 2009 年 10 月 18 日拍卖成交（资料来源：刘静华．本市发现清宫"样式雷"图卷．今晚报，2009-08-06）

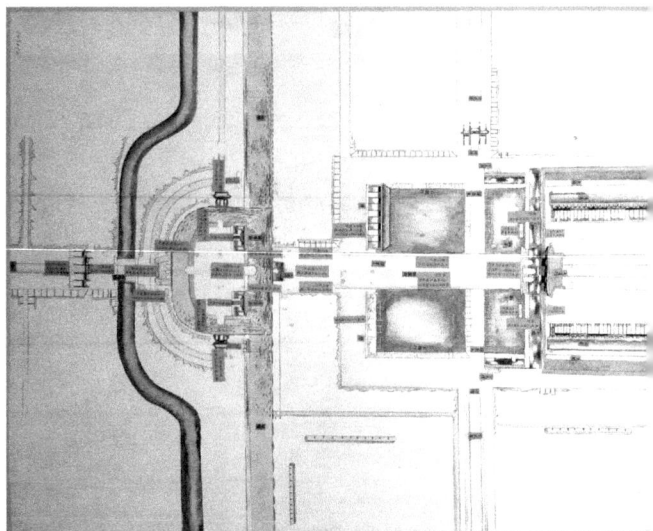

图 4-2　台北故宫博物院藏样式雷画样。（a）东直门重檐角楼立样，光绪二十七年（1901 年）；（b）正阳门大楼分位搭悬结彩牌楼图式，光绪二十七年（1901 年）；（c）午门至正阳桥牌楼全境图，光绪二十七年（1901）[资料来源:冯明珠．图绘与历史——从院藏几幅北平故宫的建筑图说起．故宫文物月刊,1989,7(8)]

（a）

（b）

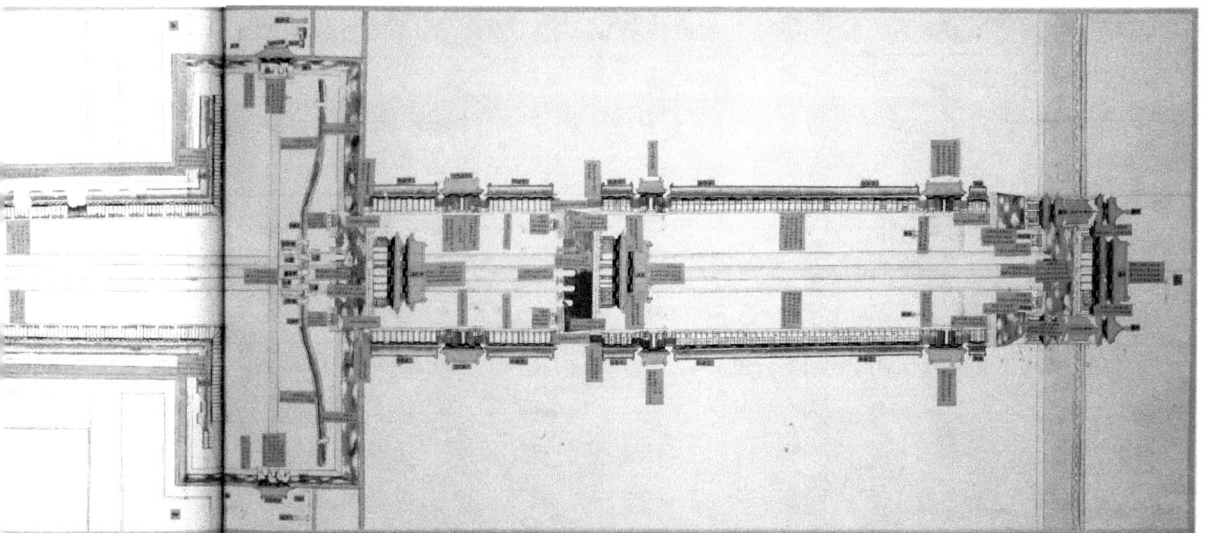

（c）

图 4-3 木兰舽烫样，田家青购藏，北京永乐国际拍卖有限公司 2010 年 11 月 23 日拍卖成交
（资料来源：田家青提供）

法大学藏样式雷图档移赠文化部文物局（今"国家文物局"）的《中法大学样子雷建筑图幅册子烫样摺条移交清册》等档案，并按上述发现追踪，在故宫博物院办公室发现了 1955 年中法大学藏样式雷图档移交故宫博物院图书馆收藏的原始文件，使故宫博物院承自中法大学的样式雷图档的来由和规模从根本上得以廓清。

（7）2010 年 11 月，在中国文化遗产研究院发现 1931 年 5 月中法大学收购样式雷图档相关记录《民国二十年五月中法大学购得部分雷家杂图样单》，长期悬而未决的中法大学收购雷氏图档的确切时间得以落实。

（8）2012 年，蒙颐和园管理处翟小菊提供线索，追踪到田家青购自美国的雷廷昌制作的颐和园"木兰舽"烫样（图 4-3）。[①]

（9）2012 年 12 月，在中汉秋季拍卖会上发现《崇陵地盘样》一幅及《团河行宫地盘画样》一幅。[②]

（10）2013 年 5 月，经德国柏林亚洲艺术博物馆馆长鲁克思（KIaas Ruitenbeek）介绍，在柏林民族学博物馆库房寻获该馆珍藏的 6 件样式雷烫样（图 4-4）。

（11）2013 年 12 月，由郭又陵引见，在北京大学图书馆古籍部调阅了 1930 年代日本学者购藏的 36 幅样式雷画样。

---

① 慈禧御船木兰舽烫样自海外寻回，2010 年 11 月 23 日，北京永乐国际拍卖有限公司以 672000 元拍卖。
② 2012 年 12 月 17 日，中汉秋季拍卖会上拍《崇陵地盘样》一幅及《团河行宫地盘画样》一幅，均以 71300 元成交。

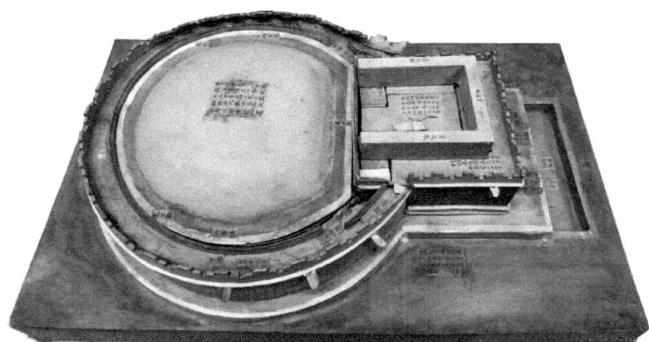

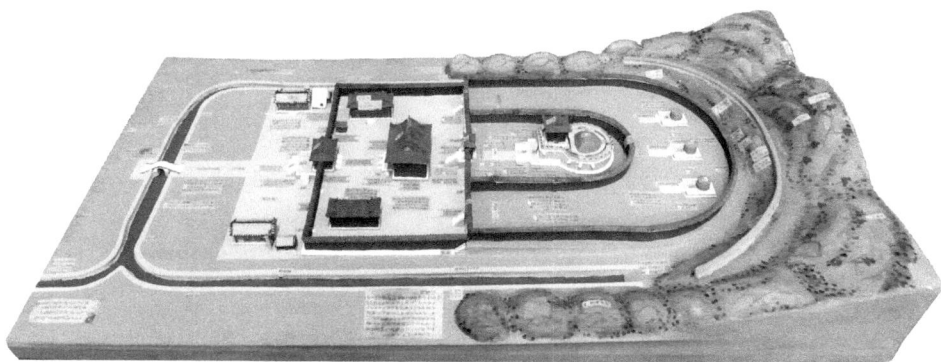

图 4-4　德国柏林民族学博物馆藏样式雷烫样（资料来源：鲁克思提供）

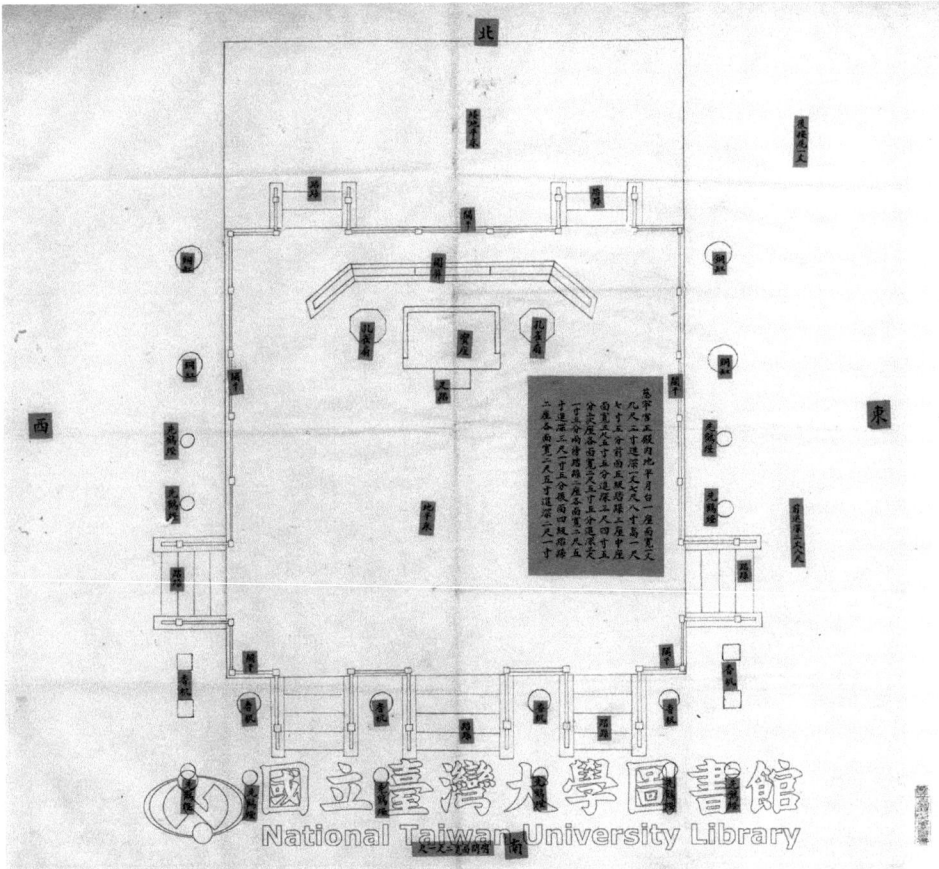

图 4-5　台湾大学图书馆藏样式雷图档（资料来源：台湾大学图书馆官网 http://www.lib.ntu.edu.tw）

（12）2014年1月，在中国文化遗产研究院顾军帮助下，查获中国国家博物馆保管部藏有尚未整理披露的样式雷图档20余件。

（13）2014年7月，经天津大学何捷提示线索，在台湾大学图书馆发现馆藏样式雷图档53件，多为晚清颐和园、仪鸾殿等内檐装修画样，并与国家图书馆藏图类同（图4-5）。

与此同时，学术界对于这一彰显了中国古代建筑选址勘测、规划设计以及施工的相关理念和方法等诸多详情细节的珍贵图档究竟从何而来，又如何流传至今，一直缺乏系统的考证和梳理，却又"新说"歧出，如臆断这些图档出自子虚乌有的"工部样式房"，庋藏"内务府舆图房"，故应改称"样式房图档"或"样房图文档案"，轻率否定了中国营造学社前贤"样式雷图档"的概念；更甚者，对中国国家图书馆等收藏的原本来自样式雷世代家藏的大量传世作品，居然信口胡诌是样式雷家族窃自宫中[1]，等等。

针对上述情况，2015年，王其亨、何蓓洁综合天津大学30余年持续追踪样式雷图档过程中的发现，正本清源，系统考证并梳理了样式雷图档的来由及流传分布，发表《华夏意匠的世界记忆——传世清代样式雷建筑图档源流纪略》[2]一文。

文章首先依据样式雷《随工日记》及《旨意档》《堂司谕档》等原始文献，结合清代建筑工官制度，考查清代相关皇家建筑工程中的画样、烫样制作及其收存管理，澄明了以"样式雷"为首的样式房匠人在清代建筑工程从选址以至施工各环节中制作的画样、烫样、文稿等的三个主要去处，即进呈御览、存档宫禁或各个负责衙门，提交各级董工官员、算房、木厂等，以及雷氏家藏；深入阐明了刘敦桢《同治重修圆明园史料》中业已揭橥的关键史实：样式雷庋藏皇家建筑工程图档，原是皇室和官方许可的行为（图4-6，图4-7）。

其次，文章综罗相关文献和档案，系统梳理样式雷图档自1925年以来流传与分布的历史，指出：第一，图档中奉旨"留中"的进呈样，以及由内务府等机构保存的画样和烫样，流传至今，收藏于中国第一历史档案馆、故宫博物院、台北故宫博物院等机构，总计1000余件。第二，样式雷家藏图档则由雷氏后裔继承，民国年间抛售于世，大宗者被北平图书馆和中法大学分别购存，流传至

---

① 例如《中华遗产》2005年第6期、《三联生活周刊》2007年第38期撰文介绍样式雷世家业绩，昧于历史背景，竟臆断雷景修"偷偷地将原本放在圆明园附近样式房中的画样、烫样运到了城内"。
② 何蓓洁，王其亨.华夏意匠的世界记忆——传世清代样式雷建筑图档源流纪略.建筑师，2015（03）：52-66.

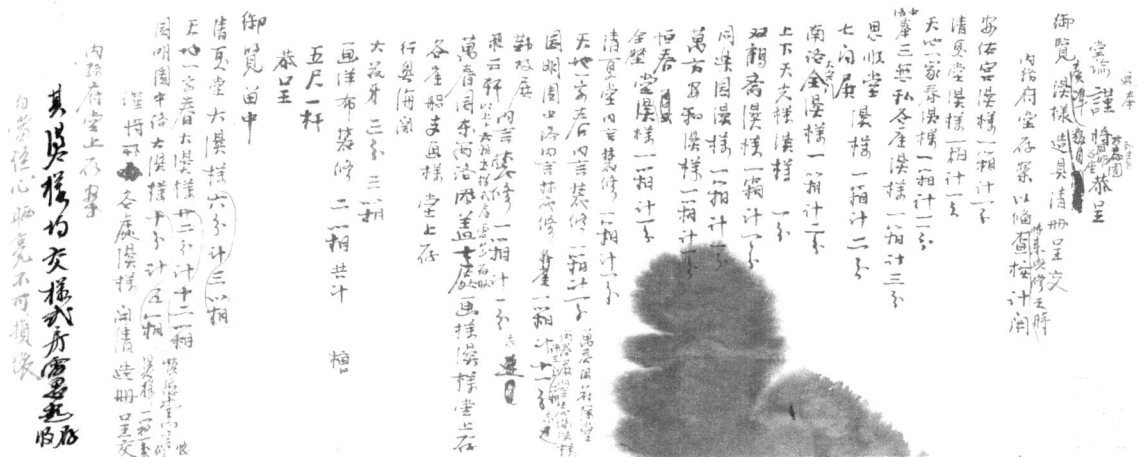

图 4-6　堂谕底稿，明令"烫样均交样式房雷思起收存"（资料来源：中国国家图书馆提供）

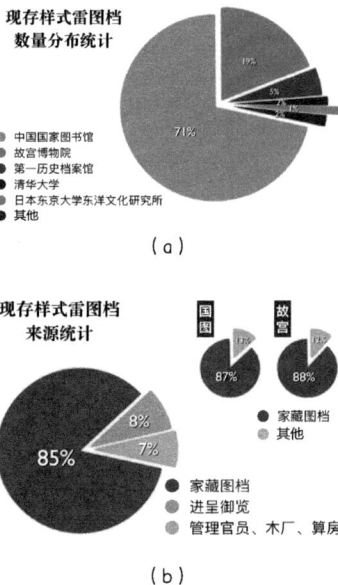

图 4-7　致承修王大臣载洵信函[①] 中提到雷氏，应即样式雷第八代传人雷献彩或雷献祥。日本东京大学东洋文化研究所藏（资料来源：陈书砚.清代崇陵工程研究.天津：天津大学，2014）

（a）

（b）

图 4-8　样式雷图档来源及数量统计。（a）存世样式雷图档 90% 收藏在中国国家图书馆和故宫博物院；（b）中国国家图书馆和故宫博物院藏样式雷图档中，87% 以上来自雷氏家藏图档，雷氏家藏图档占存世样式雷图档总数的 85%（资料来源：何蓓洁绘）

---

① 信函提到："……○○宝城内工程做法与雷氏所献烫样不同。此次赴工请传见，屏左右详询之，并闻伊家存○○○陵工案卷甚伙，谭次能向之索观，尤妙。"

今总计近 17000 件 ①，占现知样式雷图档总数的 85% 以上，构成了样式雷传世图档的主体（图 4-8）。第三，各级管理官员及木厂、算房等处留存的零星图档亦在民国初售卖，被各书局、个人、研究机构等购得。

再次，文章基本厘清现今样式雷图档的收藏概况。国内外各相关机构藏图总计近 20000 万件，分布状况如表 4-1 所示。

2. 样式雷图档整理的背景性研究

1980 年代，王其亨的清代陵寝图档研究取得突破性成果，有赖于天津大学建筑系师生历时 6 年的大规模测绘和对极为浩繁的清代档案文献的研究。事实证明，与样式雷图档对应的清代皇家建筑实物的测绘研究，以及清代档案文献的细致梳理是样式雷图档鉴定工作中最核心、最困难、也最耗时的工作。为完成样式雷图档的鉴定编目工作，在实物、文献、图档三者互相支撑的样式雷图档鉴定方法指导下，天津大学自 1980 年代起，对图档涉及的各处清代皇家建筑进行了系统全面的大规模实地测绘，并系统梳理相关档案文献，展开了大量背景性研究工作。

（1）大规模的建筑实物测绘研究

从营造学社以来，清代皇家建筑实物的测绘研究这一基础工作曾长期被低估甚至忽视，实际成为样式雷图档整理和研究难以突破的重大制约因素。天津大学建筑学院秉承自创建以来坚持不懈的进行古代建筑测绘调查的优良传统，持续展开样式雷建筑创作实物遗存的测绘工作。事实上，自 1982 年开始，围绕样式雷图档的鉴定、整理和研究，王其亨即着手梳理了 1942 年以来天津工商学院和天津大学建筑系测绘清代皇家建筑如北京故宫、承德避暑山庄等处的成果，并进一步拓展，组织上千名师生对诸如沈阳故宫、关外三陵，清东陵和清西陵，北京北海、颐和园、天坛、社稷坛、太庙等进行系统性的大规模测绘。如，2005 年至 2008 年连续三年对颐和园展开全面系统的数字化测绘；2008 年，测绘清东、西陵区及附近宗室、公主园寝；2011 年，开始对承德避暑山庄建筑进行全面测绘，等等。经过数十年的积累，已陆续实施了为数众多的、与样式雷

---

① 据中国国家图书馆原排架目录，除 2000 余件图档购自各书局，来源待考外，其余皆购自雷氏后裔，约 13000 件。而中法大学藏样式雷图档计 3786 件，除零星图档外，亦皆购自雷氏后裔。

传世样式雷图档分布现状简表 表 4-1

收藏机构		图档数量	来源
国内	中国国家图书馆	15000 余件	北平图书馆 1930 年购自观音寺胡同雷宅的家藏图档及稍后零星购自书商
	故宫博物院	近 4000 件	1）中法大学 1931 年购自水车胡同雷宅的家藏图档千余幅，此后又陆续购藏总计 3786 件，包括烫样 153 件（1951 年文物局罗福颐接收，拨交故宫文献馆）； 2）原故宫博物院文献馆藏及北平图书馆 1930 年购自观音寺的雷氏家藏烫样 80 余件（后者系 1950 年转自北京图书馆）
	中国第一历史档案馆	1000 件左右	清宫留档（相关文档不计）
	中国文化遗产研究院	35 册	1930 年代营造学社收藏的雷氏家谱 11 册、信函和笔记，以及少量图档
	清华大学	315 件	1930 年代营造学社收藏，包括画样 102 份、定东陵地宫烫样 1 件、各类内檐装修板片 204 件、各类文稿 8 件；此外还藏有 1988 年样式雷姻亲"算房高"高芸后裔捐赠的 362 件相关文档 [1]
	首都博物馆	少量	1966 年样式雷后裔捐赠北京市文物工作站的 8 幅雷氏先祖像和少量建筑画样
	中国科学院国家科学图书馆	少量	1930 年代"东方文化事业总委员会"下辖北平人文科学研究所图书馆在京收购
	中国国家博物馆	少量	1981 年金勋后人捐赠 [2]
	北京大学图书馆	30 余幅	1930 年代日本学者购藏
	首都图书馆	少量	来源不详
	中国社会科学院图书馆	少量	来源不详
	北京市档案馆	少量	来源不详
	台北故宫博物院	不详	出自军机处录副奏折，清宫留档
	台湾大学图书馆	53 张	来源不详
国外	日本东京大学东洋文化研究所	277 件（现存 53 件）	1931 年荒木清三购于北平书市，另有 1656 件相关文档
	美国康奈尔大学东方图书馆	2 件	《天津行宫地盘样》《天津行宫立样》，来源不详
	法国巴黎吉美东方艺术博物馆	1 件	《圆明园地盘全图》，来源不详
	德国柏林民族学博物馆	4 件	惠陵妃园寝全分烫样及地宫烫样；前门箭楼烫样；崇陵全分烫样，来源不详

（资料来源：何蓓洁绘）

[1] 贾珺. 清华大学建筑学院藏清样式雷档案述略. 古建园林技术，2004（02）：35-36.
[2] 杨文和. 金勋旧藏《圆明园图》叙录. 中国历史文物，1985（7）：107-123.

关联的清代皇家建筑测绘，包括清东陵、清西陵、承德避暑山庄及外八庙、紫禁城、颐和园、北海、太庙、社稷坛、天坛、沈阳故宫、福陵、永陵、昭陵等（表 4-2）。

天津大学建筑学院清代样式雷建筑作品测绘
成果目录（1953-2017 年）　表 4-2

时间	年级	地点
1953 年	1952 级	北京北海测绘
1954 年	1951 级	河北承德避暑山庄及外八庙测绘
	1953 级	北京故宫内廷建筑小品、建筑细部测绘
1955 年	1953 级	北京故宫御花园、宁寿宫花园、慈宁宫花园测绘
1956 年	1955 级	北京颐和园测绘
1957 年	1956 级	北京颐和园测绘
1962 年	1960 级	河北承德避暑山庄及外八庙测绘
	1961 级	北京故宫御花园、宁寿宫花园、慈宁宫花园测绘
	1960 级	河北易县清西陵测绘
1963 年	1961 级	河北承德避暑山庄及外八庙测绘
1964 年	1962 级	辽宁沈阳故宫测绘
		辽宁沈阳福陵、昭陵测绘
1976 年	工农兵学员	北京颐和园测绘
1977 年	工农兵学员	北京颐和园测绘
1978 年	工农兵学员	北京颐和园测绘
1980 年	1977、1978 级	河北遵化清东陵孝陵、裕陵、定东陵测绘
1982 年	1980 级	河北遵化清东陵孝陵、孝东陵测绘
1983 年	1981 级	河北易县清西陵泰陵、昌陵测绘
1984 年	1982 级	河北易县清西陵泰东陵、昌西陵、慕陵、慕东陵、崇陵测绘
1985 年	1983 级	北京北海团城与琼岛建筑群测绘
1986 年	1984 级	北京皇家宫苑建筑外檐装修陈设测绘
1987 年	1985 级	北京北海东岸及北岸建筑群测绘
1988 年	1986 级	北京北海先蚕坛测绘
1990 年	1988 级	河北遵化清东陵景陵、孝陵、定陵、昭西陵测绘
1991 年	1989 级	北京故宫慈宁宫和西三所测绘
		辽宁沈阳故宫测绘

续表

时间	年级	地点
1992 年	1990 级	北京故宫大库等测绘
1997 年	1994 级	北京太庙、北海团城、社稷坛测绘
1998 年	1996 级	北京太庙测绘
		北京天坛斋宫及神乐署等测绘
1999 年	1997 级	北京天坛神厨、皇乾殿等测绘
2000 年	1998 级	辽宁新宾清永陵测绘
2005 年	2002 级	北京颐和园部分建筑群测绘
		北京天坛建筑群测绘
2006 年	2004 级	北京颐和园部分建筑群测绘
2007 年	2005 级	北京颐和园部分建筑群测绘
2008 年	2006 级	河北易县清西陵各妃园寝及宗室园寝测绘
2011 年	2009 级	北京颐和园部分建筑（西堤桥、文昌阁、霁清轩、船坞、景明楼等）测绘
		河北遵化清东陵裕陵、景陵双妃园寝、定陵妃园寝测绘
		河北承德避暑山庄月色江声建筑群测绘
	2008 级本科生	北京北海公园静心斋测绘
2012 年	2010 级本科生	河北承德避暑山庄如意洲、烟雨楼、文津阁测绘
		河北遵化清东陵定东陵测绘
2013 年	2011 级本科生	北京故宫大高玄殿建筑群测绘
		北京颐和园佛香阁排云殿建筑群测绘
		河北遵化清东陵孝东陵建筑群测绘
2014 年	2012 级本科生	北京景山寿皇殿建筑群测绘
		辽宁沈阳福陵测绘
2015 年	2014 级硕士研究生	北京故宫景福宫测绘
	2013 级本科生	辽宁沈阳昭陵测绘
		辽宁沈阳故宫测绘
2016 年	2014 级本科生	北京故宫养心殿测绘
		河北遵化清东陵孝陵测绘
		北京景山五峰亭与宫门测绘
2017 年	2015 级本科生	北京故宫养心殿测绘
		北京景山五观德殿、关帝庙测绘
		北京北海漪澜堂测绘
		北京天坛测绘

（资料来源：天津大学建筑学院提供）

（2）档案文献的整理研究

自 1980 年代以来，以古建筑测绘调查为基础，系统发掘和整理了清代皇家建筑相关档案文献，并展开深入的背景性研究。如，赴台北故宫博物院购得康熙《皇城宫殿衙署图》以及大高玄殿、盘山、行宫等清宫相关档案的电子文件；将《清代档案史料·圆明园》进行数字化录入；搜集并录入日本东京大学东洋文化研究所藏崇陵档案；整理并录入第一历史档案馆藏清西陵档案、中南海档案、热河档案、颐和园档案，第二历史档案馆藏清末崇陵工程档案；搜集美国国会图书馆、芝加哥大学及哈佛燕京图书馆等收藏的 19 世纪至 20 世纪初有关清代皇家建筑的图像资料，等等（表 4-3）。

（3）清代皇家建筑工程个案研究

1933 年，刘敦桢发表《同治重修圆明园史料》一文，开创了中国建筑史学第一项建筑工程个案的研究，但重修圆明园工程由于历史原因，具有先天的局限性——设计程序不完整，开工不久便迅速夭折，绝大多数方案仅停留在纸面，未付诸实践，所以此项研究难以充分展示中国古代建筑设计的详情细节。而其后对清西陵结合建筑测绘的研究，又受限于档案文献的缺乏，未能充分展开。但随着样式雷图档的系统整理，样式雷画样却展现出众多完整的、系列性的清代建筑设

天津大学已完成电子化的清代宫廷档案　　　　表 4-3

名称	电子化部分	收藏机构
《清代中南海档案》	23-30 册	第一历史档案馆
《清宫热河档案》	如意洲、文津阁、月色江声陈设册	第一历史档案馆
《清宫普宁寺档案》	陈设册	第一历史档案馆
颐和园相关档案	陈设册	第一历史档案馆
清东西陵相关档案	做法册	第一历史档案馆
《圆明园》上下册	全部电子化	第一历史档案馆
盘山静寄山庄相关档案	陈设册、做法册、奏销档	第一历史档案馆、台湾历史语言研究所
香山静宜园相关档案	陈设册、奏销档	第一历史档案馆
玉泉山静明园相关档案	陈设册、奏销档	第一历史档案馆
天坛相关档案	做法册	东京大学东洋文化研究所
西郊水道工程相关档案	做法册	东京大学东洋文化研究所

（资料来源：王其亨绘）

计个案。2004 年以来，天津大学在大规模测绘和档案发掘研究的基础上，遵循朱启钤"整比清季工程"的研究思路，展开了一系列皇家建筑工程的全方位、多角度的个案研究，深入阐析同实物和文献严整契合的大量翔实生动的画样及烫样（表 4-4）。

天津大学开展的系列性清代皇家建筑工程个案研究　　表 4-4

类别	序号	学位论文	辨识图档数量
陵寝	1	李洁：《清代慕陵个案研究——兼昌西陵、慕东陵个案研究》，硕士学位论文，2005 年	240 件
	2	曾辉：《清代定陵建筑工程全案研究》，硕士学位论文，2005 年	711 件
	3	王蕾：《清代定东陵建筑工程全案研究》，硕士学位论文，2005 年	—
	4	汪江华：《清代惠陵建筑工程全案研究》，博士学位论文，2005 年	912 件
	5	王茹茹：《清代宗室、公主园寝及相关样式雷图档研究》，博士学位论文，2011 年	170 余件
	6	商莹：《清代陵寝营房样式雷图档综合研究》，硕士学位论文，2011 年	603 件
	7	陈书砚：《清代崇陵工程研究》，博士学位论文，2014 年	2200 余件
	8	王方捷：《清代定陵设计研究》，博士学位论文，2017 年	1400 余件
园林	9	王晶：《绿丝临池弄清荫，麋鹿野鸭相为友：清南苑研究》，硕士学位论文，2004 年	326 件
	10	李峥：《平地起蓬瀛，城市而林壑：北京西苑历史变迁研究》，硕士学位论文，2006 年	125 件
	11	孔俊婷：《观风问俗试旧典，湖光风色资新探：清代行宫及其园林意象研究》，博士学位论文，2007 年	—
	12	张凤梧：《样式雷圆明园图档综合研究》，博士学位论文，2009 年	3000 余件
	13	张龙：《颐和园样式雷建筑图档综合研究》，博士学位论文，2009 年	近 600 件
	14	杨菁：《静宜园、静明园及相关样式雷图档综合研究》，博士学位论文，2011 年	60 余件
园林	15	朱蕾：《境惟幽绝尘，心以静堪寄——静寄山庄研究》，博士学位论文，2011 年	9 件
	16	袁媛：《西洋楼相关样式雷图档综合研究——以海晏堂为例》，硕士学位论文，2013 年	244 件
	17	徐丹：《清代西苑样式雷图档研究》，硕士学位论文，2016 年	879 件
王府	18	耿威：《清代王府建筑及相关样式雷图档研究》，博士学位论文，2010 年	500 余件
装修	19	王茹：《半座生来虚室白，一帘含得万山青：中国传统建筑室内环境艺术研究》，博士学位论文，2008 年	—
戏台	20	吴晗冰：《清代皇家戏台样式雷图档综合研究》，博士学位论文，2018 年	—
世家	21	何蓓洁：《清代建筑世家样式雷研究》，博士学位论文，2011 年	—

（资料来源：何蓓洁绘）

图 4-9　天津大学系列工程个案研究中编制的工程大事年表和图纸目录。(a) 惠陵工程大事记（资料来源：汪江华.清代惠陵建筑工程全案研究.天津：天津大学，2005）；(b) 国家图书馆藏宝华峪样式雷图档目录（资料来源：李洁.清代慕陵个案研究——兼昌西陵、慕东陵个案研究.天津：天津大学，2005）；(c) 颐和园相关样式雷建筑图档图录（资料来源：张龙.颐和园样式雷建筑图档综合研究.天津：天津大学，2009）；(d) 清代王府相关样式雷建筑图档图录（资料来源：耿威.清代王府建筑及相关样式雷图档研究.天津：天津大学，2010）；(e) 清代宗室、公主园寝相关样式雷建筑图档图录（资料来源：王茹茹.清代宗室、公主园寝及相关样式雷图档研究.天津：天津大学，2011）

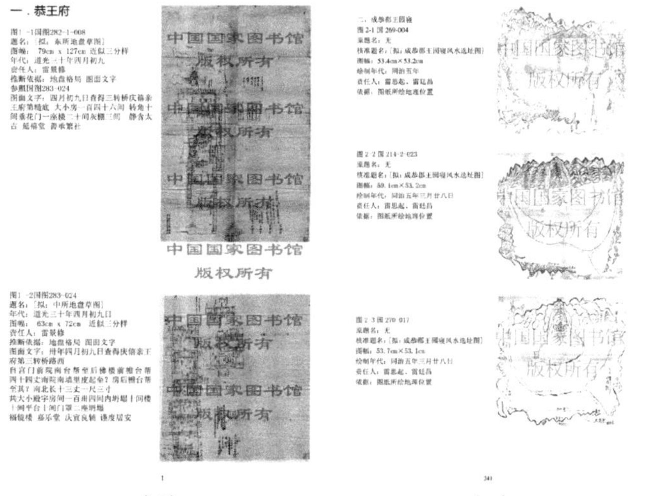

上述个案专题研究通过梳理已知全部文献图档，考察现存实物，逐日细致排查各工程始末记事，根据《工程做法》等建筑工程籍本推算有关建筑形制及构造等，再据以逐一鉴别相关样式雷图档，并结合实地测绘，从选址、规划、设计、施工和工官制度等方面，系统全面地揭示和阐析了包括设计思想、理论和方法在内的清代陵寝建筑的杰出成就。从中不仅反映出国家级重大工程从选址、规划、设计、施工、管理、监察直到最后验收的全过程；而且发现了中国古代皇家建筑中，机构设置、人事安排、组织管理、工程进展、施工礼仪等一套相当完整而严密的体例制度；进而揭示出中国古代建筑在设计思想、设计理论和设计方法，以及工程组织管理和施工技术等方面的杰出成就（图 4-9）。

3. 样式雷图档的鉴定、整理编目和研究

结合以上述清代皇家建筑工程个案研究为基础的样式雷图档分类整理，自2007年开始，天津大学王其亨带领的学术团队按照国家图书馆提出的样式雷图档著录格式，对已扫描为数字化文件的上万件馆藏样式雷图档再度进行了系统鉴识，拉网式地排查了既有《中国国家图书馆藏样式雷图档目录》（包括鉴别依据等），根据最新研究进展，逐一补充、落实了相关图档所属工程项目、朝年、作者和来源等，计11122条，逾60万字，在真实性和完整性方面尽可能完善了样式雷图档的编目，于2009年10月27日提交国家图书馆善本特藏部。历时9年完成的图纸目录为学术界研究利用这一世界记忆遗产打下前所未有的坚实基础。与此同时，出于学术乃天下公器的立场，为发扬朱启钤在80年前提出的"各部分所有图型集中一处汇合整理"的主张，2008年，王其亨向故宫博物院递交报告，建议协同整理原中法大学收藏的3000余件样式雷图档。在故宫博物院晋宏逵等的倾力支持下，2009年，经中国紫禁城学会向故宫博物院申请，获得立项批准。2015年，在故宫博物院图书馆完成全部图档的数字化采集后，整理编目工作由紫禁城学会牵头，天津大学和清华大学两家单位分工进行，编目成果将在近期推出。

相较于80年前营造学社的整理编目，此次对国家图书馆和故宫博物院藏样式雷图档的大规模鉴定在图档鉴识方法、内容、技术手段上均获得重大进展。

（1）图档鉴识方法的深化

1989年，王其亨在《清代陵寝建筑工程样式雷图档的整理和研究》中，结合整理清代陵寝样式雷图档的切身经历，已明确提出图档鉴别的具体方法：

　　1）以清陵建筑的测绘研究为依据来鉴定样式雷有关图稿。

　　2）根据清陵档案文献的研究来鉴别样式雷有关图稿。

其后又总结道："当然，根据实物研究和利用文献来鉴别样式雷图稿，二种方法并无绝对划分，在实际工作中，多是互相补充、综合为之。此外，已获鉴别的图稿又多可据以鉴别其他图稿。也有为数不少的雷氏家藏图稿，记载着陵名、工程项目名称及成图时日。又因为样式雷画样既非出图于一人之手，也非成图于一时，在作图方式、字迹以及纸质等方面也常有差异。这些情况，也均能利用于样式雷图稿的鉴别工作。"①

---

① 王其亨. 清代陵寝建筑工程样式雷图档的整理和研究. 第四届古建园林学术讨论会论文，西安，1990.

2002年之后开展的清代陵寝工程个案研究，即逐一践行了这一图档整理方法。如在惠陵图档的整理中，发现数张无年代、无标记的画样，反映了某陵地面标高设计的变更，核对光绪元年《旨意堂司谕》发现，光绪元年三月九日，在方案设计阶段拟定"方城前月台明高……一丈，踏跺三丈"，而《日记随工——惠陵妃园寝各款尺寸添改活计》则记载了八月三日工程开工后，发现惠陵所在的双山峪山势由北往南依次降低，后段地宫、宝城、方城等处工程如果依照原来初步设计，从方城前口部位开始，基础即在原地面以上，需要墰槽一尺许，而前段的各座殿宇愈前愈下，更是需要补垫大量的土方，有的竟需要补垫四五尺。因此，样式房及监督官员等将上述情况向承修大臣禀奏，建议适当调整整体竖向跌落，以保证工程坚固，同时减省工程量。九月六日，醇亲王亲赴工地查看，参考样式房的建议，"谕方城前月台着改高一丈四尺"。此后，样式雷又完成了多种方案。据《惠陵工程记略》，九月十六日奏报慈禧并最终实施的方案实际是"现拟惠陵方城前月台明高一丈二尺"。通过对样式雷《旨意堂司谕》《随工日记》以及工程籍本《惠陵工程备要》等文献的细致梳理、研究，还原了惠陵施工中更改地面跌落设计的详情细节，与图档对应，就能明确判知图档绘制时间为九月七日，而作者即样式房掌案雷思起（图4-10）。①

2007年，王其亨在国家自然科学基金重点项目"清代建筑世家样式雷及其建筑图档综合研究"申报书中进一步表述了图档整理鉴定的依据和路线。指出"样式雷世家及其建筑图档的整理和研究，涉及大量背景性基础研究：廓清图档分布；相关建筑的测绘；宫廷档案的发掘、整理和研究，等等。整合这些工作，才可能对两万件来源混乱、收藏分散的图档展开系统鉴别和分类整理。"②（图4-11）

其后，结合样式雷图档分类整理的经验，完善了图档鉴别的方法。2009年，王其亨、张凤梧先后发表《一幅样式雷圆明园全图的年代推断》③（表4-5）、《法国巴黎〈圆明园地盘全图〉考辨》④，分别选取国家图书馆和法国巴黎吉美东方艺术博物馆（Musée National des Arts Asiatiques–Guimet）藏2张无题名、无纪年的圆明园图档为个案，详细鉴定了图纸的绘制时间、图名、作者、用途、价值等，并以此阐明了图档鉴定的具体方法：

其一，对比已获鉴别的图档，从图中反映的景区建筑格局的变迁，印证图档彼此间成图时间的先后；

① 汪江华.清代惠陵建筑工程全案研究.天津：天津大学，2005：180-184.
② 王其亨.国家自然科学基金重点项目"清代建筑世家样式雷及其建筑图档综合研究"申报书，2007.
③ 王其亨，张凤梧.一幅样式雷圆明园全图的年代推断.中国园林，2009，25（06）：83-87.
④ 王其亨，张凤梧.法国巴黎《圆明园地盘全图》考辨.中国园林，2009，25（12）：51-54.

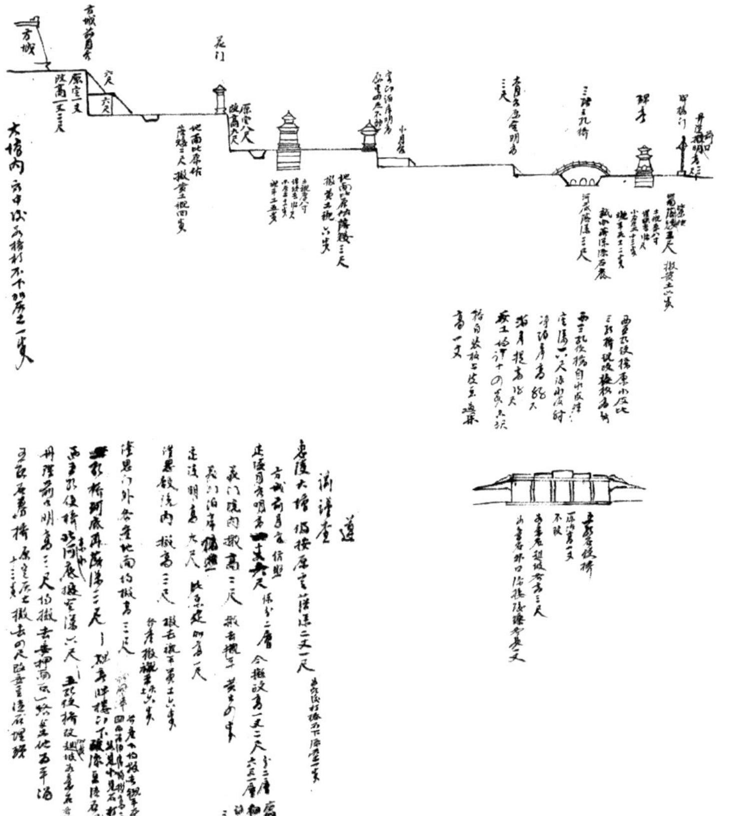

238-011

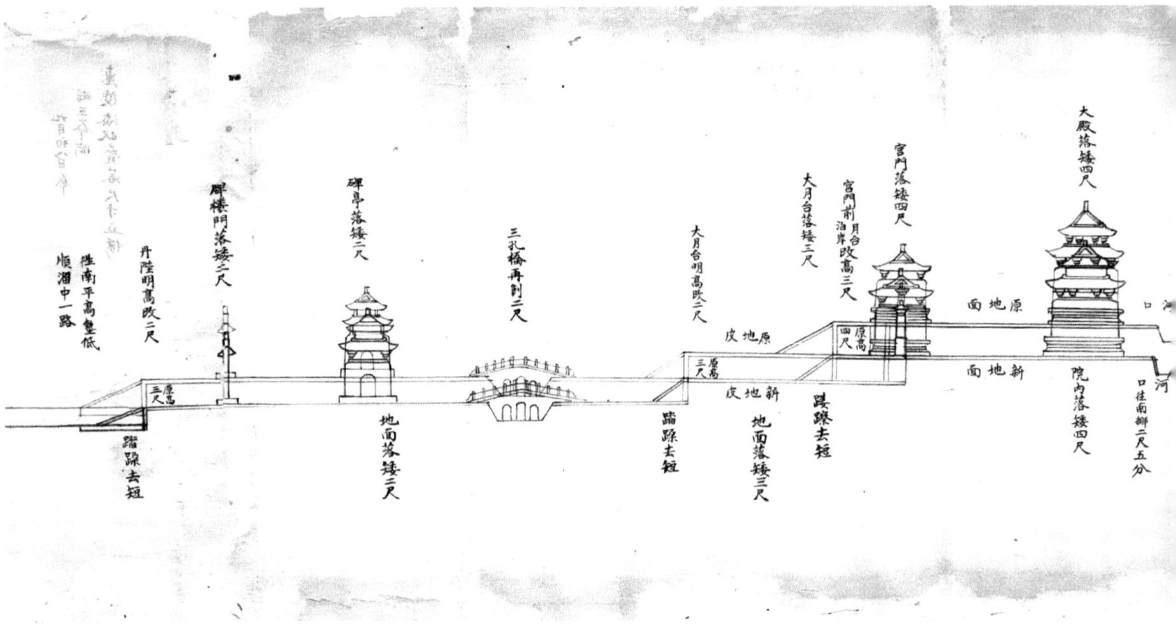

图 4-10　惠陵竖向跌落方案图纸的鉴定（资料来源：汪江华 . 清代惠陵建筑工程全案研究 . 天津：天津大学，2005）

238-012

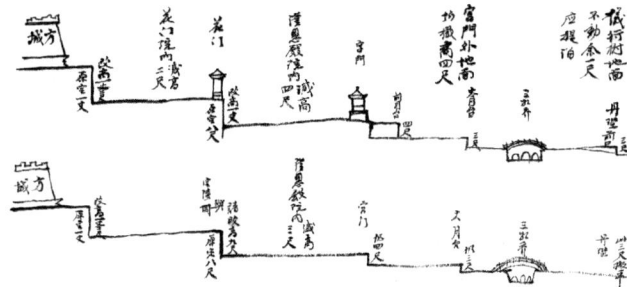

238-013

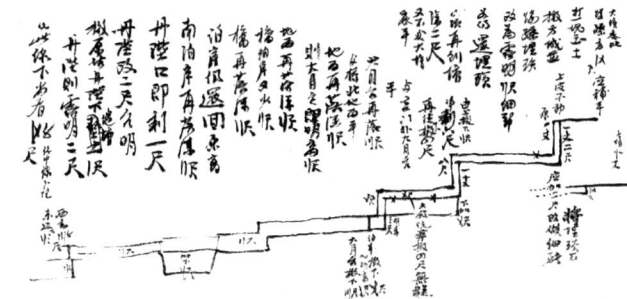

238-014

光绪元年九月初七日惠陵地面落矮立样糙底，多方案比较

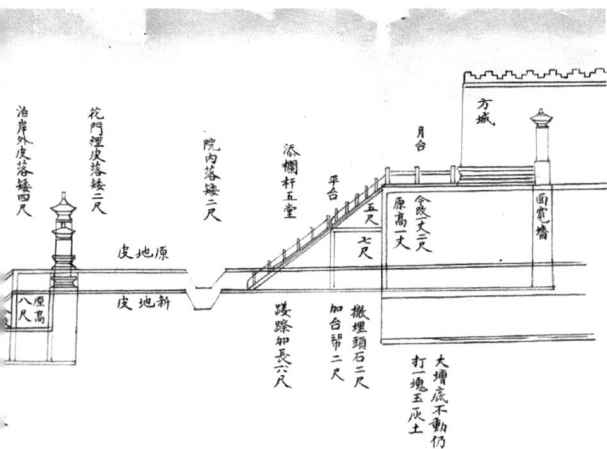

189-020 光绪元年九月初八日奉醇王爷谕惠陵
添改跌落尺寸立样，实施方案

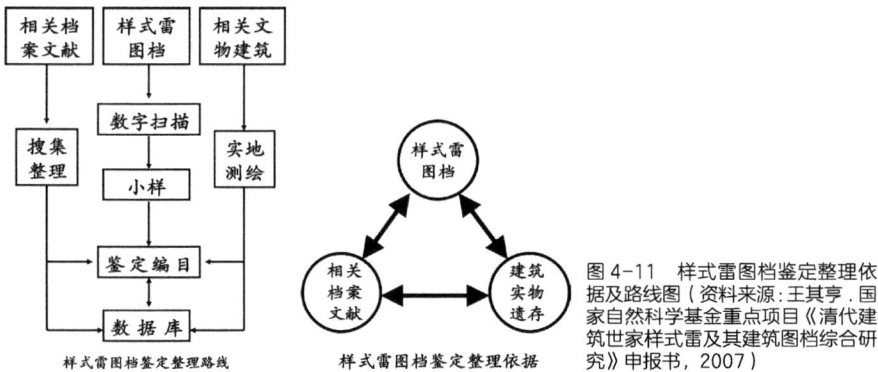

图 4-11 样式雷图档鉴定整理依据及路线图（资料来源：王其亨．国家自然科学基金重点项目《清代建筑世家样式雷及其建筑图档综合研究》申报书，2007）

样式雷图档鉴定整理路线

样式雷图档鉴定整理依据

国家图书馆藏圆明园全图的鉴定过程　　　　　　　　　表 4-5

	对象	方法	结论
依据一	道光十一年(1831年)改建前的"九洲清晏"景区格局	比对故宫藏咸丰末年《长春园绮春园圆明园三园地盘河道图》、1933年《实测圆明园长春园绮春园遗址地势图》	早于道光十一年
依据二	"澹泊宁静"、"宁河镇"黄签	道光避讳	早于道光朝
依据三	嘉庆八年（1803年）改建前的秀清村河道	比对故宫藏咸丰末年《长春园绮春园圆明园三园地盘河道图》	早于嘉庆八年
依据四	乾隆四十九年（1784年）落成的宝莲航	比对《钦定日下旧闻考》	晚于乾隆四十九年
结论	乾隆四十九年至嘉庆八年，由雷声澂或雷家玺绘制的《圆明园内围河道地盘全图》		

[资料来源：王其亨，张凤梧．一幅样式雷圆明园全图的年代推断．中国园林，2009，25（06）]

其二，以清代典章制度的改变或景点名称的变化为时间标尺，判断图纸的绘制时间，如道光朝凡景区名称中有"宁"字的，均因避讳而改用它字，即可作为道光朝图档的判定依据；

其三，利用档案文献与历史图像中描述的建筑山水格局更迭，鉴别图档绘制时间。

2013年，结合故宫藏样式雷陵寝图档的整理，又进一步申明了图档鉴定的方法：

1）文献档案及工程籍本的汇集整理。

2）逐年、逐月、逐日编制详细的工程大事年表。

3）与建筑实物的对照。

4）图档的分类排比与互校。

由此形成的样式雷图档的编目成果相较于 2004 年以前完成的图纸目录，在年代、作者等关键信息的鉴定上更为准确，并且呈现了更为丰富的工程细节。典型如 1400 余件定陵图档的鉴定，由于定陵在清代皇家陵寝中承前启后的特殊地位，因此出现大量种类繁杂的关联前朝陵寝（包括孝陵、孝东陵、景陵、景陵妃园寝、景陵太妃园寝、裕陵、裕陵妃园寝、慕陵及宝华峪）的图档；同时，定东陵工程又与定陵工程前后相继，部分图纸通用；更晚的惠陵、崇陵工程照搬定陵规制，方案与定陵高度近似；凡此，均使图档的区分极其困难。只有在深入掌握定陵工程细节的同时，全面了解其他相关各陵寝的建筑形制和设计过程，将二者融会贯通，才能够辨识此类图档。[①] 现举例说明如下：

例 1. 国家图书馆藏方城明楼画样 151-12[②]、151-13 的鉴定

国家图书馆藏方城明楼画样 151-12、151-13 中并未标注其所属工程，又因清代帝陵明楼外观大同小异，所以长期以来仅被粗略判属惠陵设计图，但在定陵设计个案研究中，通过详细比对已知画样及建筑实测成果，并与文献相对应，已确定这两幅图纸均是咸丰八年八月下旬定陵设计期间，由雷思起绘制的孝陵方城明楼测绘图，鉴定过程详见图 4-12。

例 2. 国家图书馆藏碑立样 280-50 的鉴定

国家图书馆藏碑立样 280-50 无题、无记，比对 187-2-26《定陵小碑亭龙蝠碑给尺寸底》,画风、比例完全一致,280-50 图应可判为定陵。同时，在同治三年《样式房日记随工活计》中记载有："同治三年三月初五日……当日往前段，石作陈头目要碑身尺寸送来。并量来下马牌尺寸糙样一张。往后段，石作张头目要碑身尺寸。"与 187-2-26 图中注记："前段石作给尺寸底，定陵小碑亭"吻合，再综合定陵工程同时段其他碑大样可知，这两张图样均绘制于同治三年三月初五日，即测绘其他陵寝下马牌、神道碑和明楼碑当日，雷思起草拟定陵神道碑碑身控制尺寸图纸，并告知石作工头，先行对石料进行粗加工，且该碑身系用宝华峪旧料制成。综上，280-50 图应拟名"定陵小碑亭龙蝠碑旁样给尺寸底"，而图纸绘制

---

① 有关定陵样式雷图档的鉴定成果均引自王其亨，王方捷.中国古建筑设计的典型个案：清代定陵设计解析（上篇）.见：王贵祥主编.中国建筑史论汇刊（第 12 辑）.北京：清华大学出版社，2015:215-266；王其亨，王方捷.中国古建筑设计的典型个案：清代定陵设计解析（中篇）.见：王贵祥主编.中国建筑史论汇刊（第 13 辑）.北京：中国建筑工业出版社，2016:3-45；王其亨，王方捷.中国古建筑设计的典型个案：清代定陵设计解析（下篇）.见王贵祥主编.中国建筑史论汇刊（第 14 辑）.北京：中国建筑工业出版社，2017:3-43. 王方捷.清代定陵设计研究，天津：天津大学，2017.
② 此为国家图书馆馆藏编号，下同。

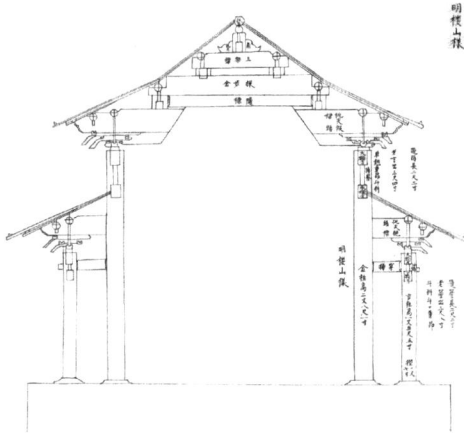

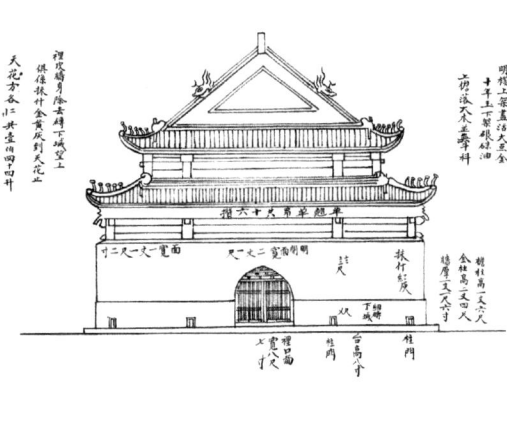

151-13

151-12

（a）待判读图纸

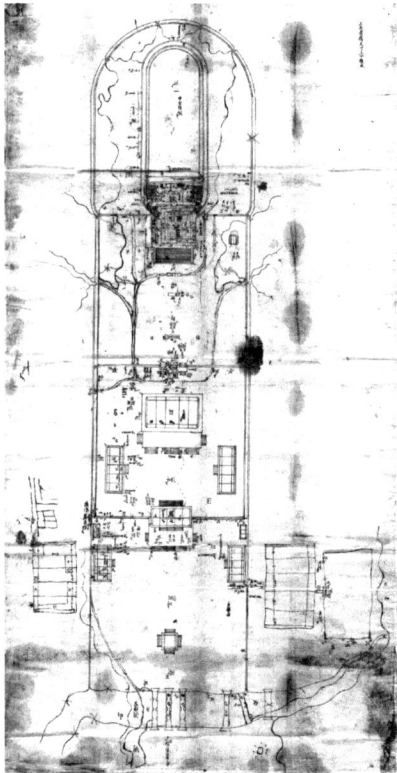

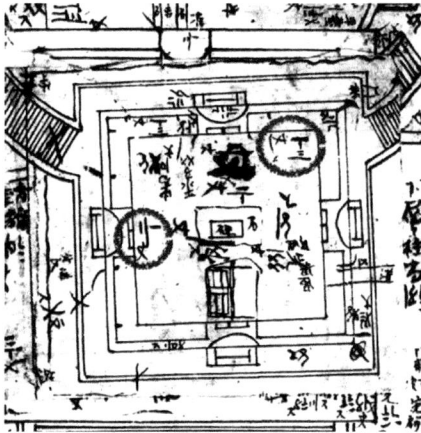

已知图纸：咸丰八年九月《孝陵二次查得尺寸三分糙底》（205-42）及局部
（b）从图上可发现孝陵明楼平面尺寸（明间宽 2.1 丈，梢间宽 1.13 丈）隐藏在杂乱的码子字中（画圈处）

图 4-12　国家图书馆藏方城明楼画样 151-12、151-13 鉴定实例
（资料来源：王方捷.清代定陵设计研究，天津：天津大学，2017）

与不同图纸中的明楼尺寸对比

单位：丈		明间宽	梢间宽	总宽	檐柱高	金柱高
鉴识对象	151-13	3.1（内部）	0.56（内部）	4.22	1.55	2.81
已知图档	205-42（孝陵）	2.1（外显）	1.13（外显）	4.36	1.58	
	178-1（景陵）	2.08	1.13	4.34	1.55	
	书5517（宝华峪，同定陵）	1.8	1	3.8	1.4	2.5

（c）通过与已知图档中提取的各陵明楼尺寸进行对比可见，151-13图中的明楼构架立样，其平面尺寸和柱高明显接近孝陵、景陵，而与宝华峪定陵不符。

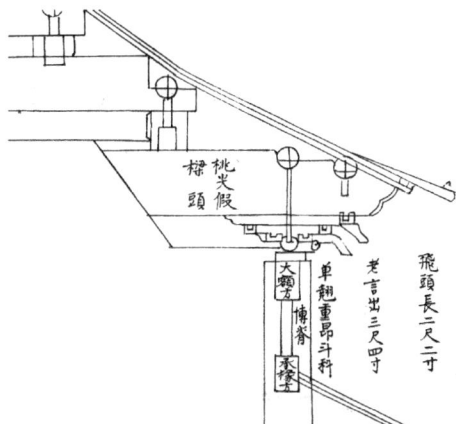

待判读图纸151-13局部　　　　　孝陵明楼梁架照片及测绘图　　　　　景陵明楼梁架照片及测绘图

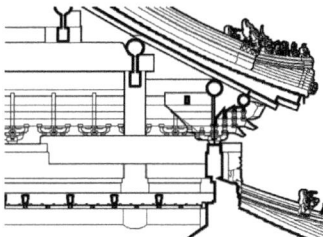

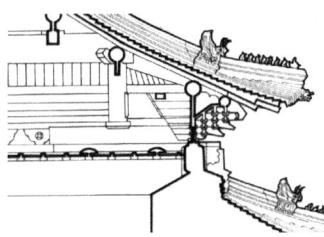

与实测的明楼做法对比

		抹角梁位置	斗栱后尾形式
鉴识对象	151-13	比平板枋稍高	前2跳正常，以上未知
建筑实测	孝陵	比平板枋稍高	前2跳正常，以上斜切（实测）
	景陵	比孝陵稍高	全部斜切（实测）
	定陵	与正心桁同高	全部正常

（d）进一步关注151-13图中两处细节：抹角梁位置和斗栱后尾形式，对比实测结果，可发现其与孝陵实际做法一致，而与景陵不同。至此，该图内容及时间已基本判明。这也与定陵设计前期将孝陵作为"祖制"代表，进行重点测绘的事实吻合。综上，151-13图名应为"孝陵明楼大木立样"，咸丰八年八月下旬雷思起绘。顺藤摸瓜不难发现，151-12明楼及明楼碑立样也是同一时期的图纸。图中明楼明间面宽2.1丈，梢间面宽1.12丈，檐柱高1.6丈，金柱高2.4丈，据上表，尺寸接近孝陵、景陵，需借助碑尺寸做进一步判断

图4-12　国家图书馆藏方城明楼画样151-12、151-13鉴定实例（续）
（资料来源：王方捷.清代定陵设计研究，天津：天津大学，2017）

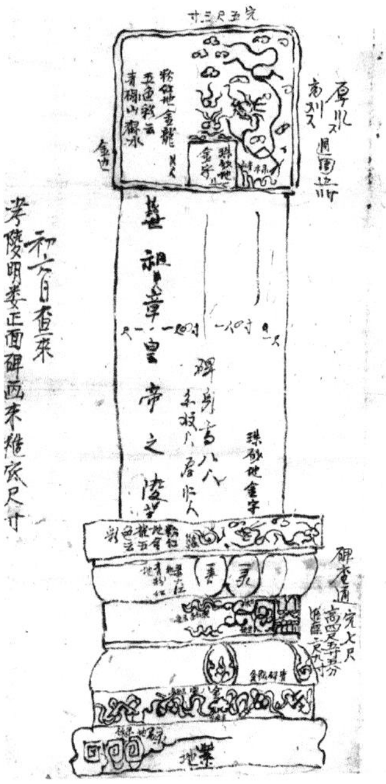

同治三年《孝陵明楼碑尺寸糙底》(205-49)

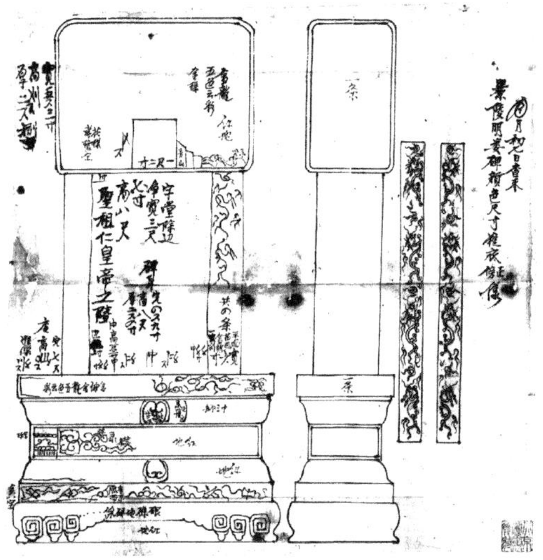

同治三年《景陵明楼碑颜色尺寸糙底》(178-15)

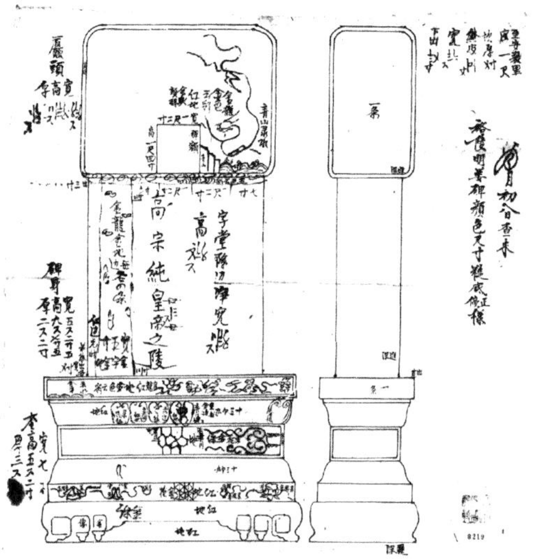

同治三年《裕陵明楼碑颜色尺寸糙底》(219-16)

不同图纸中的明楼碑尺寸比较

单位：尺		碑座			碑身			碑头
		高	宽	厚	高	宽	厚	高
鉴识对象	151-12	4.5	6.9	2.9	9.1	4.8	2.2	5
已知图档	205-49(孝陵)	4.55	7	2.9	8	4.9	2.2	4.2
	178-15(景陵)	4.65	7	3.5	8	4.9	2.2	4.2
	219-16(裕陵)	5.2	7	3	9.75	5.25	2.2	3.85

(e)梳理已知为同治三年三月各陵碑匾专项测绘成果，待鉴定图档 151-12 与 205-49 孝陵明楼碑最接近，尤其是碑座数据，偏差在 1 寸以内，而与景陵、裕陵碑差异明显。碑座由于位置低，测量不易出错，而高处的碑身、碑头，其测量结果显然出现了较大的差误。与 151-13 等图类似，图中明楼只有下层数据，且金柱高“2.4 丈”与 151-13“2.81 丈”的数据差异较大，这是由于金柱柱顶位于天花以上，若从外部测量，会受下层屋面的影响产生极大的误差。这一系列现象表明咸丰八年的测绘以平面为重点，进行了多次测量，但缺乏测量高处的手段，相关数据少且不可靠。综上，151-12 等图名应为“孝陵明楼及明楼碑立样”，咸丰八年八月下旬雷思起绘。对应档案：“八年八月二十至廿五日，详勘昭西陵、孝陵、孝东陵、景陵、裕陵规模尺丈，绘图，缮具各陵及平安峪面宽、进深尺寸清单。九月初二呈览留中。”①

图 4-12　国家图书馆藏方城明楼画样 151-12、151-13 鉴定实例(续)
(资料来源：王方捷. 清代定陵设计研究，天津：天津大学，2017)

① 平安峪工程备要(卷一)：奏章——派员覆勘吉地绘具图说呈进. 中科院国家科学图书馆藏.

时间、作者、用途、绘制背景均得到揭示（图4-13）。

例3. 国家图书馆藏画样243-37 的鉴定

国家图书馆藏画样243-37 仍是一张无题、无记的图纸。在上万张样式雷图档中发现，图234-13记录了定陵琉璃影壁设计的前因后果：同治二年九月初二日承修大臣魁龄传，到平安峪核对在京原绘影壁尺寸画样，样子匠回禀若按孝陵影壁样式尺寸设计，"不伏（符）用"，原绘定陵尺寸样中须弥座宽应为二丈九寸，错写成二丈九尺，"初四日才小（晓）得"，初五日早，将写错字事回明大人。核对图243-37，按图中影壁定位及标注尺寸，应属定陵，绘制于同治二年九月初五日之后，其图示分析方法在样式雷图档中甚为罕见，反映了影壁掩蔽地宫入口的基本功能。与此关联，图239-031为定陵隧道券口立样（图4-14）。

此外，如本书第三章所述，样式雷图档特别是家藏图档因为多代积累，后由不同渠道购获于市，又屡经辗转，造成了图档本身的破损和极大的混乱，入藏后即需重新修复，或将已失落的题签归位。如1931年中法大学购藏雷氏家藏图档后，将1565件零散图条重新装裱粘贴成册，以便保管。[1] 实际上，因散落画样或题签并无明显的信息可供辨识，在装裱过程中，错位无可避免。[2] 因此，在图档鉴识时，需仔细分辨。典型如国家图书馆藏画样205-23、251-75。图205-23由四幅残破小图重新装裱而成，从图中内容、文字、笔迹等可判断，上三幅原为一图，裂为三截，缺碑上端及龟足部分。图251-75却误将碑上端及龟足合裱为一。重新拼合还原后，即得到图210-32的底图，而贴页反映了碑首及龟足形式的设计变更。进一步，图中所记尺寸恰与图4-13中187-2-26的尺寸吻合。因此，205-023、251-75可判为同治三年定陵龙蝠碑设计图（图4-15）。

事实上，通过上述图档鉴定案例的详细解析，已充分说明样式雷世家及其建筑图档研究中最核心也是最困难的工作，就是如何结合与图档对应的清代皇家建筑遗存的大规模测绘研究，以及相关工程档案的系统发掘，从各项建筑工程选址、规划、设计、施工等角度缜密解析，最终使看似毫无关联且极难辨识的一张张图

---

① 见故宫博物院藏接收中法大学样式雷图档相关档案。
② 在国家图书馆和故宫博物院样式雷图档中已发现大量案例。如209-1图上"十月十八日呈览眼照准样底"题签贴错位置；229-2与253-27为一图，裂四片，裱为二图，须重新合裱为一图；233-8—233-12普祥峪万年吉地已做活计图上，神厨库贴页皆应转180°重贴；204-7、237-9、240-4、5、241-8—241-12、242-20、243-10—243-12等皆为定东陵地宫贴页，应比对贴页缺失画样，重裱归位；254-10—254-13皆缺五孔桥，或被集中误裱在254-14中；264-51定陵大殿地盘图中东暖阁"仙楼一座"误贴在明间，贴页中圆柱无法与底图对位，应如264-52重贴；343-675应为紫禁城长春宫地盘图，现题签错贴；344-794普祥峪万年吉地方城地宫样中，浮签"遵照慕陵地宫"误贴在方城明楼，应在344-795宝顶上方。此外，"石门楣一座"、"闪当券"、"罩门券"、"大料石"、"礓磜"等签均贴错位置；故宫藏书4194题签贴错，图、名不符；书4192、4193原为一图，分裂为二。

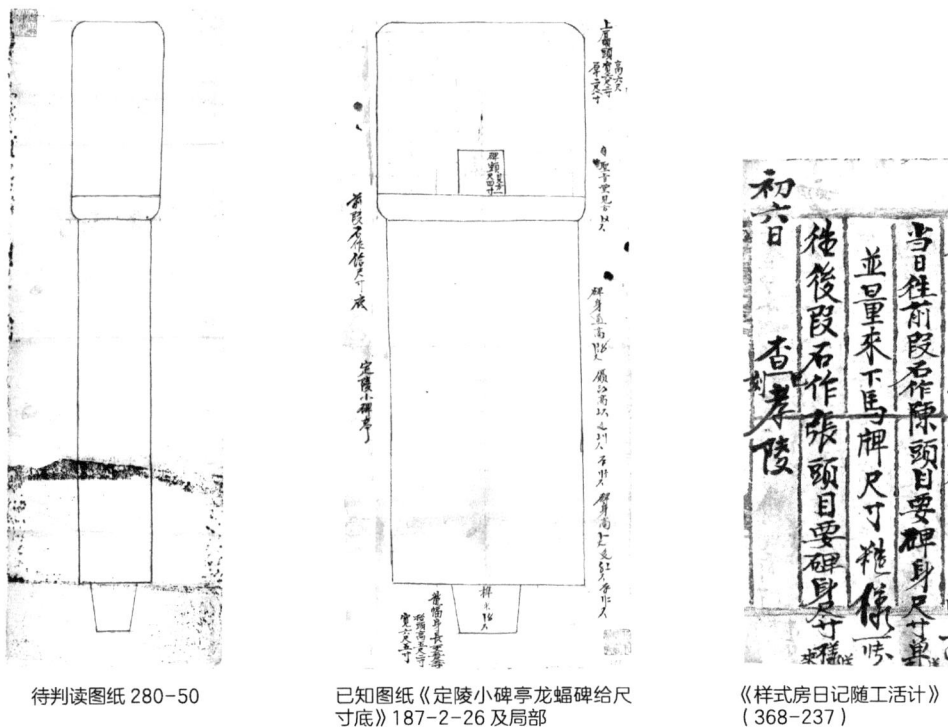

待判读图纸 280-50　　　已知图纸《定陵小碑亭龙蝠碑给尺　　　《样式房日记随工活计》
　　　　　　　　　　　　寸底》187-2-26 及局部　　　　　　（ 368-237 ）

图 4-13　国家图书馆藏碑立样 280-50 鉴定实例（资料来源：中国国家图书馆提供）

档成为可被解读的工程档案。非此艰辛的深入探究，无法洞悉这一世界记忆遗产的奥秘、意义和价值，而样式雷世家各代传人的卓杰成就及其世界地位，也唯有从这个角度才能被揭示和认识。

（2）样式雷图文数据库的搭建

在国家自然科学基金重点项目的资助下，2010 年搭建完成样式雷图文数据库（图 4-16），旨在整合样式雷图档、样式雷世家、清代宫廷档案、工程籍本、清代皇家建筑测绘图等相关资源，建立可交叉检索的开放性学术研究平台。这一现代手段的运用从根本上解决了相关图档、文献资料不能统一、集中收藏管理的状况，为国内外建筑学科及相关交叉学科的研究者提供了基础平台，既能够使样式雷图档这一珍贵建筑文化遗产更便捷也更充分地发挥其多方面的效益，也能够避免因频繁调阅而损害文物性质的图档原件，使之得到更合理的科学保护。此外，在未来条件成熟时，还可将这一图文数据库发展为更为完整、先进的样式雷知识库。

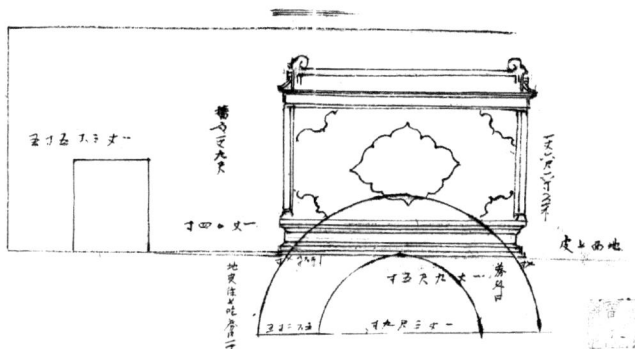

待判读图纸 243-37

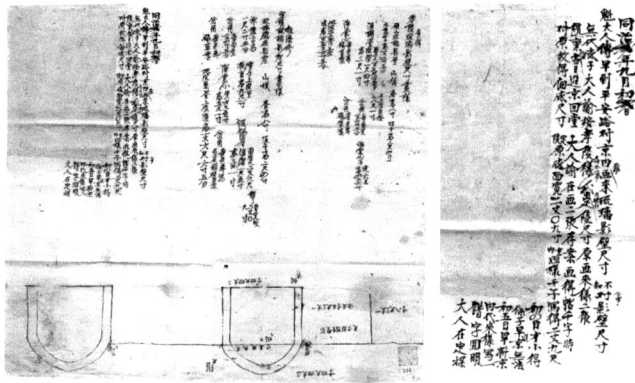

已知图纸 234-13 及局部

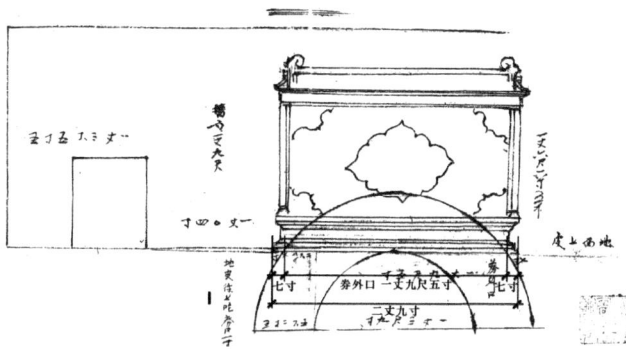

由图可知，定陵影壁宽按 2.09 丈，每边宽出隧道券外口 7 寸，足可掩蔽

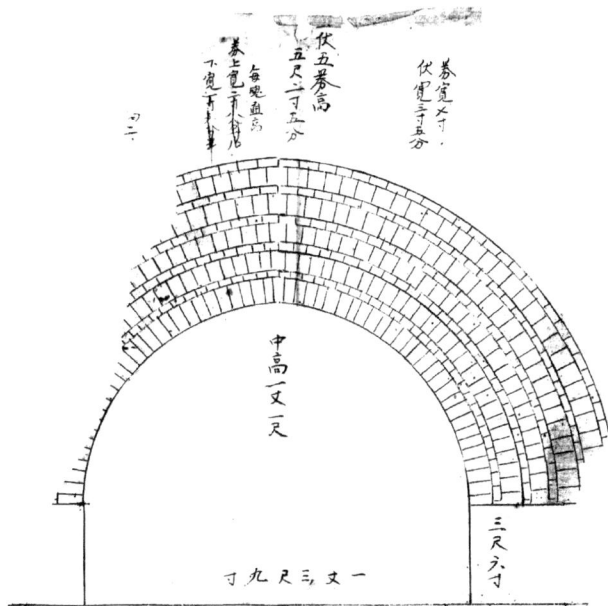

239-031

图 4-14　国家图书馆藏画样 243-37 鉴定实例（资料来源：中国国家图书馆提供）

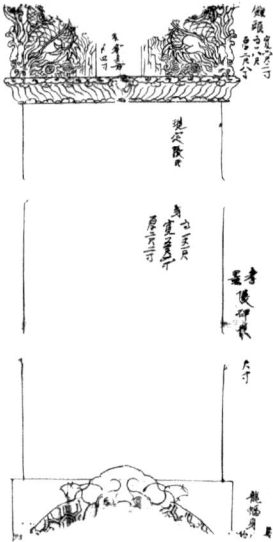

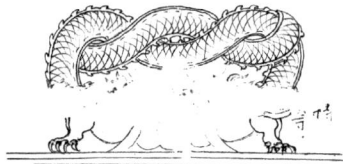

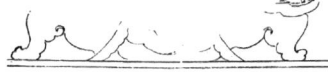

待判读图纸 251-75
（上为底图，下为贴页）

待判读图纸 205-023

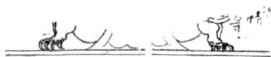

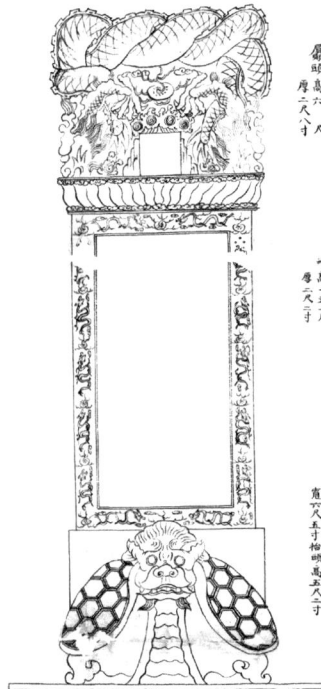

205-023+251-75（左为 251-75 底图拼合；右为 251-75 贴页拼合，与 210-32 形式吻合）

210-32

图 4-15　国家图书馆藏画样 205-23、251-75 鉴定实例（资料来源：中国国家图书馆提供）

图4-16　清代样式雷建筑图文数据库（资料来源：天津大学建筑学院提供）

4. 样式雷世家的全面研究

（1）世家史料的发掘和考释

继 2002 年在中国文物研究所重新发现朱启钤相关遗稿、札记，11 册雷氏族谱以及雷思起《精选择善而从》等笔记，天津大学倾力投入，扩大了样式雷世家相关文献资料的搜寻工作，收获甚丰。2007 年，赴上海市图书馆检获并复印了乾隆二十一年（1756 年）抄本《雷氏大成族谱》及《北山雷氏族谱》（图 4-17），赴江西永修县雷氏原籍寻获《雷氏大成总谱》（图 4-18），并调查雷氏后裔，相关史料可校正或补充业已掌握的材料，如上海图书馆藏《北山雷氏族谱》四十七世首列雷金玉，所言"钦赐内务府七品官，食七品俸；殁……恩赏盘费银一百余金，奉旨驰驿归葬安德门外西善桥"，为现知最早有关雷金玉事迹的记载，离其去世不过 27 年；同年，在首都博物馆找到了样式雷后裔雷文雄、雷文桂 1966 年 3 月捐献的 8 幅祖先画像，经分析研究，其中着装晚清二品朝服和顶戴的男像，应属样式雷第四至七代传人雷家玺、雷景修、雷思起和雷廷昌。更重要的是，在近两万件样式雷传世图档中，除了建筑设计画样和设计说明而外，还发现了大量日记、信函等，极其丰富生动地展示了样式雷世家社会生活的诸多详情细节，以及职业教育和修养、职业道德乃至情感等心理活动。

上述原始史料的发现无疑为样式雷世家的研究提供了丰富的讯息，为正本清源、存真求是，有必要也有可能对样式雷世家研究史上最重要的文献——朱启钤《样式雷考》进行全面细致的校勘和注释。为此，2007 年王其亨、何蓓洁完成《朱启钤〈样式雷考〉的史料基础》[1]，2009 年在清华大学举办的"纪念中国营造学社成立 80 周年学术研讨会"上发表《朱启钤〈样式雷考〉校注》，并迅即在《建筑学报》2010 年 1 期刊出。[2] 文章校对刊文与朱启钤手稿，指出了多处誊抄及印刷过程中产生的字句讹误，如"文远"误为"文达"、"三月"误为"三日"、"国宝"误为"国贤"等，还原了朱启钤写作时的本意及历史真实。更重要的是，在全面掌握可依据的原始材料后，文章逐字逐句地考释《样式雷考》。如，廓清了现存各族谱对雷氏始祖歧称"雷公""方雷公""万雷公"的缘由，解决了该家族起源的一大疑难；审慎分析了康熙年间雷金玉"钦赐内务府七品官"的缘由；考证了

---

① 2007 年 10 月 18 日，该文作为会议论文在北京举办的"纪念圆明园建园 300 周年国际学术研讨会"上提交，文章标题后由编辑改为《朱启钤〈样式雷考〉与雷氏传人》，发表在《圆明园》学刊第七期——纪念圆明园建园 300 周年特刊，2008。

② 王其亨，何蓓洁. 朱启钤《样式雷考》校注——纪念中国营造学社成立兼样式雷图档入藏中国国家图书馆 80 周年. 建筑学报，2010（01）：84-87.

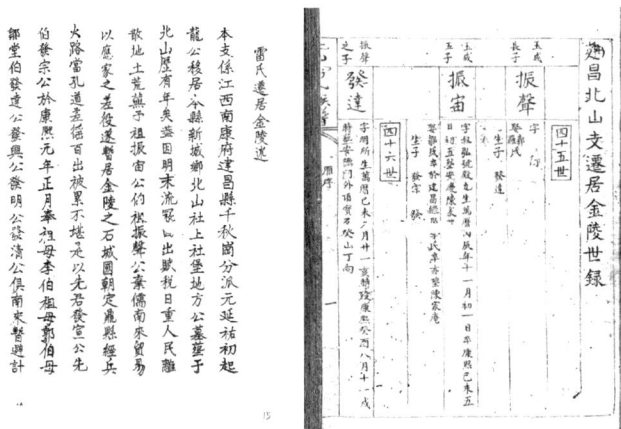

图4-17 乾隆二十一年（1756年）抄本《雷氏大成族谱》及《北山雷氏族谱》（资料来源：上海市图书馆提供）

图4-18 江西永修县雷代林藏《雷氏大成总谱》（资料来源：雷代林提供）

嘉庆中雷家瑞承接楠木作内檐装修的"南园"工程，乃为圆明园而非南苑；等等。全面详细的校勘与考释弥补了该文发表时未遑标明文献出处的缺憾，廓清了这一经典性论文的史料依据，厘清了世家研究中诸多学术论争的源头，使这一传播广泛、影响深远的扛鼎之作成为可被检讨的信史。

与此相关，笔者对80年来样式雷世家研究史进行了梳理和分析，2009年在"纪念中国营造学社成立80周年学术研讨会"上发表《样式雷世家及图档研究的历史回顾》一文，概要梳理了营造学社以来该领域研究的进展。一年后，深入考据分析朱启钤有关雷样式图档研究的艰难历程和珍贵的学术思想，完成《历久弥新的启示——朱启钤〈样式雷考〉内在蕴涵探析》，2010年9月27日，在"故宫博物院85周年院庆暨中国紫禁城学会第七次学术讨论会"作大会报告，并被《紫禁城》杂志录用，在2011年第2期见刊。[①]2012年，为裨益该领域研究的深化发展，王其亨、何蓓洁勉力综罗相关资料，遍览中国营造学社、北平图书馆、故宫博物院、中法大学等相关机构的档案文献，如《中国营造学社汇刊》《国立北平图书馆馆刊》《国立北平图书馆馆务报告》《北平故宫博物院文献馆一览》、北京市档案馆藏中法大学档案等，详细回顾了1930年代样式雷及其建筑图档研究的艰辛历程，发表《高瞻远瞩的开拓，历久弥新的启示——清代样式雷世家及其建筑图档早期

---

① 见王其亨，何蓓洁.历久弥新的启示——朱启钤《样式雷考》内在蕴涵探析.紫禁城，2011（02）：34-43。本文最早在2010年9月举办的"故宫博物院85周年院庆暨中国紫禁城学会第七次学术研讨会"上宣读。

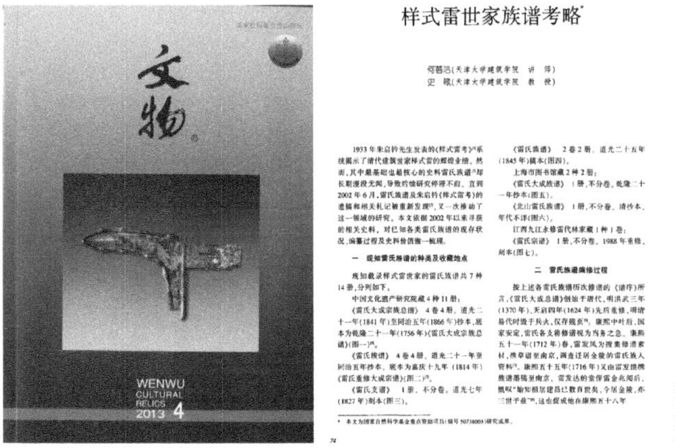

样式雷世家族谱考略*

何蓓洁（天津大学建筑学院 讲 师）
史 箴（天津大学建筑学院 教 授）

1933年朱启钤先生发表的《样式雷考》[1]系统揭示了清代建筑世家样式雷的辉煌业绩。然而，其中最基础也最核心的史料雷氏族谱[2]却长期湮没无闻，导致后续研究停滞不前。直到2002年6月，雷氏族谱及朱启钤《样式雷考》的遗稿和相关札记被重新发现[3]，又一次推动了这一领域的研究。本文依据2002年以来寻获的相关史料，对已知各类雷氏族谱的现存状况、编纂过程及史料价值做一梳理。

一 现知雷氏族谱的种类及收藏地点

现知载录样式雷世家的雷氏族谱共7种14册，分列如下。

中国文化遗产研究院藏4种11册：

《雷氏大成宗族总谱》 4卷4册。道光二十一年（1841年）至同治五年（1866年）抄本，底本为乾隆二十一年（1756年）《雷氏大成宗族总谱》（图一）[4]。

《雷氏族谱》 4卷4册。道光二十一年至同治五年抄本，底本为嘉庆十九年（1814年）《雷氏重修大成宗谱》（图二）[5]。

《雷氏支谱》 1册，不分卷。道光七年（1827年）刻本（图三）。

《雷氏族谱》 2卷2册。道光二十五年（1845年）稿本（图四）。

上海市图书馆藏2种2册：

《雷氏大成族谱》 1册，不分卷。乾隆二十一年抄本（图五）。

《北山雷氏族谱》 1册，不分卷。清抄本，年代不详（图六）。

江西九江永修雷代林家藏1种1卷：

《雷氏宗谱》 1册，不分卷。1988年重修，刻本（图七）。

二 雷氏族谱编修过程

按上述各雷氏族谱历次修谱的《谱序》所言，《雷氏大成总谱》创始于唐代，明洪武三年（1370年）、天启四年（1624年）先后重修，明清易代时毁于兵火，仅存残页[6]。康熙中叶后，国家安定，雷氏各支将修谱视为当务之急。康熙五十一年（1712年）春，雷发凤为搜集修谱素材，携草谱至南京，调查迁居金陵的雷氏族人资料[7]。康熙五十五年（1716年）又由雷发揆携族谱墨稿至南京，雷发达的堂侄雷金兆阅后，慨叹"输知祖居建昌已数百世矣，今居金陵，亦三世乎矣"[8]，这也促成他在康熙五十八年

* 本文为国家自然科学基金重点资助项目（编号50738003）研究成果。

74

图 4-19　何蓓洁，王其亨《样式雷世家族谱考略》[资料来源：何蓓洁，史箴 . 样式雷世家族谱考略 . 文物，2013（04）：74-80]

研究历程回溯》① 一文。文章竭诚汲取前贤的宝贵学术思想和经验，为后续研究指明了方向。

此后，王其亨、何蓓洁又陆续对世家研究的核心基础史料《雷氏族谱》《雷氏迁居金陵述》、雷氏祖茔碑记等逐一进行版本及内容的校勘。2010 年 9 月，率先在"故宫博物院 85 周年院庆暨中国紫禁城学会第七次学术研讨会"上发表《样式雷与〈雷氏族谱〉》② 一文，后又完成《样式雷世家族谱考略》，2011 年被《文物》杂志录用，2013 年见刊（图 4-19）。③ 文章依据 2002 年以来寻获的相关史料，系统梳理并廓清了已知中国文化遗产研究院、上海市图书馆、江西省永修县雷代林家所藏共 7 种 14 册《雷氏族谱》的现存状况、编纂过程及史料价值。通过不同版本的家谱比对，文章进一步指出文化遗产研究院藏 11 册雷氏族谱确系中国营造学社旧藏，1933 年春由雷廷昌之子雷献瑞、雷献华送交学社，因其来源及传承清晰，且直接出自样式雷一支，对该建筑世家的研究具有重要价值。正是基于其弥足珍贵的史料价值，中国文化遗产研究院藏样式雷世家《雷氏族谱》的校释工作被国家清史编纂委员会列为文献专题，在其资助下，2015 年 8 月出版易晴点校、崔勇注释的《清代建筑世家样式雷族谱校释》④（图 4-20）。书中首次全文刊载了点校后的乾隆二十一年（1756 年）《雷氏大成宗族总谱》四卷四

① 史箴，何蓓洁 . 高瞻远瞩的开拓，历久弥新的启示——清代样式雷世家及其建筑图档早期研究历程回溯 . 建筑师，2012（01）：45-59.

② 后由编辑约稿，刊载在 2011 年第 3 期《紫禁城》上。见何蓓洁，王其亨 . 样式雷与《雷氏族谱》. 紫禁城，2011（03）：8-11.

③ 何蓓洁，史箴 . 样式雷世家族谱考略 . 文物，2013（04）：74-80.

④ 易晴点校，崔勇注释 . 清代建筑世家样式雷族谱校释 . 北京：中国建筑工业出版社，2015.

图4-20 《清代建筑世家样式雷族谱校释》书影（资料来源：易晴点校，崔勇注释. 清代建筑世家样式雷族谱校释. 北京：中国建筑工业出版社，2015）

册、嘉庆十九年（1814年）《雷氏族谱》四卷四册，以及道光二十五年（1845年）续修《雷氏族谱》二卷二册，该项一手史料的刊布将大大推进样式雷世家的后续研究。

（2）世家研究

面对2002年以来陆续发现的极其丰富的人物史料，样式雷世家研究有了进一步拓展的契机。2007年，王其亨指导何蓓洁完成硕士论文《样式雷世家研究》，综合新发现的材料以及样式雷图档和清代皇家建筑工程个案的研究成果，对样式雷世家生平进行了新的补充，将朱启钤《样式雷考》向前大大推进一步，使世家历史成为内容更为翔实的信史。2008年发表《样式雷与清代皇家园林》[①]，撷要介绍从雷金玉至雷献彩共七代样式雷成员在清代皇家园林建设中的创作实践。此后，依托业已发现的大量史料，于2010年开启了"样式雷新识"系列论文的撰写。2011年8月，在《故宫博物院院刊》上发表首篇《雷发达新识》（图4-21）[②]，文章回溯了世家研究史中与雷发达相关的研究进展，同时以时间为线索系统梳理了营造学社以来发现的各项史料，在已有研究的基础上进一步考证了雷发达的生平事迹，同时，在对学术传统的回采中获得对研究思路与研究方法的新认识。承袭此研究思路，接续完成的《雷金玉新识》3年后在《故宫博物院院刊》发表

---

① 刘彤彤，何蓓洁. 样式雷与清代皇家园林. 中国园林，2008（06）：17–22.
② 史箴，何蓓洁. 雷发达新识. 故宫博物院院刊，2011（04）：81–94.

（图 4-22）。^① 文中仍以研究史为序，系统整理并澄清了已知晓的雷金玉的全部相关史料，并立足既有成果，审视历史背景，对雷金玉展开了深入的再研究，依据现有史料考释其生平业绩，使这位样式雷世家赓续执掌清代皇家建筑设计的不祧之祖，以更加真实、丰满的面貌再现。

随着样式雷世家及其建筑图档研究的逐步深入，新发现或新认知的史料表明，样式雷不仅精于建筑设计，也精于楠木作即硬木家具装修的制作，该家族以何种职业进入皇家建筑营造体系已清晰透现。依据雷氏族谱中的记载，结合样式雷图档中保留的大量史料，已经清楚的是，自清初雷发达以艺应募赴京之后，样式雷世家先后八代传人赓续参役清代皇家建筑工程，长期供职并董领楠木作及样式房，兼具双重职业技能和身份，他们既是卓尔不凡的建筑师，同时也是相关装修陈设方面技艺精湛、高超的设计师和承造者。上述发现以"中国传统硬木装修设计制作的不朽哲匠：样式雷与楠木作"为题在《建筑师》2012 年第 5 期发表专文。^②

2011 年 12 月，何蓓洁在王其亨指导下完成博士论文《清代建筑世家样式雷研究》^③。论文全面、深入、系统地发掘并梳理各项原始档案，对清代 200 多年来执掌皇家建筑设计的样式雷世家八代传人的生平事迹、建筑创作成就、建筑设计理念及方法等作出了迄今为止最为翔实的论证。论文附件《样式雷年谱长编》（19 万字），《样式雷及其建筑图档研究年表（1914—2011 年）》（1.4 万字），《朱启钤手稿图录》等成为研究的重要补充（图 4-23）。

值得指出的是，论文廓清了乾隆二十六年（1761 年）设立的内务府"总理工程处"的职能，明确该处并非管理工程营建事务，而是专责收藏和管理各项皇家建筑工程营建过程始末形成的卷帙浩繁的相关档案文献。其设立初衷即是将原本分储各处的内庭工程料估、销算底册等稿案集中一处，设专人统一管理，以便同类工程兴工时援例查核，杜绝官员参差冒滥之弊。在清代皇家建筑工程管理体制中，总理工程处的设立因应乾隆中期以后土木繁兴之需，不仅内庭、各园囿及各路行宫每年寻常岁修，凡由特旨交办的内廷大型工程均由总理工程处派员先行前往踏勘并预估钱粮，工竣后再派员查验。道光二十三年（1843 年）因国事衰微、工程锐减而裁撤。对总理工程处设立缘起、运行机制、人员拣派等的详细梳理，澄清了其与负责建筑工程营建的"钦派工程处"在清代工官制度中的不同职能。

① 史箴，何蓓洁.雷金玉新识.故宫博物院院刊，2014（05）：99-117.
② 王其亨，何蓓洁.中国传统硬木装修设计制作的不朽哲匠——样式雷与楠木作.建筑师，2012（05）：68-71.
③ 何蓓洁.清代建筑世家样式雷研究.天津：天津大学，2011.

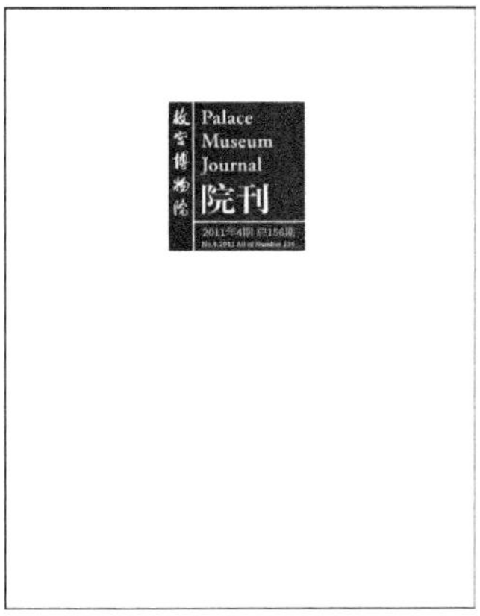

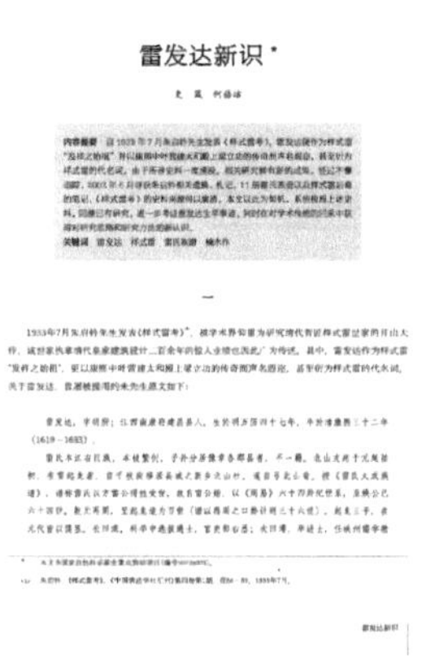

雷发达新识*

史箴 何蓓洁

图4-21 史箴，何蓓洁《雷发达新识》[资料来源：史箴，何蓓洁．雷发达新识．故宫博物院院刊，2011，(04)：81-94]

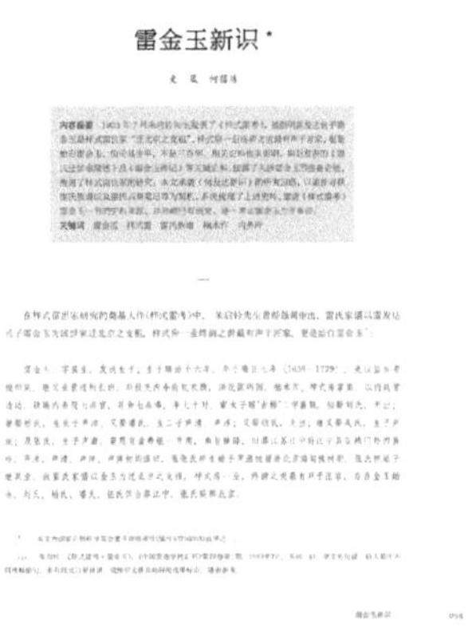

雷金玉新识*

史箴 何蓓洁

图4-22 史箴，何蓓洁《雷金玉新识》[资料来源：史箴，何蓓洁．雷金玉新识．故宫博物院院刊，2014(05)：99-117]

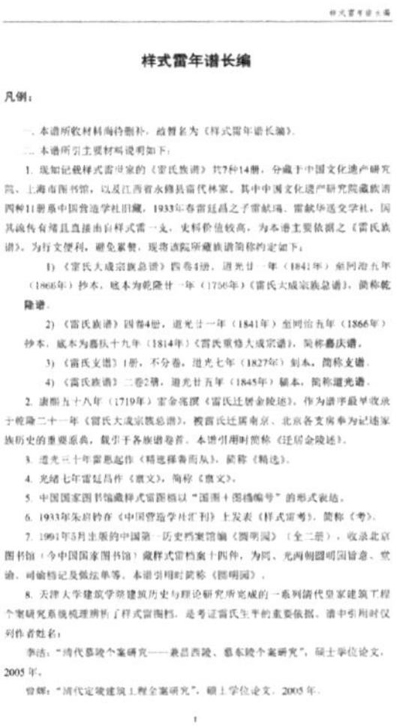

样式雷年谱长编

凡例：

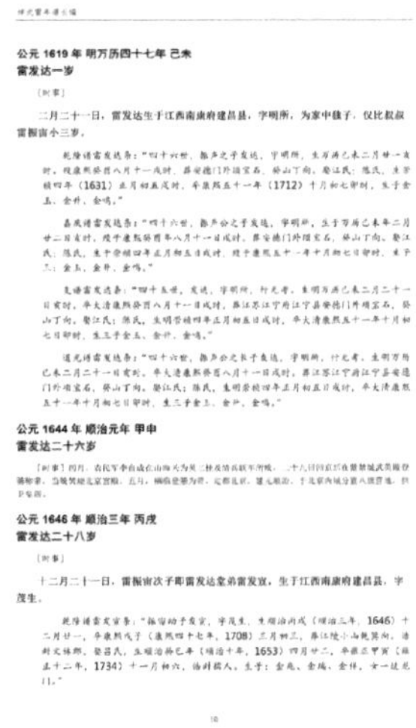

公元1619年 明万历四十七年 己未

雷发达一岁

公元1644年 顺治元年 甲申

雷发达二十六岁

公元1646年 顺治三年 丙戌

雷发达二十八岁

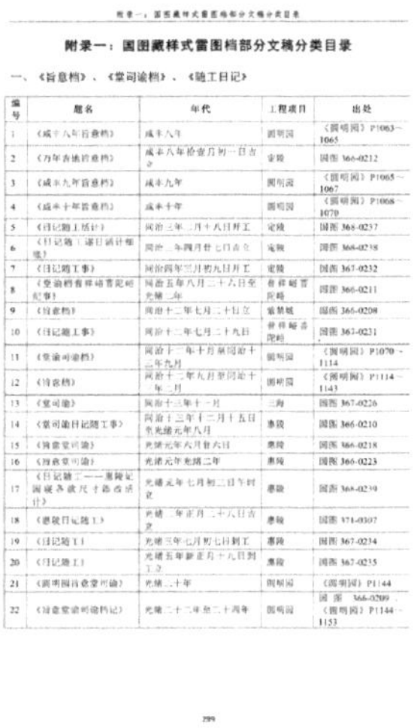

附录一：国图藏样式雷图档部分文稿分类目录

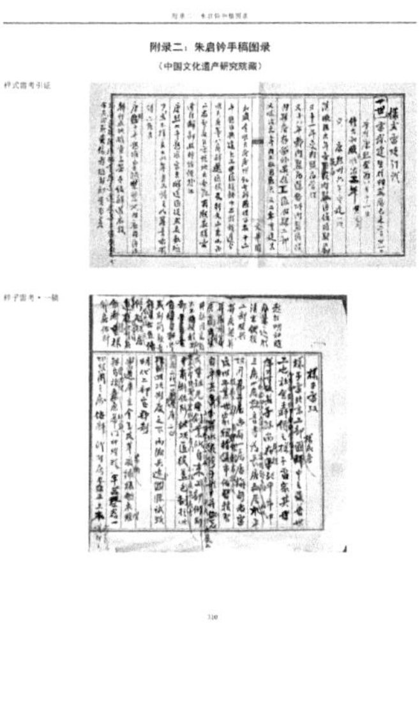

附录二：朱启钤手稿图录

（中国文化遗产研究院藏）

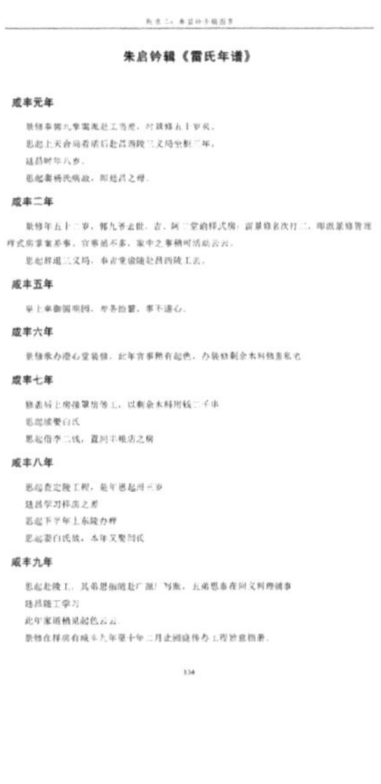

朱启钤辑《雷氏年谱》

咸丰元年

咸丰二年

咸丰五年

咸丰六年

咸丰七年

咸丰八年

咸丰九年

图4-23 何蓓洁《清代建筑世家样式雷研究》附录（资料来源：何蓓洁．清代建筑世家样式雷研究．天津：天津大学，2011）

5. 中国古代建筑设计理念及方法的探索

通过对样式雷图档结合清代皇家建筑工程个案的深入辨析与解读，已充分证明，真实记录样式雷世家建筑创作实践，且大多能与相关文物建筑对应的约20000 件样式雷图档，以及与此直接关联的，国内外有关单位收藏的卷帙浩繁的清代皇家建筑工程相关旨谕、奏折及《工程做法》《销算黄册》《工程备要》《工程记略》等文献，堪称中国古代建筑史上最丰富翔实也最直观形象的珍贵的文物性资料。其中包括的众多完整的建筑工程个案，涵盖了有关机构设置与运作、选址勘测、规划设计、施工以至众多传统建筑工艺等方面的详情细节。而在样式雷图档庞大的数量、丰富的类型、先进的图学语言背后，正是清代皇家建筑工程复杂严谨的设计过程和精妙的设计思想。

首先，立足于明清陵寝工程极其丰富的档案文献和舆图，尤其是样式雷图档，通过研究，对中国古代风水理论及其实践的本质与价值有了更深切的认识。如《清惠陵选址史实探赜》[①]《清代样式雷建筑图档展》中关于设计事务的选址、平格等翔实展现的那样，在涉及建筑及其环境方面的地质学、水文学、气象学、建筑学、生态景观学等西方理念传入中国前，作为一种对应的综合性理念和实际操作方法，数千年来，风水在包括道路、桥梁、水利工程等在内的各种建筑活动中，当然也在明清陵寝各工程中，曾起到举足轻重的指导作用，也取得了巨大成就。其中，略如明清陵寝建筑规划设计以自然山水作为创作主体的风水理念和方法，就被联合国教科文组织专家赞许为"非常现代化，体现了中国人民的高度智慧，值得当今世界学习"。

其次，继续深化平格研究，指出清代皇家建筑的基址勘测和规划设计，曾普遍运用称为"平格"的模数网方法：一是用于建筑选址时计量、勘测地形，契符当代数字高程模型（DEM）的理念；二是用于建筑规划设计，尤其是大规模建筑组群的空间布局，类同当代日本学者芦原义信提出的"建筑外部空间设计理论"，但比之更完备的是，平格还用作竖向设计；三是用于施工设计，相当于现代的地形图或 DEM，以控制施工，核算工程量。这样精审的模数网方法，比中外学术界已知的所有传统模数设计方法更深刻、完备，也更先进。2013 年 4 月 27 日，武汉大学遥感信息工程学院张祖勋院士、郑顺义教授参加文物建筑测绘研究国家文物局重点科研基地（天津大学）揭牌仪式与学术委员会会议。其间参观样式

---

① 史箴，汪江华. 清惠陵选址史实探赜. 建筑师，2004（06）：92–100.

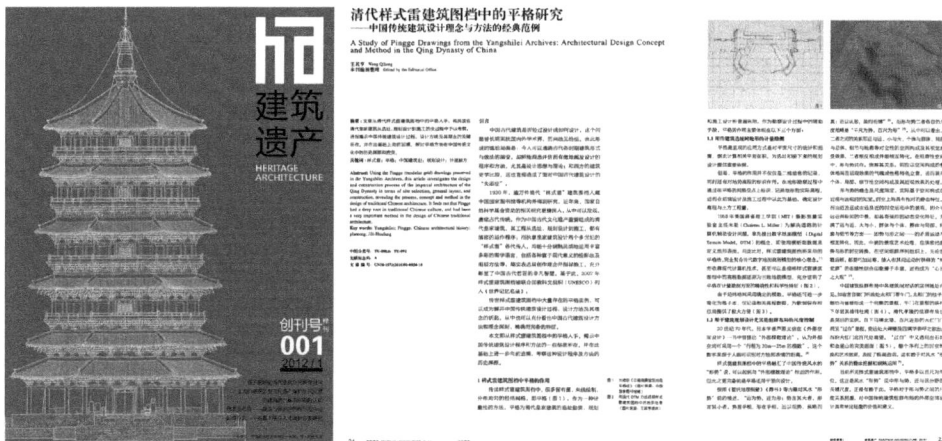

图 4-24　王其亨《清代样式雷建筑图档中的"平格"研究：中国传统建筑设计理念与方法的经典范例》[资料来源：王其亨 . 清代样式雷建筑图档中的平格研究——中国传统建筑设计理念与方法的经典范例 . 建筑遗产，2016（01）：24-33]

雷图档展，认为平格画样精彩彰显了中国古代地形计量勘测方法及其成果表达方式的高超水平，特意索要相关画样电子文件，以纳入其主持的测量学教材。2016年，王其亨应邀在《建筑遗产》创刊号上发表《清代样式雷建筑图档中的"平格"研究：中国传统建筑设计理念与方法的经典范例》①，系统表述了平格研究成果（图 4-24）。

再次，传世样式雷建筑图档曾极其娴熟、灵活地运用丰富多彩的相关工程图学语言，包括各种富于现代意义的投影及图层方法，来绘制规划、设计和施工图，以表达设计理念并指导施工，彰显了中国古代哲匠的非凡智慧。如《样式雷"已做现做活计图"研究》②等论文所揭示的（图 4-25），反映施工进程的活计图以简明有效的表达方式，形象直观地记录了晚清皇家陵寝的施工工序、工艺和礼仪，印证了清代建筑业高度专业化和商业化的运作方式。

2017 年，王其亨指导博士研究生王方捷完成学位论文《清代定陵设计研究》③，并在《中国建筑史论汇刊》连载长篇论文《中国古建筑设计的典型个案：清代定

---

① 王其亨 . 清代样式雷建筑图档中的平格研究——中国传统建筑设计理念与方法的经典范例 . 建筑遗产，2016（01）：24-33.
② 王其亨，王方捷 . 样式雷"已做现做活计图"研究 . 古建园林技术，2013（02）：16-34.
　　王其亨，王方捷 . 样式雷"已做现做活计图"研究（续）. 古建园林技术，2014（03）：53-58.
③ 王方捷 . 清代定陵设计研究 . 天津：天津大学，2017.

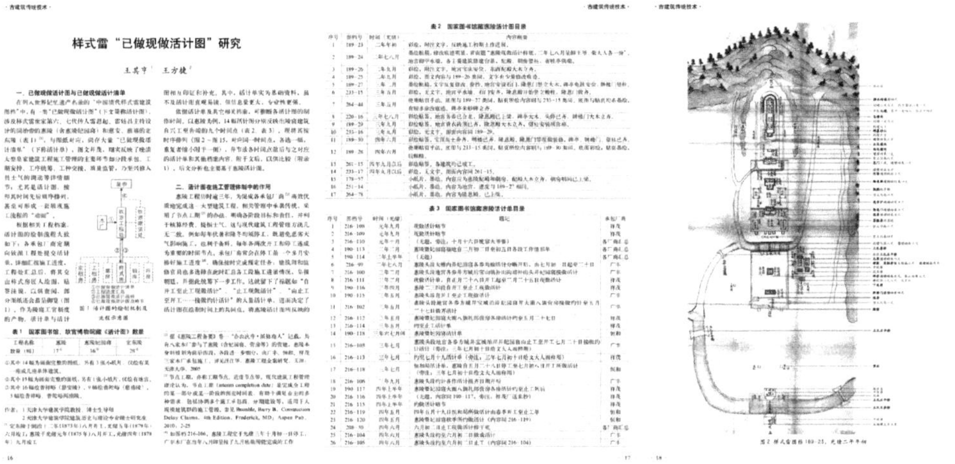

图 4-25　王其亨、王方捷《样式雷"已做现做活计图"研究》[资料来源：王其亨，王方捷 . 样式雷"已做现做活计图"研究 . 古建园林技术，2013（02）：16-34]

陵设计解析》①（图 4-26），基于清代皇家陵寝的大规模调查测绘，深入发掘相关档案文献，系统梳理样式雷建筑图档，选取包含上千件图档的定陵工程作为个案，通过综合研究，从定陵、妃园寝及营房所涉相关选址、勘测、设计直至施工、奉安等过程，还原其设计运作的全貌，分析工程中面临的各种问题，以及建筑师的应对办法，揭示了样式雷作为建筑师在皇家大型建筑工程中的重要作用，弥补了中国古代建筑设计"话语"的缺失。

二、样式雷建筑图档的专项研究

1. 清华大学对圆明园样式雷图档的利用与研究

　　自 1970 年代起，清华大学便积极参与了圆明园的保护工作，进行了园内部分景区的复原研究和规划设计。圆明园遗址公园于 1988 年被定为全国重点文物

---

① 王其亨，王方捷 . 中国古建筑设计的典型个案：清代定陵设计解析（上篇）. 见：王贵祥主编 . 中国建筑史论汇刊（第 12 辑）. 北京：清华大学出版社，2015：215-266.
　王其亨，王方捷 . 中国古建筑设计的典型个案：清代定陵设计解析（中）. 见：王贵祥主编 . 中国建筑史论汇刊（第 13 辑）. 北京：中国建筑工业出版社，2016：3-45.
　王其亨，王方捷 . 中国古建筑设计的典型个案：清代定陵设计解析（下）. 见：王贵祥主编 . 中国建筑史论汇刊（第 14 辑）. 北京：中国建筑工业出版社，2017：3-43.

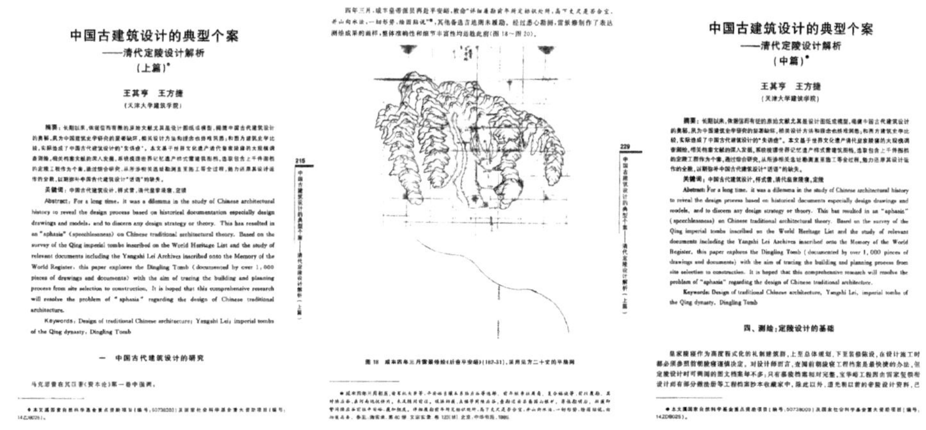

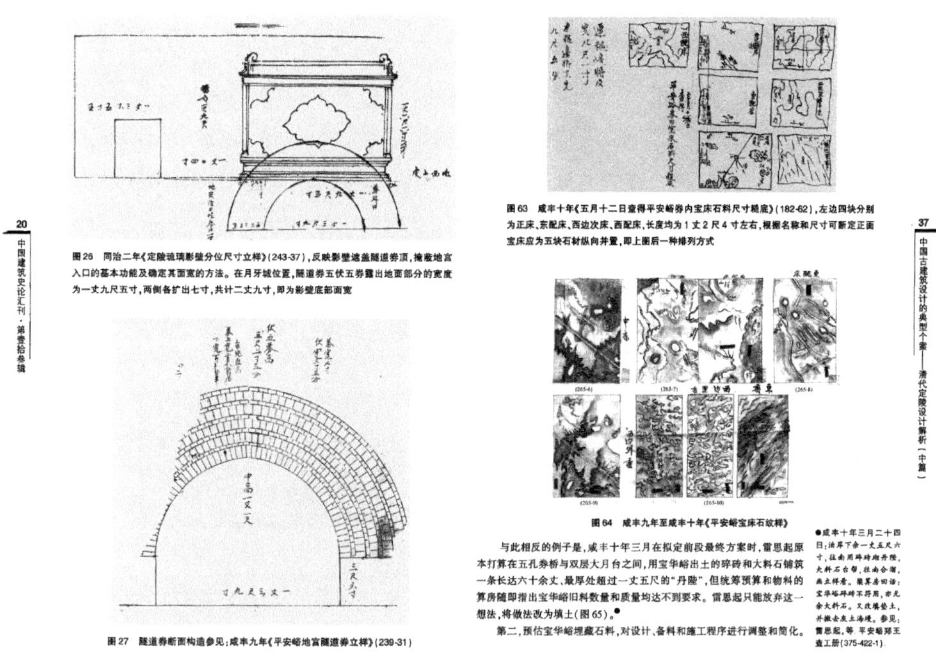

图 26　同治二年《定陵琉璃影壁分位尺寸立样》[243-37]，反映影壁遵盖隧道券顶，掩盖地宫入口本功能及稳定其面宽的方法。在月牙城位置，隧道券五伏五券露出地面部分的宽度为一丈九尺五寸，两侧各扩出七寸，共计二丈九尺，即为影壁龛额面宽

图 27：隧道券断面构造参见《平安峪地宫隧道券立样》[239-31]

图 63　咸丰十年《五月十二日壹停平安峪券内宝床石料尺寸略图》[182-62]，左边四块分别为正床、东配床、西迤次床、西配床，长度均为1尺2尺4寸左右，根据名称和尺寸可新定正面宝床应为五块石材纵向并置，而上图示一种排列方式

图 64　咸丰九年咸丰十年《平安峪宝床石纹样》

与此相反的例子是，咸丰十年三月在拟定前段最终方案时，雷思起原本打算在五孔券桥与双层大月台之间，用宝华峪出土的碎砖和大料石砌筑一条长达六十余丈，最厚处超过一丈五尺的"丹陛"，但烧筹预算和物料的算房随即指出宝华峪旧料数量和质量均达不到要求。雷思起只能放弃这一想法，将做法改为填土（图65）。

第二，预估宝华峪埋藏旧石料，对设计、备料和施工程序进行调整和简化。

图 4-26　王其亨，王方捷《中国古建筑设计的典型个案：清代定陵设计解析》[资料来源：王其亨，王方捷.中国古建筑设计的典型个案：清代定陵设计解析（上篇）.见：王贵祥主编.中国建筑史论刊（第12辑）.北京：清华大学出版社，2015：215-266；王其亨，王方捷.中国古建筑设计的典型个案：清代定陵设计解析（中篇）.见：王贵祥主编.中国建筑史论汇刊（第13辑）.北京：中国建筑工业出版社，2016：3-45]

保护单位后，清华师生又陆续参与了圆明园的整修以及遗址的挖掘整理工作，发表了多篇学位论文。[①] 其中，郭黛姮因 1990 年代初主持广东省珠海市圆明新园景区的建设项目，从圆明园四十景中精选部分景区进行复原和移植，开始搜集并查阅圆明园相关档案文献。1990 年代末，更因参与圆明园遗址公园专项规划的相关工作 [②]，在完成《中国古代建筑史·宋辽金西夏卷》后，将研究重心转向了圆明园。[③] 此后十余年间，在教育部博士点基金和清华大学基础研究基金的资助下，以郭黛姮为首的清华大学研究团队以圆明园为学术研究的主攻方向，展开了全面深入的系统研究。[④]

为搜集相关文献档案，自 1999 年起，郭黛姮屡赴国家图书馆查阅圆明园样式雷图档。2003 年发表《圆明园与古代建筑师样式雷》[⑤]，谈到了以样式雷为主体的清代建筑师的设计内容、设计程序，及其在圆明园建设中的贡献。2004 年，受邀参加 "清代样式雷建筑图档国际学术研讨会"，在会上介绍了样式雷图档与清宫内檐装修。2001 年至 2005 年，指导研究生完成学位论文《清代离宫御苑朝寝空间研究》[⑥]、《清代宫廷内檐装修设计问题研究》[⑦]、《圆明园建筑与山水环境的空间尺度分析》[⑧]、《清代官式建筑制度研究——以圆明园内工则例为例》[⑨]、《从皇子赐园到帝君御园——圆明园营建变迁原因探析》[⑩]，均利用样式雷图档作为研究的重要史料之一，并结合圆明园历史变迁的梳理，对部分圆明园样式雷画样进行了断代鉴定。2007 年出版的《乾隆御品圆明园》[⑪]，特别是 2009 年出版的《远逝的辉煌——圆明园建筑园林研究与保护》[⑫]（图 4-27），汇集了清华大学多位博士生、硕士生的研究成果，是郭黛姮带领的研究团队 10 年间从事圆明园系统研究的阶段性成果总结。通过查阅和分析圆明园样式雷图档、清宫档案、各类奏折、做法清册、销算黄册、工程备要等各类文献档案，并结合圆明园遗迹的考古发现，

① 如由王炜钰指导的研究生林洁敏 1991 年参与了圆明园西洋楼景区的考古挖掘工作，1993 年完成硕士论文《圆明园遗址公园的保护与开发及西洋楼景区的规划与整修》。
② 2001 年为深化《圆明园遗址公园规划》，由圆明园管理处牵头，清华大学建筑学院、北京市园林古建设计院、北京市文物研究所合作开展圆明园建筑遗址、山形水系、考古三方面的专项规划。参见吴祥艳．圆明园遗址山形水系与植物景观保护整治研究．北京：清华大学，2004：4-5.
③ 赵玉洁，郭黛姮：我与圆明园的半生缘．中国建筑报，2012-11-20.
④ 贾珺．清华大学建筑学院 1999—2009 年圆明园研究综述．见：Re-relic 编委会．数字化视野下的圆明园．上海：中西书局，2010：72-77.
⑤ 郭黛姮．圆明园与古代建筑师样式雷．见：张宝章等编．建筑世家样式雷．北京：北京出版社，2003.
⑥ 贾珺．清代离宫御苑朝寝空间研究．北京：清华大学，2001.
⑦ 刘畅．清代宫廷内檐装修设计问题研究．北京：清华大学，2002.
⑧ 臧春雨．圆明园建筑与山水环境的空间尺度分析．北京：清华大学，2003.
⑨ 叶冠国．清代官式建筑制度研究——以圆明园内工则例为例．北京：清华大学，2005.
⑩ 贺艳．从皇子赐园到帝君御园——圆明园营建变迁原因探析．北京：清华大学，2005.
⑪ 郭黛姮编著．乾隆御品圆明园．杭州：浙江古籍出版社，2007.
⑫ 郭黛姮编著．远逝的辉煌——圆明园建筑园林研究与保护．上海：上海科学技术出版社，2009.

图 4-27 《远逝的辉煌——圆明园建筑园林研究与保护》书影（资料来源：郭黛姮编著.远逝的辉煌——圆明园建筑园林研究与保护.上海：上海科学技术出版社，2009）

复原了园内各景区部分已被焚毁的建筑，分析了圆明园建设背景、建筑特点及其对清代中后期清代皇家建筑的影响等。其中，直接论述雷氏供职"样式房"的文字源自 2003 年发表的《圆明园与古代建筑师样式雷》一文，并依据研究进展增补了部分内容。事实上，全书引用的历史图像资料中，圆明园样式雷图档占据大部，特别是关涉圆明园历史沿革以及建筑艺术的第 2 章至第 5 章，引用或摹绘样式雷图档达 82 张，反映了这些来自国家图书馆的雷氏家藏图档正是该书立论的重要基石之一。

一年后出版的《圆明园的"记忆遗产"——样式房图档》[①]，是首部以圆明园样式雷图档为研究对象的专著。全书分为上、下两篇，上篇为圆明园样式雷图档的研究成果；下篇从作者已查阅的 2200 余张图档中，精选了近 160 张，以总图、圆明园分景区图、长春园分景区图、绮春园分景区图为序进行了分类和详细的注释（图 4-28）。对于样式雷世家及其建筑图档研究，有如下几点值得重视：

（1）通过逐一比对样式雷的世系传承、生平业绩与康熙朝以来的圆明园营建历史，细致梳理了雷氏各代传人参与或主持圆明园工程的具体时期及参与的建设项目，针对社会上泛起的对历史史实的盲目夸大，强调圆明园并非由雷氏一族设计建造而成，须在严谨的学术研究基础上理性评价样式雷世家对圆明园建设的贡献。2000 年，在紫禁城学会第七次学术讨论会上，郭黛姮发表文章《样

---

① 郭黛姮，贺艳.圆明园的"记忆遗产"——样式房图档.杭州：浙江古籍出版社，2010.该书的四章内容于 2016 年又由上海远东出版社分成四卷重新出版，见：郭黛姮，贺艳.深藏记忆遗产中的圆明园：样式房图档研究（一）（二）（三）（四）.上海：上海远东出版社，2016.

图4-28 《圆明园的"记忆遗产"——样式房图档》书影（资料来源：郭黛姮，贺艳.圆明园的"记忆遗产"——样式房图档.杭州：浙江古籍出版社，2010）

式房、样式雷与圆明园》①，2011年又发表文章《圆明园与样式雷》②，均再次重申了这一观点。

（2）作者查阅了国家图书馆、故宫博物院、清华大学等机构收藏的样式雷图档，共梳理出2200余张样式雷圆明园图档，并对其进行了分类整理，得出结论："在图上表明绘制年代（有的是改绘年代）的样式雷图纸仅有140张左右，最早的为嘉庆八年，最晚的为光绪二十四年，其中半数以上集中于咸丰年间"③。事实上，该书虽名为"样式房图档"，但下篇精选出版并详细注释的近160件样式雷图档，几乎全部来自国家图书馆、故宫博物院收藏的样式雷家藏图档。

（3）该书详细注释了刊布的样式雷图档，对每张画样的题名、年代、内容进行了鉴定和说明。相较于早前的图档鉴定，部分图纸的年代已能精确判断到某年某月某日，有力地证明了结合档案文献的细致梳理和遗迹考古发掘，对圆明园营建史进行挖掘和考证，是深入解读样式雷图档的重要基础。但同时，作者也强调"注释的目的也不仅在于图样本身，而是希望通过图纸的解读能更有助于圆明园的保护与研究。相信随着史料的不断披露、考古发掘的不断推进，人们对圆明园的了解会更加深入。"这也反映了其在"总体史"理念和全面视角下，为推进圆明园研究，对包括样式雷图档在内的史料进行搜集和考证的研究思路。2015年2月，

---

① 郭黛姮.样式房、样式雷与圆明园.见：中国紫禁城学会论文集（第七辑）.北京：故宫出版社，2012：30-42.
② 郭黛姮.圆明园与样式雷.紫禁城，2011（04）：8-19.
③ 郭黛姮，贺艳.圆明园的"记忆遗产"——样式房图档.杭州：浙江古籍出版社，2010：36.

研究团队成员之一贾珺出版《圆明园造园艺术探微》[①]一书，其中对样式雷图档的研究利用也遵循这一研究理路。

此后，郭黛姮领导学术团队在已取得的圆明园研究成果的基础上，向前推进，展开"再现·圆明园"的数字化研究工作，根据样式雷图档、奏销档、活计档等历史档案以及官方的历史文献、清人笔记，对圆明园各景区山水格局、建筑细节等进行深入详细的复原研究，力图在虚拟世界中真实再现圆明园的盛世辉煌。[②]

2. 其他样式雷图档的研究

清华大学刘畅持续结合样式雷内檐装修图档的整理，对清代皇家建筑室内空间展开系列研究。2004年，在紫禁城学会第五次学术讨论会上发表《从现存图样资料看清代晚期长春宫改造工程》，一年后被《故宫博物院院刊》刊载。[③]刘畅从国家图书馆藏万余张样式雷图档中梳理出长春宫图档60张，通过细致解读图纸内容，并与文献记载、建筑实物相对照，形象地揭示了咸丰、同治两朝长春宫改建工程的详情细节及前因后果。2009年，指导赵雯雯完成硕士论文《从图样到空间——清代紫禁城内廷建筑室内空间设计研究》[④]，主要研究成果被收入同年出版的专著《北京紫禁城》[⑤]。该项研究选择了紫禁城内廷文献资料较为完整、历史图样较为丰富的建筑，如养心殿、倦勤斋、漱芳斋、毓庆宫、寿安宫、长春宫、钟翠宫等，进行个案研究，利用样式雷图档和清宫档案文献的互校，廓清建筑室内空间的历史沿革，并采用虚拟三维模型复原样式雷图档中反映的室内空间，旨在探讨清代宫廷建筑室内空间的设计手法。

① 贾珺.圆明园造园艺术探微.北京：中国建筑工业出版社，2015.贾珺投身圆明园研究10余年，曾在各类期刊发表论文20余篇，并获得国家自然科学基金的资助，该书是这项成果的集成之作。
② 郭黛姮主编.数字再现圆明园.上海：中西书局，2012.
③ 刘畅，王时伟.从现存图样资料看清代晚期长春宫改造工程.故宫博物院院刊，2005（05）：190–206；刘畅.从现存图样资料看清代晚期长春宫改造工程.见：中国紫禁城学会论文集（第五辑·上）.北京：紫禁城出版社，2007：425–443.
④ 赵雯雯.从图样到空间——清代紫禁城内廷建筑室内空间设计研究.北京：清华大学，2009.
⑤ 刘畅.北京紫禁城.北京：清华大学出版社，2009.其中内廷部分的成果在《紫禁城》连载发表：
赵雯雯，刘畅.从努尔哈赤的老宅到坤宁宫.紫禁城，2009（01）：38–43
蒋张，刘畅，赵雯雯.寿安宫.紫禁城，2009（02）：15–23.
赵雯雯，刘畅，蒋张.养心殿.紫禁城，2009（03）：18–27.
赵雯雯，刘畅，蒋张.从半亩园到倦勤斋.紫禁城，2009（04）：30–37.
赵雯雯，刘畅，蒋张.漱芳斋.紫禁城，2009（05）：26–32.
赵雯雯，刘畅，蒋张.符望阁.紫禁城，2009（06）：16–23.
刘畅，赵雯雯，蒋张.毓庆宫.紫禁城，2009（07）：14–19.
刘畅，赵雯雯，蒋张.从长春宫说到钟粹宫.紫禁城，2009（08）：14–23.

另一位旅法学者朱杰（笔名端木泓）在 2005 年、2008 年分别发表圆明园新证系列文章《圆明园新证——长春园蒨园考》《圆明园新证——万方安和考》①，利用样式雷图档作为论文的重要研究材料之一。2009 年，发表《圆明园新证——乾隆朝圆明园全图的发现与研究》②，该文对故宫博物院藏 1704 号圆明园地盘图进行了详细考证，包括图纸的流传、比例、绘制方式等基本信息，更核心的是对图纸年代及作者的研判。该文首次明确指出了样式雷图档自初次绘制后，往往在后期被反复利用的历史事实，因此强调图纸年代的鉴定应区分不同时代的历史痕迹，对原始图层、粘贴图层、白粉覆盖处分别对待；其中最关键的是对底层图纸纪年的准确判定。该文进一步以样式雷世家世系传承及雷氏生平为线索，辅以图面字迹风格的判断，认为该图极有可能是由雷氏第三代雷声澂在乾隆四十四年（1779年）前后亲手绘制，并由第四代雷家玮、雷家玺、雷家瑞三兄弟继承利用，第五代雷景修庋存收藏的雷氏自留圆明园标准样底。由此，文章申明了该图的重要史料价值，是"迄今仅见的唯一一张完整记录乾隆朝圆明园盛况的绝世孤本，也是现存圆明园图档中绘制年代最早、使用时间最长、表现内容最丰富、记载变化最全面的国宝级珍贵档案"，该图"使用达半个多世纪之久，几乎囊括了一部全盛时期圆明园的变迁史，是研究圆明园在乾隆、嘉庆、道光三朝发展变化的最权威、最完整的档案记录"。该文的发表无疑突破了以往圆明园样式雷图档的研究深度，启发了后续对园林图档的鉴识和研究，也对样式雷世家研究做了有益的补充。同年，朱杰发表的《圆明园新证——曲院风荷考》③ 即利用了上述图档解说乾隆时期麹院风荷在圆明园总体规划中的意象。

2015 年，刘畅指导刘仁皓完成硕士论文《万方安和九咏解读——档案、图样与烫样中的室内空间》④，一年后发表《万方安和九咏空间再探——为〈圆明园新证——万方安和考〉补遗并商榷》⑤，仍延续其清宫室内设计研究的整体思路，即利用丰富的样式雷图档、档案文献、历史图像等，考证建筑室内空间格局及历史变迁等，并运用数字化三维建模的技术手段进行空间复原，以此为基础，探索清宫室内空间设计手法和模式。在万方安和研究中值得重视的是，除系统梳理了

① 端木泓. 圆明园新证——长春园蒨园考. 故宫博物院院刊，2005（05）：246-292；端木泓. 圆明园新证——万方安和考. 故宫博物院院刊，2008（02）：36-55.
② 端木泓. 圆明园新证——乾隆朝圆明园全图的发现与研究. 故宫博物院院刊，2009（01）：22-36.
③ 端木泓. 圆明园新证——麹院风荷考. 故宫博物院院刊，2009（06）：14-29.（文章发表时，题目中"曲院风荷"的"曲"字采用异体字"麹"——编者注）
④ 刘仁皓. 万方安和九咏解读——档案、图样与烫样中的室内空间. 北京：清华大学，2015.
⑤ 刘仁皓，刘畅，赵波. 万方安和九咏空间再探——为《圆明园新证——万方安和考》补遗并商榷. 故宫博物院院刊，2016（02）：16-36.

样式雷图档中涉及万方安和的圆明园总图8张、万方安和画样5张，作者还突破了管理体制的制约，对故宫藏万方安和烫样进行了详尽的观察和测量，记录了烫样的尺寸、材料、形式、贴签数量及内容等。在掌握第一手史料的前提下，分析了该烫样在入藏后经修理及人为扰动的可能情形，尝试还原烫样制作完成时的初始面貌，并通过样式雷画样、旨意档等的互校，鉴定了烫样的制作时间。与此同时，研究生赵波在刘畅指导下对故宫藏另一具样式雷烫样展开了专项研究，2015年完成硕士论文《故宫藏"养心殿喜寿棚"烫样及其背景研究》[1]，一年后发表文章《故宫博物院藏"养心殿喜寿棚"烫样著录与勘误》[2]。在前人研究的基础上，细致测绘并记录了该烫样的基本信息，考证了烫样的制作时间、作者、比例等，并通过虚拟建模，对该烫样的构件逐一拆解，试图还原烫样制作的过程。此后发表的论文，详尽公布了烫样的各项基本信息，为后续研究提供了一手数据。

① 赵波. 故宫藏"养心殿喜寿棚"烫样及其背景研究. 北京：清华大学，2015.
② 李越，赵波，刘畅. 故宫博物院藏"养心殿喜寿棚"烫样著录与勘误. 故宫博物院院刊，2016（03）：55–73.

附 录

附录一
样式雷世家生平事迹简表

世系	姓名	字	号	出生日期	逝世日期	享年	娶妻	从业时间	参与的工程
第四十六世	雷发达	明所	—	万历四十七年二月二十一日（1619年）	康熙三十二年八月十一日（1693年）	75岁	江氏，陈氏（1631—1712年）	不详	不详
第四十七世	雷金玉	良生	—	顺治十六年八月十六日（1659年）	雍正七年十一月十日（1729年）	71岁	刘氏、柏氏、潘氏、钮氏、吴氏、张氏（1692—1761年）	康熙二十三年（1684年）至雍正七年（1729年）	畅春园、圆明园
第四十八世	雷声澂	藻亭	—	雍正七年七月三十日（1729年）	乾隆五十七年八月二十一日（1792年）	64岁	初氏（1730—1800年）	乾隆十三年（1748年）至乾隆五十七年（1792年）	乾隆年间的皇家工程
第四十九世	雷家玮	席珍	—	乾隆二十三年十月五日（1758年）	道光二十五年一月四日（1845年）	88岁	李氏、杨氏、王氏	乾隆五十七年至嘉庆朝	外省各路行宫及堤工等处，海滩内盐务，及私开官地等事
	雷家玺	国宝	—	乾隆二十九年四月二日（1764年）	道光五年一月十五日（1825年）	62岁	张氏（1767—1835年）	乾隆五十七年至道光五年	圆明园、畅春园、清漪园、静明园、静宜园、承德避暑山庄、昌陵、宫中年例彩灯、西厂焰火、嘉庆六旬万寿盛典的点景楼台工程、道光宝华峪万年吉地
	雷家瑞	徽祥	—	乾隆三十五年六月二十日（1770年）	道光十年十月二十六日（1830年）	61岁	娄氏、王氏	乾隆五十七年至嘉庆朝	圆明园、南园
第五十世	雷景修	先文	白璧鸣远	嘉庆八年十月二十九日（1803年）	同治五年十月二日（1866年）	64岁	尹氏（1804年—？）	道光五年（1825年）至咸丰十年（1860年）	昌西陵、慕东陵、圆明园
第五十一世	雷思起	永荣	禹门	道光六年六月十二日（1826年）	光绪二年十一月四日（1876年）	51岁	杨氏（1826—1852年）、刘氏、白氏、阎氏	咸丰二年（1852年）至光绪二年（1876年）	圆明园、昌西陵、定陵、定东陵、惠陵、盛京永陵、三海
第五十二世	雷廷昌	辅臣 恩绶	—	道光二十五年十一月二十三日（1845年）	光绪三十三年（1907年）	63岁	吴氏（1843—1880年）、丁氏（1858年—？）	咸丰八年（1858年）至光绪三十三年（1907年）	定东陵、惠陵、圆明园、普陀峪定东陵重建、颐和园、西苑、慈禧六旬万寿盛典
第五十三世	雷献彩	霞峰	—	光绪三年六月二十八日（1877年）	—	—	关氏（1875年—？）、徐氏（1872年—？）	光绪二十二年（1896年）开始	开始圆明园、普陀峪定东陵重建、颐和园、西苑、崇陵、摄政王府等

（资料来源：作者自绘）

附录二

样式雷世家及其建筑图档研究年表（1914—2016 年）

1914 年

时任民国政府内务部总长的朱启钤因督办北京市政建设，致力于中国古代建筑的研究，开始苦心访求样式雷遗物，但雷氏后裔"犹以为将来尚有可以居奇之余地，乃挈家远引，并将图样潜为搬运，寄顿藏匿，以致无从踪迹"。

社事纪要·建议购存宫苑陵墓之模型图样. 中国营造学社汇刊，1930，1（2）：5-8.

1924 年

金勋绘圆明园图。

向达. 圆明园遗物文献之展览. 中国营造学社汇刊，1931，2（1）：5.

1927 年

7 月，故宫博物院提选原藏宫内造办处的圆明园等处模型陈列于宁寿宫正殿皇极殿。

故宫博物院编. 北平故宫博物院文献馆一览. 民国二十一年一月（1932 年）.

1930 年

5 月，家住西直门东观音寺胡同的雷氏嫡支后裔雷献春因穷困潦倒，四处求售家中旧存大量模型图档，"零星购得者颇有数起"，朱启钤闻讯后，因深惧图档"流出国外及零星散佚"，随即前往雷宅查访，并同时设法筹款，致函中华教育文化基金会建议购存，以期"于最短期间使此项图型得一妥善之安置"。朱启钤在该函中高屋建瓴地提出了相关衷集、整理和研究工作的方略，并随函刊布学术史上第一份样式雷图档原始目录，即《原开略目》。

社事纪要·建议购存宫苑陵墓之模型图样.中国营造学社汇刊，1930，
1（2）：5-8.

6月，国立北平图书馆（今"中国国家图书馆"）委员会商得中华教育文化
基金会同意，拨款5000元（实际花费4500元），由东观音寺雷宅全数购入其出
售的模型图样，包括模型37箱（《国立北平图书馆馆务报告》记载为27箱）和
图样数百种。

本社纪事·十九年度中国营造学社事业进展实况报告·建议购存宫苑
陵墓之模型图样.中国营造学社汇刊，1931，2（3）：6-7.

采购·圆明园及三海模型.国立北平图书馆馆务报告（民国十八年度），
1930：18、50-51.

馆讯·圆明园模型之整理.国立北平图书馆馆刊，1930，4（4）：147.

7月，国立北平图书馆在中国营造学社指导下展开样式雷图档的整理工作；
又花费1745元继续收购样式雷图档。

编纂及出版·圆明园史料汇编.见：国立北平图书馆馆务报告（民国
十九年度），1931.

编纂及出版·舆图之整理.见：国立北平图书馆馆务报告（民国十九年
度），1931.

购书设备建筑费收支对照表.见：国立北平图书馆馆务报告（民国十九
年度），1931.

8月，国立北平图书馆藏圆明园烫样整理告竣。

馆讯·圆明园模型之整理.国立北平图书馆馆刊，1930，4（4）：147.

10月10、11、12三日，国立北平图书馆举办图书展览会，经修复的样式
雷家藏圆明园、三海、普陀峪等处烫样若干件首次公开展览，在学术界引起广
泛关注。

馆讯·双十节图书展览会.国立北平图书馆馆刊，1930，4（5）：133.

向达.圆明园遗物文献之展览.中国营造学社汇刊，1931，2（1）：5.

12月1、2日，向达（署名"觉明"）在《大公报·文学副刊》发表《圆明
园罹劫七十年纪念述闻》，后转载在《中国营造学社汇刊》第二卷第一册。文中
介绍了北平图书馆新近购入的圆明园工程模型（即烫洋），并对烫样的由来、价
值作了简要的论述。

向达.圆明园罹劫七十年纪念述闻.中国营造学社汇刊，1931，2
（1）：19.

冬，分居西城水车胡同的另一房雷氏后裔雷文元，出售其先辈所藏烫样一宗，计三部分，一为南海勤政殿，二为颐和园戏台，三为地安门，经中国营造学社斡旋，仍由北平图书馆购存。

> 本社纪事·十九年度中国营造学社事业进展实况报告·建议购存宫苑陵墓之模型图样. 中国营造学社汇刊，1931，2（3）：6-7.

1931 年

3 月 6 日，阚铎完成《圆明园图样目录》手稿，述及有关样式雷图档整理情况："样子雷所藏工程图样经北平图书馆之整理，先将圆明园部分编成一册，乃按《匾额清单》所载第其前后，以某路某景为纲，座落为目，务存其黏签之原名，而稍加归纳，注其张数；内中有《匾额清单》所不载者，则于堂斋楼阁之属暂以类从，以待再考。"

> 阚铎手稿，中国文化遗产研究院藏.

3 月 21、22 日，为纪念李明仲八百二十一周忌，中国营造学社与国立北平图书馆联合在中山公园水榭举办"圆明园文献遗物展览会"。其中包括 1930 年以来北平图书馆购自雷氏后裔并已修理装裱的圆明园烫样 14 件和画样 29 幅，《中国营造学社汇刊》中详列展品目录。此展览为样式雷图档第一次系统展出，在社会上引起巨大反响。

> 本社纪事·圆明园遗物与文献之展览. 中国营造学社汇刊，1931，2（1）.

4 月，营造学社整理 1910 年延昌著《惠陵工程备要》，书中"请奖案"内列有样式房候选大理寺寺丞雷廷昌、监生雷廷芳，是样式雷子弟参与皇家陵寝建设的明证。

> 社事纪要·整理故籍之提要·惠陵工程备要六卷. 中国营造学社汇刊，1931，2（1）.

4 月，营造学社与中海图书馆协商，参照该馆样式雷慎德堂图样，修复故宫文献馆藏慎德堂烫样。

> 本社纪事·圆明园遗物与文献之展览. 中国营造学社汇刊，1931，2（1）：3.
> 本社纪事·十九年度中国营造学社事业进展实况报告. 中国营造学社汇刊，1931，2（3）：6-7.

4 月，《中国营造学社汇刊》登载圆明园万方安和烫样照片一张。

> 万方安和圆明园四十景之一（田字殿）当日之烫样. 中国营造学社汇刊，1931，2（1）.

营造学社与北平图书馆合作整理购藏的样式雷图档，共得圆明园图式 1800 余件，模型 18 具，故宫文献馆慎德堂模型残品尚待修理。

　　本社纪事·圆明园遗物与文献之展览. 中国营造学社汇刊，1931，2（1）.

5 月，家居水车胡同的雷文元出售大批样式雷图档，由北平市工务局长汪申伯为中法大学购存。

　　民国二十年五月中法大学购得部分雷家杂图样单，中国文化遗产研究院藏.

　　雷思泰，朱启钤手稿. 中国文化遗产研究院藏.

　　本社纪事·中法大学收获样子雷家图样目录之审定. 中国营造学社汇刊，1932，3（1）：188-189.

6 月，关野贞及其助手竹岛卓一从田中庆太郎的"文求堂"处购得崇陵等图样 18 张，园林 2 张。

　　井上直美. 东京大学东洋文化研究所所藏清朝建筑关系史料目录，2004.

1931 年 7 月至 1932 年 6 月，国立北平图书馆花费 380 元继续收购园陵宫殿建筑模型。

　　购书设备建筑费收支对照表. 见：国立北平图书馆馆务报告（民国二十年度），1932.

中国营造学社在北平图书馆内设立研究室，双方合作开展背景性研究，如圆明园史料的汇编。

　　圆明园史料汇编. 见：国立北平图书馆馆务报告（民国二十年度），1932.

　　研究室之设立. 见：国立北平图书馆馆务报告（民国二十年度），1932.

　　本社纪事·借用图书馆. 中国营造学社汇刊，1932，3（1）：185.

1932 年

3 月，中法大学将所购样式雷图档目录一册送交营造学社审定，由学社转授北平图书馆馆员编目，以作进一步整理。为此，朱启钤发表《中法大学收获样子雷家图样目录之审定》报告，针对社会上已泛起有关商业炒作，朱启钤奋起辟谬，申明了传世样式雷真品的收藏概况和整理难度，更基于遗产保护的实性原则，出于学术乃天下公器的立场，主张汇合整理散藏各处的样式雷图档。

本社纪事·协助社外事件·中法大学收获样子雷家图样目录之审定. 中国营造学社汇刊, 1932, 3(1): 188-189.

《中法大学入藏样式雷工程图样目录》线装四册一函(手抄本), 中国国家图书馆藏。1983年8月, 方裕谨辑出其中属于圆明园部分, 作《原中法大学收藏之样式雷圆明园图样目录》, 发表在《圆明园》第二集, 第73页。

3月, 金勋绘成《圆明园复旧图》, 梁思敬根据金勋实测圆明园平面图及复旧图, 绘成圆明园透视鸟瞰图一幅。

本社纪事·圆明园复旧图. 中国营造学社汇刊, 1932, 3(1): 184-185.

7月, 金勋加入国立北平图书馆舆图部, 开始编辑圆明园样式雷图档详目。

编目及索引·舆图目录. 见: 国立北平图书馆馆务报告(民国二十一年度), 1933.

本馆职员一览. 见: 国立北平图书馆馆务报告(民国二十一年度), 1933.

1932年7月至1933年6月, 国立北平图书馆花费700元继续收购样式雷图档。

事业费现金收支对照表. 见: 国立北平图书馆馆务报告(民国二十一年度), 1933.

1933年

春, 家居东观音寺胡同的雷献瑞、雷献华兄弟到营造学社出示其族谱及相关信札, 并口述家族历史。经朱启钤整理, 著《样式雷考》一文作为《哲匠录》营造类"雷发达"一条的补充, 发表在7月出版的《中国营造学社汇刊》第四卷第一期上。该文作为样式雷世家研究的嚆矢之作, 被学界尊为经典并广为引用。

朱启钤. 样式雷考. 中国营造学社汇刊, 1933, 4(1): 86-89、114.

本社纪事·样式雷世家考之编辑. 中国营造学社汇刊, 1933, 4(2): 156.

8月, 《国立北平图书馆馆刊》"圆明园专号"出版, 发表了圆明园样式雷画样10张, 以及金勋编《馆藏样式雷制圆明园及其他各处烫样目录》和《馆藏样式雷旧藏圆明园及内庭陵寝府第图籍分类目录》, 此目录为学术史上公开发表的第一份国家图书馆藏样式雷图档目录。

金勋编. 馆藏样式雷制圆明园及其他各处烫样目录. 见: 国立北平图书馆馆刊, 1933, 7(3、4).

金勋编.馆藏样式雷旧藏圆明园及内庭陵寝府第图籍分类目录.见：国立北平图书馆馆刊，1933，7（3、4）.

9月，刘敦桢发表论文《同治重修圆明园史料》。此文乃受朱启钤嘱托"以样式房雷氏为导线"，"整比清季工程，与雷氏有关者，以资参证。"开创了有关样式雷及其建筑图档、清代皇家园林乃至中国古代建筑的工程个案研究，是学术史上的经典范例。

本社纪事·圆明园史料之搜集.中国营造学社汇刊，1933，4（2）：156.

9月，朱启钤发表《题姚承祖补云小筑卷》，指出楠木作是样式雷世传差务，自康乾间即承办内庭装修。

朱启钤.题姚承祖补云小筑卷.中国营造学社汇刊，1933，4（2）：86-87.

是年，故宫博物院在宁寿宫景祺阁开辟了圆明园烫样室，陈列同治重修时工程模型16件。

中国第一历史档案馆编.圆明园.上海：上海古籍出版社，1991：3.

是年，营造学社着手利用清《实录》《东华录》《会典》《工部则例》、各省地方志、内务府档案，以及私人笔记等书，编辑《清代建筑年表》。

本社纪事·编辑清代建筑年表.中国营造学社汇刊，1934，4（3、4）：341-342.

本社纪事·编制清代建筑年表.中国营造学社汇刊，1935，5（3）：155.

1934 年

3月出版的《国立北平图书馆舆图部概况》统计馆藏"工程世家样子雷氏所制圆明园与其他宫殿苑囿陵寝图及模型"共计模型74具，工程图样说明9213张477册。书中附有画样两张和烫样照片两张。

国立北平图书馆编.国立北平图书馆舆图部概况，1934：8-9.

3月，刘敦桢发表《易县清西陵》。文中用建筑测绘成果为依据鉴定样式雷有关图档，并与档案文献研究互相补充，成为样式雷图档鉴别与研究中最为有效的手段。

刘敦桢.易县清西陵.中国营造学社汇刊，1935，5（3）：68-109.

9月，刘敦桢、单士元阅检北平图书馆藏明清舆图，发现"清皇城宫殿衙署图"，考证为康熙十九年绘制，并发表《清皇城宫殿衙署图年代考》。

刘敦桢.清皇城宫殿衙署图年代考.中国营造学社汇刊，1935，6（2）：106-113.

1935 年

6 月，王璧文发表《清官式石桥做法》，利用《营造算例》等工匠抄本与样式雷图档相互参照，拓展了样式雷图档研究的思路。

王璧文．清官式石桥做法．中国营造学社汇刊，1935，5（4）：56-136.

6 月，汪申伯、刘南策捐赠中国营造学社样式雷图样 142 件、陵寝模型一座。

本社纪事·本社自二十四正月起至六月底止受赠各界图籍参考品胪列于左敬表谢悃．中国营造学社汇刊，1935，5（4）．

10 月 20 日，《北晨画刊》刊发"样式雷遗迹专号"。登载了陆达夫、陆伯忱父子收藏的部分样式雷遗物（雷思起画像、族谱、画样、烫样等）及《雷氏迁居金陵述》。

样式雷遗迹专号．北晨画刊 6（9），1935-10-20.

是年，中国营造学社向故宫文献馆借抄内务府奏销档 18 册。

张德泽．中国第一历史档案馆大事年表．历史档案，1998（1）．

是年，汤用彬等编《旧都文物略》出版。样式雷作为楠木作名家载入"建筑"篇。

汤用彬等编．旧都文物略．北京：书目文献出版社，1986.

1936 年

11 月，北平市政府工务局测制《实测圆明园长春园万春园遗址形势图》（1：2000）付印，其中遗迹无存者依样式雷图档补入，由营造学社审定。

北京图书馆善本特藏部舆图组编．舆图要录．北京：北京图书馆出版社，1997：108.

1937 年

北平图书馆结束收购样式雷图档的工作，共收藏样式雷图样 12180 幅册，烫样 76 具。其中，圆明园图样 2720 幅册，颐和园、香山、静明园等园林图样 840 幅册，其他园林、寺庙、王府公第及内外檐装修图样 3450 幅册，陵寝图样 4820 幅册。该年将购存的 76 具烫样寄陈历史博物馆，后转交故宫博物院古建部。

苏品红．样式雷及样式雷图．文献，1993（2）：224.

1949 年

在喜仁龙出版的专著《中国园林》中引用《国立北平图书馆馆刊·圆明园专号》刊载的长春园地盘图 1 幅。

Osvald Siren（ 喜 仁 龙 ）.Gardens of China. New York：Ronald Press Company，1949.

1950 年

8 月 22 日，文化部文物局因拟在故宫博物院内筹办"古代建筑馆"，致函教育部希望接收中法大学藏样式雷图档以便陈列。9 月 8 日教育部复函同意后，文物局即派员会同故宫博物院人员清点中法大学藏样式雷图档。

中法大学相关档案，北京市档案馆藏.

是年，故宫博物院接收北京图书馆移交样式雷烫样 43 具。

故宫博物院院史编年.见：http：//www.dpm.org.cn

1951 年

1 月 22 日，罗福颐等受文物局委派前往中法大学接收样式雷图档，共计 3787 件。其中包括画样 1974 张、抄本 78 册、贴本 16 册、零散图样 1565 张、烫样 153 件，另附清册附件 1 册、正式收据一份。经文物局批示，此项图档拨交故宫博物院文献馆收藏。

中法大学相关档案，北京市档案馆藏.

1952 年

北京图书馆（原北平图书馆）将馆藏样式雷烫样转交故宫博物院保管。

舒牧编.圆明园大事年表.见：圆明园资料集.北京：书目文献出版社，1984：387.

1953 年

10 月，梁思成发表的《中国建筑与中国建筑师》是为《苏联大百科全书》撰写的稿件，其中提到皇室建筑如宫殿、皇陵、圆明园、颐和园等都是由样式雷负责的。

梁思成.中国建筑与中国建筑师.文物参考资料，1953（10）：53-69.

10月，王威发表《圆明园》，后以此为基础撰书《圆明园》。

王威．圆明园．光明日报，1953-10-17．

1955 年

2月28日，故宫博物院档案馆（原文献馆，1951年5月改名为"档案馆"）将前中法大学移交的建筑图样等2331件，以及原藏的有关建筑、首饰、瓷器、木器等画样3706件移交故宫学术委员会，再交付故宫博物院图书馆收藏，并附交接单及清册二份。

舒牧等编．圆明园大事年表．见：圆明园资料集．北京：书目文献出版社，1984：387．

故宫博物院接收文物局移交样式雷画样14件。

故宫博物院院史编年．见：http：//www.dpm.org.cn

1958 年

北京市文化局在全市范围开展文物普查，其间，北京市文物工作队曾与北京图书馆合作，传拓了全市遗存的石刻文物，其中海淀区共得1024件，包括巨山村样式雷祖茔四座墓碑的全套碑帖共8件。原北京图书馆与北京市文物工作队传拓北京地区的石刻资料，其中有样式雷祖茔4通墓碑或诰封碑的拓片共8件。

北京市文化局文物调查研究组．近几年来的北京文物工作．文物，1959（09）：13．

1959 年

8月，《中国古代建筑史初稿》中，由单士元执笔的"劳动组织及哲匠"一节介绍了样式雷。

建筑科学研究院中国建筑史编辑会议，古代建筑史编辑组．中国古代建筑史初稿（仅供内部讨论参考）．1959．

8月，刘汝霖发表论文《三百年来我国有关工艺制作的优秀人物简表》，雷发达作为江西木工的代表人物列入表内。

刘汝霖．三百年来我国有关工艺制作的优秀人物简表．文物，1959（08）：67-69．

9 月，陈庆华发表论文《圆明园》，对圆明园的兴建与破坏作简略的记述。文中提到样式雷旧藏圆明园图样、烫样、各种工程则例、工程做法是重要的建筑史研究资料。

陈庆华．圆明园．文物，1959（09）：28-34.

10 月，王威出版《圆明园》，书中提到"雷氏自明末以来，世世承办内廷工程，任烫样局的职务。"在第四章《同治年间重修圆明园的经过》中，引用了部分雷氏档案。该书第一版 1959 年由北京出版社出版，1980 年 1 月再版，2000 年 1 月由北京美术摄影出版社再版。

王威．圆明园．北京：北京美术摄影出版社，2000.

1950 年代

毕树堂从琉璃厂中国书店购入一批样式雷图档，现存 45 件，藏清华大学建筑学院图书馆。

贾珺．清华大学建筑学院藏清样式雷档案述略．古建园林技术，2004（02）.

1962 年

10 月，中国建筑史编辑委员会编写的《中国建筑简史》第一册《中国古代建筑简史》出版，介绍了样式房设计、施工步骤，以及雷发达生平。

建筑工程部建筑科学研究院建筑理论及历史研究室中国建筑史编辑委员会编．中国建筑简史第一册（中国古代建筑简史）．北京：中国工业出版社，1962：352.

1963 年

1 月 15 日，窦武在《北京日报》上发表《北京建筑史上的著名人物"样式雷"》。

窦武．北京建筑史上的著名人物"样式雷"．北京日报，1963-01-15.

2 月，单士元发表《宫廷建筑巧匠——"样式雷"》。在援用《样式雷考》相关内容的同时，根据他从 1930 年加入中国营造学社后长期阅检雷氏画样、烫样及有关档案的切身体会，别开生面地介绍了样式雷的不朽业绩，包括职业活动、建筑设计程序和方法、图学成就等，强调"中国古代建筑师进行设计的过程是有一套完整手续的"，"通过雷氏留下的资料，使我们比较清楚地知道这些建筑物是怎样设计修建的"。文中还就样式房设置等问题,稽考内务府档案,提出了新见解。

单士元.宫廷建筑巧匠——"样式雷".建筑学报,1963(02):22-23.

1964 年

8月,由刘敦桢主持编著的《中国古代建筑史》历时6年改定第八稿。书中提到在设计和施工方面,清朝宫廷设有主持设计和编制预算的"样房"和"算房",清朝皇室建筑师"样式雷"家族留下了数以千计的图纸。

刘敦桢主编.中国古代建筑史.北京:中国建筑工业出版社,1980:278,403.

1966 年

3月4日,雷献华之子雷文雄、雷献瑞之子雷文桂捐献家藏样式雷祖先画像8张和部分样式雷画样,现藏首都博物馆。

"首都历史与建设博物馆筹备处书画登记表",首都博物馆藏.

1960 年代

故宫博物院对保存的样式雷烫样进行了整修,"文化大革命"期间部分烫样遭受损坏,其余基本完好。

黄希明,田贵生.谈谈"样式雷"烫样.故宫博物院院刊,1984(04):91-94.

1978 年

11月,由颐和园管理处和人大清史所合作编写的《颐和园》出版,仍援引朱启钤《样式雷考》简略介绍了样式雷家族的主要业绩,并明确指出"当修建颐和园的时候,已经是样式雷的第六代了"。文中也结合图纸烫样概述了颐和园设计的一般程序。

颐和园管理处,人民大学清史研究所编.颐和园.北京:北京出版社,1978.

是年,清华大学建筑工程系受国家建委和北京市建委的委托,完成《圆明园遗址规划设计方案》,利用金勋1960年代复原图、馆藏样式雷图档、文献及遗址实测数据,对圆明园部分景区进行了复原规划设计,1979年出版了内部资料《圆明园的过去现在和未来》。

1979 年

5 月，周维权发表论文《北京西北郊的园林》，在开篇指出，研究史料中"最有价值的则是'样式雷'的图纸、烫样和工程做法的文字材料"。

周维权．北京西北郊的园林．见：清华大学建筑系编．建筑史论文集（第二辑）．北京：清华大学出版社，1979：72-126.

6 月，王璞子发表论文《太和门》。提到故宫藏有"重修太和门等三门彩色立面图样"一幅，系出自"样房"之手。

王璞子．太和门．故宫博物院院刊，1979（03）：70-71.

8 月，秦国经、王树卿发表《圆明园的焚毁》，文中引用故宫藏同治十二年拟重建"九洲清晏"及"万春园大宫门"烫样照片两张。

秦国经，王树卿．圆明园的焚毁．故宫博物院院刊，1979（04）：3-10，106.

10 月，王璞子发表论文《清初太和殿重建工程——故宫建筑历史资料整理之一》。指出食粮掌尺寸匠头梁九是康熙三十四年太和殿重修工程的技术总负责人，排除了雷发达该役上梁立功封官的可能。

王璞子．清初太和殿重建工程——故宫建筑历史资料整理之一．见：建筑史专辑编辑委员会编．科技史文集（第二辑）：建筑史专辑．上海：上海科学技术出版社，1979：53-60.

是年，何重义、曾昭奋依据原北京图书馆、清华大学等处收藏的样式雷图以及故宫藏样式雷烫样等绘成《圆明、长春、绮春三园总平面图》。1980 年 9 月撰《〈圆明、长春、绮春三园总平面图〉附记》。

何重义、曾昭奋．《圆明、长春、绮春三园总平面图》附记．见：中国圆明园学会筹备委员会主编．圆明园（第 1 辑）．北京：中国建筑工业出版社，1981：80-89.

是年，白日新绘成《园明三园鸟瞰复原图》。

白日新．圆明、长春、绮春三园形象的探讨．见：中国圆明园学会主编．圆明园（第 2 辑）．北京：中国建筑工业出版社，1983：22-31.

1980 年

1 月，童寯发表《北京长春园西洋建筑》，所附总平面布置图，就是根据实地部分测量，参考金勋所绘以及北京市工务局 1933 年实测圆明园、长春园、万春园总平面（1：2000）画成的。

童寯. 北京长春园西洋建筑. 建筑师，1980（02）：156-168.

童寯. 北京长春园西洋建筑. 见：中国圆明园学会筹备委员会主编. 圆明园（第1辑）. 北京：中国建筑工业出版社，1981：1.

9月，中国建筑展览办公室为配合"圆明园被焚120周年纪念"举办学术活动，在故宫午门楼上展出了圆明园部分史料，其中包括样式雷烫样及画样。

中国圆明园学会筹备委员会主编. 圆明园（第1辑）. 北京：中国建筑工业出版社，1981：224-225.

下半年开始，原中国建筑科学研究院建筑理论与历史研究室与中国第一历史档案馆商定，合作整理档案馆收藏的圆明园相关史料，共同编辑出版《清代档案史料·圆明园》一书，旨在整理刊布有关圆明园的大量原始档案史料，裨益于圆明园研究的深化发展。史料选材及编辑工作由研究室杨乃济、档案馆方裕谨共同负责，中国建筑科学研究院吴伯之也参加了部分选材和标点工作。自1980年下半年起，编辑工作历时三余载，至1983年10月完成，编者从数万件档案中精心选取史料价值较高的1463件，录入近110万字，经标点、整理、编辑，于1991年5月由上海古籍出版社正式出版。其中，由北京图书馆协助，提供了馆藏样式雷家族的《雷氏档案》14件，收入该书下编1063—1162页。

杨乃济. 圆明园大事记. 见：中国圆明园学会主编. 圆明园（第4辑）. 北京：中国建筑工业出版社，1986：29-37.

中国第一历史档案馆编. 圆明园（全二册）. 上海：上海古籍出版社，1991.

《清代档案史料——圆明园》出版. 历史档案，1992（01）：85.

12月，周维权发表《颐和园的排云殿佛香阁》，提到一份名为"清漪园地盘画样"的总平面图，估计是该园焚毁以前、嘉庆以后这段时期内由样式房绘制的，也可能是原件的复制品。

周维权. 颐和园的排云殿佛香阁. 见：清华大学建筑系编. 建筑史论文集（第四辑）. 北京：清华大学出版社，1980：9-34.

12月，付克诚《颐和园霁清轩》一文运用故宫、国图藏样式雷画样各一张。

付克诚. 颐和园霁清轩. 见：清华大学建筑系编. 建筑史论文集（第四辑）. 北京：清华大学出版社，1980：35-41.

1981年

8月，金勋后人将其生前收藏的一批圆明园图档交售中国历史博物馆（今

"中国国家博物馆")。旧图以圆明园图为主，还夹有东西陵和北京城郊园林名胜图。

> 中国圆明园学会主编．圆明园（第 1 辑）．北京：中国建筑工业出版社，1981.

9 月，周维权发表《颐和园的前山前湖》，文中光绪时绘制的治镜阁重修图，一张立样、一张地盘均应摹自样式雷图档。

> 周维权．颐和园的前山前湖．见：清华大学建筑系编．建筑史论文集（第五辑）．北京：清华大学出版社，1981：48-73.

9 月，冯钟平发表《谐趣园与寄畅园》，摹绘了付克诚《颐和园霁清轩》文中发表的故宫藏后山总图中的谐趣园部分平面，用以论证乾隆年间惠山园的历史面貌。

> 冯钟平．谐趣园与寄畅园．见：清华大学建筑系编．建筑史论文集（第五辑）．北京：清华大学出版社，1981：74-100.

11 月，何重义、曾昭奋发表《圆明园与北京西郊园林水系》一文。

> 何重义，曾昭奋．圆明园与北京西郊园林水系．见：《圆明园》学刊第一期．北京：中国建筑工业出版社，1981：15.

11 月，周维权发表《圆明园的兴建及其造园艺术浅谈》。

> 周维权．圆明园的兴建及其造园艺术浅谈．见：《圆明园》学刊第一期．北京：中国建筑工业出版社，1981：13.

1982 年

4 月，李允鉌著《华夏意匠：中国古典建筑设计原理分析》由龙田出版社出版，介绍了样式雷及中国古代的建筑设计分工问题。2005 年 5 月该书又由天津大学出版社再版。

> 李允鉌．华夏意匠：中国古典建筑设计原理分析．天津：天津大学出版社，2005.

12 月，天津大学建筑学院王其亨赴北京图书馆善本部舆图组，查阅摘录样式雷陵寝图档目录卡片，开始对中国国家图书馆所藏样式雷陵寝图档共 15000 余件进行初步鉴定、整理和编目，至 1988 年完成。

是年，中国第一历史档案馆编《清代帝王陵寝》出版，收录第一历史档案馆藏样式雷陵寝画样数张。

> 中国第一历史档案馆编．清代帝王陵寝．北京：档案出版社，1982.

1983 年

3 月，刘彤、鹏昊发表文章《慈禧六旬庆典点景》。

> 刘彤，鹏昊．慈禧六旬庆典点景．紫禁城，1983（03）：31-32.

5 月，王璞子发表文章《太和门的被毁和重修》。

> 王璞子．太和门的被毁和重修．紫禁城，1983（02）：18-19.

8 月，方裕谨辑《原中法大学收藏之样式雷圆明园图样目录》收入《圆明园》第二辑。

> 方裕谨．原中法大学收藏之样式雷圆明园图样目录．见：《圆明园》学刊第二期．北京：中国建筑工业出版社，1983.

10、11 月间故宫午门楼举办"中国古代建筑展览"，选取具有代表性的样式雷烫样数具陈列展出。

> 黄希明，田贵生．谈谈"样式雷"烫样．故宫博物院院刊，1984（04）：91-94.

10 月 25 日，王璞子在《北京青年报》上发表文章《梁九是太和殿重建工程技术总负责人》，将雷发达太和殿上梁的时间推测为康熙八年。

1984 年

8 月，王其亨在天津大学建筑学院完成硕士论文《清代陵寝地宫研究》。

> 王其亨．清代陵寝地宫研究．天津：天津大学，1984.

8 月，黄希明、田贵生发表《谈谈"样式雷"烫样》。首次较全面地介绍了现存样式雷烫样的种类和制作方法，并简要评述了烫样在建筑设计过程中的作用。

> 黄希明，田贵生．谈谈"样式雷"烫样．故宫博物院院刊，1984（04）：91-94.

12 月，舒牧等编《圆明园资料集》出版。书中收录单士元《宫廷建筑巧匠——"样式雷"》，并节录朱启钤、梁启雄《哲匠录》，编成《样式雷世家考》一文。

> 舒牧等编．圆明园资料集．北京：书目文献出版社，1984.

12 月，吴继明发表文章《中国建筑制图史略》。

> 吴继明．中国建筑制图史略．武汉师范学院学报（哲学社会科学版），1984（01）：190-200.

1985 年

7 月，杨文和发表文章《金勋旧藏〈圆明园图〉叙录》。

杨文和.金勋旧藏《圆明园图》叙录.中国历史文物,1985(07):107-123.

10月,中国科学院自然科学史研究所主编《中国古代建筑技术史》出版。

中国科学院自然科学史研究所主编.中国古代建筑技术史.北京:科学出版社,1985:584-585.

1986 年

3月,傅乐治发表论文《奏折录副中的附图》。文中选取光绪二十七年《午门前至正阳桥牌楼拟修各工情形全图》一张,作为军机处奏折录副中附图的一种加以说明。从画样的绘制时间和风格看,该图应出自样式雷之手。这也说明在台北故宫博物院藏清代档案中,尚有夹带于奏折副本、清册等档案中的样式雷画样。

傅乐治.奏折录副中的附图.故宫文物月刊,1986(12):36-41.

7月,王其亨发表论文《清代陵寝地宫金井考》。

王其亨.清代陵寝地宫金井考.文物,1986(07):67-76.

1987 年

4月,王其亨、项惠泉发表论文《"样式雷"世家新证》。依据在北京图书馆新发现的雷氏祖茔墓碑拓片,考证了雷发达、雷金玉、雷声澂、雷景修的生平事迹,对朱启钤《样式雷考》做了新的补充。

王其亨,项惠泉."样式雷"世家新证.故宫博物院院刊,1987(02):52-57.

5月,周维权发表文章《承德的普宁寺与北京颐和园的须弥灵境》。

周维权.承德的普宁寺与北京颐和园的须弥灵境.见:清华大学建筑系编.建筑史论文集(第八辑).北京:清华大学出版社,1987:57-81.

6月,王其亨发表论文《清代拱券券形的基本形式》。

王其亨.清代拱券券形的基本形式.古建园林技术,1987(02):53-55.

1988 年

4月,王其亨发表论文《雷发达太和殿上梁传说的真相》。继《"样式雷"世家新证》一文,进一步申明雷发达太和殿上梁的故老传闻是将雷金玉的真实业绩传讹为雷发达的功勋这一观点。

王其亨.雷发达太和殿上梁传说的真相.新建筑,1988(04):71-72.

6月，冯佐哲发表文章《呼什图潜入宫内携出烫样案》。

冯佐哲．呼什图潜入宫内携出烫样案．紫禁城，1988（03）：40-41，19.

9月，蒋博光发表文章《"样式雷"家传有关古建筑口诀的秘籍》（一）、（二）。作者回忆曾参与1949年故宫博物院接收中法大学藏样式雷图档的工作，其间发现雷氏藏抄本建筑口诀一册，遂整理后刊布于众。

蒋博光．"样式雷"家传有关古建筑口诀的秘籍（一）．古建园林技术，1988（03）：53-57.

蒋博光．"样式雷"家传有关古建筑口诀的秘籍（二）．古建园林技术，1988（04）：45-46.

1989 年

4月，王其亨发表论文《光绪生前于西陵金龙峪择定万年吉地的史实》。

王其亨．光绪生前于西陵金龙峪择定万年吉地的史实．故宫博物院院刊，1989（01）：91-96.

8月，王其亨发表论文《清陵地宫龙须沟》。

王其亨．清陵地宫龙须沟．文物，1989（08）：89-94.

8月，天津大学学报刊发《建筑学专辑——风水理论研究》，收录文章《清代陵寝风水探析——陵寝建筑设计原理及艺术成就钩沉》《关于风水理论的探索与研究》《清代陵寝的选址与风水》等。

王其亨．清代陵寝风水探析——陵寝建筑设计原理及艺术成就钩沉．天津大学学报，1989：55-76.

冯建逵，王其亨．关于风水理论的探索与研究．天津大学学报，1989：1-10.

冯建逵．清代陵寝的选址与风水．天津大学学报，1989：50-54.

11月，冯明珠发表论文《图绘与历史——从院藏几幅北平故宫的建筑图说起》。文中介绍了台北故宫博物院藏附于奏折中的"建筑图"7幅（包括1986年傅乐治论文中已选用的图样一张），均为光绪二十七年为筹备迎接两宫回銮，整修紫禁城的图样。从绘制时间及风格看，图样应均出自样式雷之手。

冯明珠．图绘与历史——从院藏几幅北平故宫的建筑图说起．故宫文物月刊，1989（08）：70-79.

是年，由周维权主持编著，汇集了周维权、张锦秋、冯仲平、金柏苓等研究成果的《颐和园》率先由台湾建筑师公会出版。该书1985年完稿并交付出版社，但因各种原因，2000 年 8 月才在大陆正式出版。

清华大学建筑学院. 颐和园. 台湾建筑师公会，1989; 北京：中国建筑工业出版社，2000.

是年，天津大学许松照主持国家自然科学基金项目"中国古代建筑工程图学发展史研究"（批准号 58870325），王其亨作为项目组成员，对样式雷图档的图学成就展开研究。

1990 年

10 月，王其亨在第四届古建园林学术讨论会上发表论文《清代陵寝建筑工程样式雷图档的整理和研究》，后收入 1995 年 6 月出版的《清代皇宫陵寝》。该文是对 1982 年到 1988 年进行的中国国家图书馆馆藏样式雷陵寝图档整理编目工作的总结。

王其亨. 清代陵寝建筑工程样式雷图档的整理和研究. 第四届古建园林学术讨论会论文，陕西西安，1990. 后被收入清代宫史研究会编. 清代皇宫陵寝. 北京：紫禁城出版社，1995：168-187; 张宝章等编. 建筑世家样式雷. 北京：北京出版社，2003：282-306.

12 月，何重义、曾昭奋著《一代名园圆明园》由北京出版社出版。

何重义，曾昭奋. 一代名园圆明园. 北京：北京出版社，1990.

12 月，曹汛为中国大百科全书撰写《样式雷》。

曹汛. 样式雷. 见：美术编辑委员会编. 中国大百科全书·美术Ⅱ. 北京：中国大百科全书出版社，1990：965.

1991 年

5 月，中国第一历史档案馆编《圆明园》（全二册）出版。书中收录北京图书馆藏样式雷档案共 14 件，为同治、道光两朝圆明园旨意、堂谕、司谕档记及做法单等，是此项样式雷图档的首次公开出版。

中国第一历史档案馆编. 圆明园. 上海：上海古籍出版社，1991.

7 月，王淑芳发表《圆明园、绮春园、长春园三园地盘河道全图》，介绍故宫博物院藏样式雷图档中的一幅圆明园全图，经考证，作者认为该图是同治重修圆明园时的勘测规划图，绘图者为雷思起和雷廷昌。

王淑芳. 圆明园、绮春园、长春园三园地盘河道全图. 故宫博物院院刊，1991（02）：91-96.

1992 年

8 月，王其亨主编《风水理论研究》出版。2005 年再版。

　　王其亨主编. 风水理论研究. 天津：天津大学出版社，1992.

10 月，刘克明发表文章《中国近代工程图学的引进及其教育》。

　　刘克明. 中国近代工程图学的引进及其教育. 近代史研究，1992（05）：
1–15.

1993 年

1 月，蒋博光发表论文《样式雷和烫样》。

　　蒋博光. 样式雷和烫样. 古建园林技术，1993（01）：45–47，14.

2 月，苏品红发表论文《样式雷及样式雷图》。文中梳理了中国国家图书馆购藏样式雷图档的经过及数量。

　　苏品红. 样式雷及样式雷图. 文献，1993（02）：215–225.

2 月，杜石然主编《中国古代科学家传记》出版，收录孙剑作《雷发达（样式雷）》。

4 月，张恩荫出版文集《圆明园变迁史探微》，收录作者 1979 年以来陆续成文或发表的文章 11 篇。在文献方面，作者曾逐张查阅国家图书馆藏样式雷图档中与圆明园相关者，并遍览故宫博物院、北京市档案馆、清华大学、中国国家博物馆等多家单位藏图，对圆明园变迁历史作了较为系统、深入的探索。

　　张恩荫. 圆明园变迁史探微. 北京：体育学院出版社，1993.

1995 年

9 月，何重义、曾昭奋出版《圆明园园林艺术》，汇集了作者 1986 年以前进行遗址实地踏勘、圆明园相关史料搜集、景区格局考证等的相关研究成果。书中对北京西北郊园林的介绍及圆明三园各景区的复原考证均利用样式雷画样及烫样。

　　何重义，曾昭奋. 圆明园园林艺术. 北京：科学出版社，1995.

1997 年

11 月，郭黛姮发表论文《内檐装修与宫廷建筑室内空间》。

　　郭黛姮. 内檐装修与宫廷建筑室内空间. 见：中国紫禁城学会. 中国紫禁城学会论文集（第二辑）. 1997：71–78.

1998 年

8 月，金秋鹏主编《中国科学技术史·人物卷》出版，收录孙剑作《样式雷》一文。

孙剑.样式雷.见：金秋鹏主编.中国科学技术史·人物卷.北京：科学出版社，1998：649-659.

1999 年

4 月，朱杰发表论文《长春园淳化轩与故宫乐寿堂考辨》。

朱杰.长春园淳化轩与故宫乐寿堂考辨.故宫博物院院刊，1999（02）：26-38.

2000 年

4 月，袁海滨在北京海淀区四季青乡巨山村雷氏祖茔访得雷氏后裔雷章宝。

袁海滨.我是这样找到样式雷后人的.见：张宝章等编《建筑世家样式雷》.北京：北京出版社，2003：392-396.

刘畅发表论文《清代晚期算房高家档案述略》，介绍了清华大学建筑学院藏清代晚期算房高家档案的来源、内容、类型和史料价值。

刘畅.清代晚期算房高家档案述略.见：建筑史论文集（第十三辑）.2000：119-124.

蒋博光发表文章《〈端门工程纪事〉——"样式雷"家传抄本》（上）（下）（三）。

蒋博光.端门工程纪事——"样式雷"家传抄本（上）.古建园林技术，2000（01）：3-6.

蒋博光.端门工程纪事——"样式雷"家传抄本（下）.古建园林技术，2000（02）：3-6，14.

蒋博光.端门工程纪事——"样式雷"家传抄本（三）.古建园林技术，2000（04）：11-23，10.

10 月，刘畅发表论文《乾隆朝皇家宫室内檐装修设计研究》，提到了九洲清晏殿样式雷图样两张。

刘畅.乾隆朝皇家宫室内檐装修设计研究.见：中国紫禁城学会.中国紫禁城学会论文集（第三辑）.2000：108-114.

10 月，于善浦发表《雍正陵寝选址史事》，引用样式雷图《九凤朝阳山位置图》。

于善浦. 雍正陵寝选址史事. 见：中国紫禁城学会. 中国紫禁城学会论文集（第三辑）. 2000：84-89.

是年，王其亨主持国家自然科学基金面上项目"清代样式雷建筑图档综合研究"（批准号 59978027）。

2002 年

6月，承国家图书馆善本部丁瑜提供线索，王其亨在中国文物研究所重新发现了已沉寂 70 余载的样式雷后人捐献中国营造学社的《雷氏家谱》；还发现了部分样式雷图档及朱启钤《样式雷考》等有关遗稿。

6月，刘畅在清华大学完成博士学位论文《清代宫廷内檐装修设计问题研究》。

10月，贾珺发表论文《清代离宫御苑中的太后寝宫区建筑初探》，引用"长春仙馆"平面图（根据样式雷图重绘）。

贾珺. 清代离宫御苑中的太后寝宫区建筑初探. 故宫博物院院刊，2002（05）：33-44.

11月，孙大章编《中国古代建筑史》第五卷出版。内有《样房、算房及烫样制作》一节简要论述样式雷世家概况及主要成就。

2003 年

4月，王其亨著《中国建筑艺术全集·清代陵墓建筑》出版。

王其亨主编. 中国建筑艺术全集·清代陵墓建筑. 北京：中国建筑工业出版社，2003.

4月，刘畅发表论文《清代宫廷和苑囿中的室内戏台述略》。

刘畅. 清代宫廷和苑囿中的室内戏台述略. 故宫博物院院刊，2003（02）：80-87.

5月，毕琼发表论文《朗润园东、中、西三所考》，引用春和园地盘画样全图，提及春和园其他装修画样。

毕琼. 朗润园东、中、西三所考. 北京大学学报（哲学社会科版），2003（03）：146-153.

6月，张宝章、雷章宝、张威编《建筑世家样式雷》出版。书中收录张宝章《样式雷家世诸考》、郭黛姮《圆明园与古代建筑师样式雷》、王其亨《样式雷与清代皇家建筑设计》等论文。

张宝章，雷章宝，张威编．建筑世家样式雷．北京：北京出版社，2003.

6 月，刘畅、王时伟、张克贵发表论文《雍正〈王府图样〉建筑制图特点讨论》。文章对故宫博物院藏雍正十二年《王府殿宇地盘细底图》的制图特点及其对晚清建筑制图的影响进行了讨论，并通过对故宫博物院及中国国家图书馆藏样式雷图档的考察，归纳整理出一系列清晚期内檐装修图例。

刘畅，王时伟、张克贵．雍正《王府图样》建筑制图特点讨论．见：建筑史论文集（第 18 辑）．2003：65-72.

9 月，郭黛姮著《华堂溢采——中国古典建筑内檐装修艺术》由上海科学技术出版社出版。

郭黛姮．华堂溢采——中国古典建筑内檐装修艺术．上海：上海科学技术出版社，2003.

10 月，清代样式雷图档入选《中国档案文献遗产名录》第二批。

2004 年

台北故宫博物院举办"知道了：朱批奏折展"。10 月，以展览内容出版同名书籍一本。展览中披露了光绪二十七年为迎接两宫回銮，工部尚书张百熙奏折中所附画样。与 1989 年冯明珠发表论文《图绘与历史——从院藏几幅北平故宫的建筑图说起》中引用图样一致。

2 月，朱庆征发表文章《烫样宫殿建筑设计模型》，此后接踵发表《"万方安和"烫样》《紫禁城·长春宫凉棚烫样》。

朱庆征．烫样宫殿建筑设计模型．紫禁城，2004（02）：49-52.

朱庆征．"万方安和"烫样．紫禁城，2004（03）：45-46.

朱庆征．紫禁城·长春宫凉棚烫样．紫禁城，2004（04）：50-52.

2 月，贾珺发表论文《清华大学建筑学院藏清样式雷档案述略》。

贾珺．清华大学建筑学院藏清样式雷档案述略．古建园林技术，2004（02）：35-36.

4 月，张宝章出版《雷动星流》。

张宝章．雷动星流．北京：文物出版社，2004.

5 月，吴葱著《在投影之外——文化视野下的建筑图学研究》出版。

吴葱．在投影之外——文化视野下的建筑图学研究．天津：天津大学出版社，2004.

6 月，史箴、汪江华发表论文《清惠陵选址史实探赜》，引用样式房日记随工事及样式雷东西陵山风水地势图。

史箴，汪江华．清惠陵选址史实探赜．建筑师，2004（06）：92-100．

8月12日至8月31日，"华夏建筑意匠的传世绝响——清代样式雷建筑图档展"在中国国家图书馆文津厅及馆藏珍品展示室开展。

8月26日《南方周末》就样式雷图档展刊发了王其亨采访录，并节选郭黛姮在"清代样式雷建筑图档国际学术研讨会"的发言，发表《样式雷设计在圆明园》。

朱强，王炜．中国建筑不是搭积木．南方周末，2004-08-26．

郭黛姮．样式雷设计在圆明园．南方周末，2004-08-26．

11月，贾珺发表论文《圆明园买卖街钩沉》。

贾珺．圆明园买卖街钩沉．故宫博物院院刊，2004（06）：120-134．

12月，刘畅出版《慎修思永——从圆明园内檐装修研究到北京公馆室内设计》。

刘畅．慎修思永——从圆明园内檐装修研究到北京公馆室内设计．北京：清华大学出版社，2004．

是年，大田省一、井上直美编《东京大学东洋文化研究所所藏清朝建筑关系史料目录》出版，披露了该所藏样式雷图档的概况。

（日）大田省一、井上直美编．东京大学东洋文化研究所所藏清朝建筑关系史料目录．东京大学东洋文化研究所，2004．

是年，天津大学建筑学院完成多篇清代皇家建筑工程个案研究的博硕士学位论文。

王晶．绿丝临池弄清荫，麋鹿野鸭相为友——清南苑研究．天津：天津大学，2004．

李晓丹．17—18世纪中西建筑文化交流．天津：天津大学，2004．

朱蕾．境惟幽绝尘，心以静堪寄——清代皇家行宫园林静寄山庄研究．天津：天津大学，2004．

崔山．期万类之义和，思大化之周浃——康熙造园思想研究．天津：天津大学，2004．

闫凯．北京太庙建筑研究．天津：天津大学，2004．

2005 年

1月，朱庆征发表论文《紫禁城阅是楼庭院彩棚烫样》。

朱庆征. 紫禁城阅是楼庭院彩棚烫样. 紫禁城, 2005 (01).

5月, 叶冠国在郭黛姮指导下完成硕士论文《清代官式建筑制度研究——以圆明园内宫则例为例》。

叶冠国. 清代官式建筑制度研究——以圆明园内宫则例为例. 北京: 清华大学, 2005.

7月,《中华遗产》杂志组稿介绍样式雷世家及样式雷图档, 刊登郭黛姮、王其亨的文章。

郭黛姮. 清代宫廷装修的不传之秘. 中华遗产, 2005 (07).

王其亨. 华夏建筑的传世绝响——样式雷. 中华遗产, 2005 (07).

8月, 天津大学建筑学院完成一系列清代皇家建筑工程个案研究的博硕士学位论文。

汪江华. 清代惠陵建筑工程全案研究. 天津: 天津大学, 2005.

李洁. 清代慕陵个案研究——兼昌西陵、慕东陵个案研究. 天津大学, 2005.

王蕾. 清代定东陵建筑工程全案研究. 天津: 天津大学, 2005.

曾辉. 清代定陵建筑工程全案研究. 天津: 天津大学, 2005.

10月, 张淑娴发表论文《建福宫花园建筑历史沿革考》。作者将故宫藏样式雷"建福宫花园立样"与丁观鹏《太簇始和图》比对 [后者最迟在乾隆十年 (1745年) 新春之际已完成], 认为:"《太簇始和图》是在建福宫花园建成之后画的, 应该是较为真实地反映出建福宫花园的面貌。而立样是建筑设计图样, 在实际的施工中也许会有改变, 和实际的建筑存在一定的差别。"

张淑娴. 建福宫花园建筑历史沿革考. 故宫博物院院刊, 2005 (05): 157-171.

10月, 端木泓发表论文《圆明园新证——长春园蒨园考》。

端木泓. 圆明园新证——长春园蒨园考. 故宫博物院院刊, 2005 (05): 246-292.

10月, 茹竞华, 王时伟, 端木泓发表论文《清乾隆时期的宫殿建筑风格》。

茹竞华, 王时伟, 端木泓. 清乾隆时期的宫殿建筑风格. 故宫博物院院刊, 2005 (05): 123-148.

茹竞华. 清乾隆时期的宫殿建筑风格. 见: 中国紫禁城学会论文集 (第五辑 上). 北京: 紫禁城出版社, 2007.

10月, 刘畅、王时伟发表论文《从现存图样资料看清代晚期长春宫改造工程》。通过梳理中国国家图书馆藏样式雷图档中与长春宫有关者，考察了咸同光三朝长春宫的改建过程。随文附有相关样式雷图档目录，后收录进《中国紫禁城学会论文集（第五辑 上）》。

刘畅，王时伟．从现存图样资料看清代晚期长春宫改造工程．故宫博物院院刊，2005（05）：190-206.

刘畅．从现存图样资料看清代晚期长春宫改造工程．见：中国紫禁城学会论文集（第五辑·上）．北京：紫禁城出版社，2007.

12月，贺艳在清华大学建筑学院完成硕士学位论文《从皇子赐园到帝君御园——圆明园营建变迁探析》。

贺艳．从皇子赐园到帝君御园——圆明园营建变迁探析．北京：清华大学，2005.

2006 年

2月，张龙、张凤梧、殷亮在王其亨指导下，利用样式雷图档完成三篇清代皇家园林个案研究。

张龙．济运疏名泉，延寿创刹宇——乾隆时期清漪园山水格局分析及建筑布局初探．天津：天津大学，2006.

张凤梧．重构枕平川，湖山万景全——《样式雷图档》所反映的圆明园变迁史．天津：天津大学，2006.

殷亮．宜静原同明静理，此山近接彼山青——清代皇家园林静宜园、静明园研究．天津：天津大学，2006.

6月，孔志伟在王其亨指导下完成硕士论文《冉冉流芳惊绝代》，评价了朱启钤为中国建筑史学研究的拓荒与奠基工作作出的无可替代的学术贡献，并综述了朱启钤为保护和研究样式雷图档所做的大量工作。

孔志伟．冉冉流芳惊绝代——朱启钤先生学术思想研究．天津：天津大学，2007.

7月，朱庆征发表文章《方寸之间的宫廷建筑——紫禁城·延禧宫烫样》。

朱庆征．方寸之间的宫廷建筑——紫禁城·延禧宫烫样．紫禁城，2006，（07）.

11月，朱赛虹发表会议论文《北京故宫的清宫档案收藏及其整理研究概况》。

清代档案整理与馆际合作，第三届清代档案国际学术研讨会，台北，

2006 年 11 月。

12 月，刘江峰、王其亨、陈健发表《中国营造学社初期建筑历史文献研究钩沉》，梳理了中国营造学社在文献学方面（包括样式雷）的成果。

刘江峰，王其亨，陈健．中国营造学社初期建筑历史文献研究钩沉．建筑创作，2006（12）：153-158.

是年，发表利用样式雷图档的清代皇家建筑相关研究成果有：

王家鹏．清代皇家雅曼达嘎神坛丛考．故宫博物院院刊，2006（04）：98-108.

张龙，吴琛，王其亨．析颐和园的景观构成要素——亭．扬州大学学报（自然科学版），2006（02）：57-60.

岳升阳，王雪梅．样式雷图上的春熙院．北京社会科学，2006（06）：57-61.

2007 年

3 月，何蓓洁在王其亨指导下完成硕士论文《样式雷世家研究》。

何蓓洁．样式雷世家研究．天津：天津大学，2007.

5 月，在重庆大学建筑城规学院举办"清代样式雷建筑图档展"，王其亨做专题报告。

6 月 20 日，"中国清代样式雷建筑图档"入选联合国教科文组织《世界记忆名录》。

8 月，刘若芳发表论文《清宫珍藏的样式雷建筑图档——从中国第一历史档案馆所藏的图档说起》。

刘若芳．清宫珍藏的样式雷建筑图档——从中国第一历史档案馆所藏的图档说起．见：清代宫史研究会编．清代宫史探析（下）．北京：紫禁城出版社，2007：701-712.

8 月，朱庆征发表论文《"棚"系列烫样所折射出的清代皇家生活文化》。

朱庆征．"棚"系列烫样所折射出的清代皇家生活文化．见：清代宫史研究会编．清代宫史探析（下）．北京：紫禁城出版社，2007：594-603.

9 月 9 日至 23 日，为庆祝清代样式雷图档入选《世界记忆名录》和首个国家图书馆日，国家图书馆举办"大匠天工——清代'样式雷'建筑图档荣登《世界记忆名录》特展"。

11 月，郭黛姮出版著作《乾隆御品圆明园》，该书在清华大学建筑学院《圆明园研究》课题组多年研究成果的基础上完成。

郭黛姮.乾隆御品圆明园.杭州：浙江古籍出版社，2007.

11 月，崔勇发表文章《中国古典建筑美学的历史总结——清代建筑世家"样式雷"图档及族谱研究综述》。

崔勇.中国古典建筑美学的历史总结——清代建筑世家"样式雷"图档及族谱研究综述.中国文物科学研究，2007（04）.

是年，发表利用样式雷图档的清代皇家建筑相关研究成果有：

陈光.恭王府的第一个主人是和珅吗.紫禁城，2007（01）：207-211.

王其亨.慕陵拟建方城明楼史实探赜.故宫博物院院刊，2007（01）：6-13.

史箴.清代帝陵的哑巴院和月牙城.故宫博物院院刊，2007（02）：6-9.

贾珺，赵晓梅.北京西郊朗润园.中国园林，2007（04）：36-39.

贾珺.庙堂待起烟霞侣，昆峤方壶缩地来——试论圆明三园中的神仙境界塑造.华中建筑，2007（05）：151-154.

张龙，王其亨.样式雷图档的整理与清漪园治镜阁的复原研究.华中建筑，2007（08）：129-132.

李峥.平地起蓬瀛，城市而林壑——北京西苑历史变迁研究.天津大学，2007.

李燮平.清代乾清宫沿革概要.见：中国紫禁城学会.中国紫禁城学会论文集（第六辑 上）.中国紫禁城学会，2007.

秦雷.清漪园中的曼陀罗坛城建筑治镜阁研究.见：中国紫禁城学会.中国紫禁城学会论文集（第六辑 下）.中国紫禁城学会，2007.

是年，王其亨主持国家自然科学基金面上项目"清代建筑哲匠样式雷世家综合研究"（批准号 50678113）。

2008 年

6 月，刘彤彤、何蓓洁发表论文《样式雷与清代皇家园林》。结合样式雷世家主持或参与清代皇家园林建设工程的图档、文字材料以及其丰富的园林创作实践，撷要介绍 7 代样式雷成员主持或参与清代皇家园林建设的情况，揭示他们在其中扮演的重要角色。

刘彤彤，何蓓洁.样式雷与清代皇家园林.中国园林，2008（6）：17-22.

6月，王其亨、张龙发表论文《光绪朝颐和园重修与样式雷图档》。本文尝试将相关样式雷建筑图档放入当时的历史背景，分析颐和园的重修过程，探寻重修设计的理念及方法。

王其亨，张龙.光绪朝颐和园重修与样式雷图档.中国园林，2008（6）：23-31.

10月，傅熹年《中国科学技术史·建筑卷》由科学出版社出版。第十章"清代建筑"，特别是"建筑设计和施工"一节，论述清代官方设计和施工引用了样式雷图档研究成果。

傅熹年.中国科学技术史·建筑卷.北京：科学出版社，2008.

是年，出版的《圆明园》学刊第七期和第八期均为纪念圆明园建园300周年特刊，刊载了一系列样式雷研究相关成果。

张恩荫.样式雷图档的重要价值.见：《圆明园》学刊第七期.北京：中国建筑工业出版社，2008.

王其亨.一件样式雷图档的年代推断.见：《圆明园》学刊第七期.北京：中国建筑工业出版社，2008.

贺艳.圆明园图像史料辨析.见：《圆明园》学刊第七期.北京：中国建筑工业出版社，2008.

端木泓.圆明园万方安和考.见：《圆明园》学刊第七期.北京：中国建筑工业出版社，2008.

贾珺.北京西郊承泽园.中国园林，2008（04）：46-50.

何蓓洁.朱启钤《样式雷考》与雷氏传人.见：《圆明园》学刊第七期.北京：中国建筑工业出版社，2008.

肖金亮.九洲清晏如意桥研究与整修.见：《圆明园》学刊第八期.北京：中国建筑工业出版社，2008.

王其亨.从颐和园大他坦说起——浅论圆明园和颐和园历史功能的转换.见：《圆明园》学刊第八期.北京：中国建筑工业出版社，2008.

赵晓梅.圆明园鸣玉溪桥的修缮保护.见：《圆明园》学刊第八期.北京：中国建筑工业出版社，2008.

贾珺.圆明三园写仿景观续说.见：《圆明园》学刊第八期.北京：中国建筑工业出版社，2008.

是年，发表利用样式雷图档的清代皇家建筑相关研究成果。

耿威.清代王府建筑组群构成特点.古建园林技术，2008（01）：16-20.

端木泓.圆明园新证——万方安和考.故宫博物院院刊，2008（02）：36-55.

汪江华，王其亨.清代惠陵工程处的建制与职能.建筑师，2008（04）.

贺艳.圆明园九州清晏景区桥梁遗迹保护设计.见：中国城市规划学会.生态文明视角下的城乡规划——2008中国城市规划年会论文集.中国城市规划学会，2008.

是年，王其亨主持国家自然科学基金重点项目"清代建筑世家样式雷及其建筑图档综合研究"（批准号50738003）。

2009年

1月，刘畅、赵雯雯、蒋张等开始在《紫禁城》连载论文《从努尔哈赤的老宅到坤宁宫》《寿安宫》《养心殿》《从半亩园到倦勤斋》《漱芳斋》《符望阁》《毓庆宫》《从长春宫说到钟粹宫》，收入刘畅指导赵雯雯完成的硕士学位论文《从图样到空间》，以及5月出版的《北京紫禁城》。

赵雯雯，刘畅.从努尔哈赤的老宅到坤宁宫.紫禁城，2009（01）：38-43.

蒋张，刘畅，赵雯雯.寿安宫.紫禁城，2009（02）：15-23.

赵雯雯，刘畅，蒋张.养心殿.紫禁城，2009（03）：18-27.

赵雯雯，刘畅，蒋张.从半亩园到倦勤斋.紫禁城，2009（04）：30-37.

赵雯雯，刘畅，蒋张.漱芳斋.紫禁城，2009（05）：26-32.

赵雯雯，刘畅，蒋张.符望阁.紫禁城，2009（06）：16-23.

刘畅，赵雯雯，蒋张.毓庆宫.紫禁城，2009（07）：14-19.

刘畅，赵雯雯，蒋张.从长春宫说到钟粹宫.紫禁城，2009（08）：14-23.

赵雯雯.从图样到空间.北京：清华大学，2009.

刘畅.北京紫禁城.北京：清华大学出版社，2009.

2月，端木泓发表论文《圆明园新证——乾隆朝圆明园全图的发现与研究》，通过考证故宫博物院图书馆藏1704号圆明园地盘图的绘制年代和作者，认为该图是"迄今仅见的唯一一张完整记录乾隆朝圆明园盛况的绝世孤本，也是现存圆明园图档中绘制年代最早、使用时间最长、表现内容最丰富、记载变化最全面的国宝级珍贵档案。"

端木泓.圆明园新证——乾隆朝圆明园全图的发现与研究.故宫博物院院刊，2009（01）：22-36.

端木泓.圆明园新证——乾隆朝圆明园全图的发现与研究.见:《圆明园》

学刊第十期.北京：中国建筑工业出版社，2010.

6月，王其亨、张凤梧发表文章《一幅样式雷圆明园全图的年代推断》。

王其亨，张凤梧.一幅样式雷圆明园全图的年代推断.中国园林.2009，25（06）：83-87.

6月，王其亨指导张凤梧、张龙分别完成博士学位论文《样式雷圆明园图档综合研究》《颐和园样式雷建筑图档综合研究》。

张凤梧.样式雷圆明园图档综合研究.天津：天津大学，2009.

张龙.颐和园样式雷建筑图档综合研究.天津：天津大学，2009.

8月，郭黛姮主编《远逝的辉煌——圆明园建筑园林研究与保护》出版。

郭黛姮主编.远逝的辉煌——圆明园建筑园林研究与保护.上海：上海科学技术出版社，2009.

8月6日，《今晚报》刊登文章称天津发现样式雷《惠陵中一路立样》。

12月，王其亨、张凤梧发表论文《法国巴黎〈圆明园地盘全图〉考辨》。

王其亨，张凤梧.法国巴黎《圆明园地盘全图》考辨.中国园林，2009，25（12）：51-54.

是年，发表利用样式雷图档的清代皇家建筑相关研究有：

贾珺.北京恭王府花园新探.中国园林，2009，25（08）：85-88.

陈彤.恭王府府邸水法楼复原设计初探.建筑技艺，2009（12）：68-71.

端木泓.圆明园新证——鱼佚院风荷考.故宫博物院院刊，2009（06）：14-29.

2010 年

1月，王其亨、何蓓洁发表《朱启钤〈样式雷考〉校注》。

王其亨，何蓓洁.朱启钤《样式雷考》校注.建筑学报，2010（01）：84-87.

9月，郭黛姮发表《样式房、样式雷与圆明园》。

郭黛姮.样式房、样式雷与圆明园.见：故宫古建筑研究中心、中国紫禁城学会.中国紫禁城学会论文集（第七辑）.北京：故宫出版社，2010.

11月，王其亨指导耿威完成博士学位论文《清代王府建筑及相关样式雷图档研究》。

耿威.清代王府建筑及相关样式雷图档研究.天津：天津大学，2010.

12月，郭黛姮、贺艳出版著作《圆明园的"记忆遗产"——样式房图档》。

郭黛姮、贺艳.圆明园的"记忆遗产"——样式房图档.杭州：浙江古籍出版社，2010.

是年，发表利用样式雷图档的清代皇家建筑研究相关论文包括：

汪江华.清代晚期皇家建筑师的社会经济地位.北京科技大学学报（社会科学版），2010，26（04）：158-161.

耿威，王其亨.样式雷图档中的恭王府花园.中国园林，2010，26（09）：64-67.

王其亨，张凤梧.再现圆明园百年变迁格局.天津大学学报（社会科学版），2010，12（05）：419-423.

刘忠民.谈样式雷工程图中火器营图.中国文物报，2010-06-23（07）.

季宏，徐苏斌，闫觅.样式雷与近代工业——以海光寺行宫及机器局为例.见：故宫古建筑研究中心、中国紫禁城学会.中国紫禁城学会论文集（第七辑）.北京：故宫出版社，2010.

2011 年

2月，王其亨、何蓓洁发表《历久弥新的启示——朱启钤〈样式雷考〉内在蕴涵探析》。

王其亨，何蓓洁.历久弥新的启示——朱启钤《样式雷考》内在蕴涵探析.紫禁城，2011（02）：34-43.

3月，何蓓洁、王其亨发表《样式雷与〈雷氏族谱〉》。

何蓓洁，王其亨.样式雷与《雷氏族谱》.紫禁城，2011（03）：8-11.

4月，郭黛姮发表《圆明园与样式雷》。

郭黛姮.圆明园与样式雷.紫禁城，2011（04）：8-19.

6月，王其亨指导王茹茹、杨菁分别完成博士学位论文《清代宗室、公主园寝及相关样式雷图档研究》《静宜园、静明园及相关样式雷图档综合研究》。

王茹茹.清代宗室、公主园寝及相关样式雷图档研究.天津：天津大学，2011.

杨菁.静宜园、静明园及相关样式雷图档综合研究.天津：天津大学，2011.

6月，贺艳开始在《紫禁城》连载数字圆明园的成果，发表论文9篇。

贺艳.再现·圆明园——正大光明.紫禁城，2011（06）：24-39.

贺艳，吴祥艳.再现·圆明园——勤政亲贤.紫禁城，2011（08）：32-49.

贺艳.再现·圆明园——九洲清晏（上）.紫禁城，2011（10）：26-39.

贺艳.再现·圆明园——九洲清晏（中）.紫禁城，2011（11）：32-43.

贺艳.再现·圆明园——九洲清晏（下）.紫禁城，2012（01）：36-49.

贺艳.再现·圆明园——上下天光.紫禁城，2012（02）：12-27.

贺艳，吴祥艳，刘川.再现·圆明园——杏花春馆.紫禁城，2012（06）：8-25.

贺艳，刘川.再现·圆明园——坦坦荡荡.紫禁城，2012（10）：8-23.

贺艳，刘川.再现·圆明园——茹古涵今（上）.紫禁城，2013（02）：87-99.

8月，王其亨、何蓓洁发表论文《雷发达新识》。

史箴，何蓓洁.雷发达新识.故宫博物院院刊，2011（04）：81-94，161.

12月，张龙、王其亨发表论文《样式雷与颐和园》。

张龙，王其亨.样式雷与颐和园.世界建筑，2011（12）：117-121.

是年，发表利用样式雷图档的清代皇家建筑研究相关论文有：

贾珺.圆明园中的理政空间探析.建筑学报，2011（05）：100-106

耿威.鸣鹤镜春朗润三园史再考.中国园林，2011，27（05）：91-94.

贾珺.圆明园中的观鱼型景观.装饰，2011（06）：54-58.

耿威.北京西郊的宗室赐园.紫禁城，2011（08）：24-31.

王茹茹.北京妙高峰退潜别墅园林赏析.中国园林，2011，27（08）：69-72.

2012 年

2月，王其亨（笔名"史箴"）、何蓓洁发表论文《高瞻远瞩的开拓，历久弥新的启示——清代样式雷世家及其建筑图档早期研究历程回溯》。

史箴，何蓓洁.高瞻远瞩的开拓，历久弥新的启示——清代样式雷世家及其建筑图档早期研究历程回溯.建筑师，2012（01）：45-59.

10月，王其亨、何蓓洁发表论文《中国传统硬木装修设计制作的不朽哲匠——样式雷与楠木作》。

王其亨，何蓓洁.中国传统硬木装修设计制作的不朽哲匠——样式雷与楠木作.建筑师，2012（05）：68-71.

10月郭黛姮主编《数字再现圆明园》出版。

郭黛姮主编.数字再现圆明园.上海：中西书局，2012.

是年，发表利用样式雷图档的清代皇家建筑研究相关学术论文6篇。

张龙，吴琛．颐和园造园艺术的转变——以昙花阁到景福阁的变迁为例．中国园林，2012，28（02）：103-106.

贾珺．圆明三园中的祀庙祠宇建筑探析．故宫博物院院刊，2012（03）：109-128.

汪江华，高伦．清代惠陵工程选址始末．天津大学学报（社会科学版），2012，14（06）：540-544.

陈书砚，朱蕾，王其亨．基于样式雷图档的静寄山庄前宫复原研究．中国园林，2012，28（09）：97-101.

杨菁，王其亨．解读光绪重修静明园工程——基于样式雷图档和历史照片的研究．中国园林，2012，28（11）：117-120.

翟小菊．清代"样式雷"与颐和园御船设计初探．见：中国紫禁城学会．中国紫禁城学会论文集第八辑（上）．北京：故宫出版社，2012.

2013 年

4月，何蓓洁、王其亨发表《样式雷世家族谱考略》，系统梳理并廓清了已知中国文化遗产研究院、上海市图书馆、江西省永修县雷代林家藏，共7种14册《雷氏族谱》的现存状况、编纂过程及史料价值。

何蓓洁，史箴．样式雷世家族谱考略．文物，2013（04）：74-80.

10月，张凤梧、阴帅可发表论文《圆明园研究史初探（1930年至今）》。

张凤梧，阴帅可．圆明园研究史初探（1930年至今）．中国园林，2013，29（10）：121-124.

是年，发表样式雷图档研究学术论文2篇。

张凤梧，王其亨．样式雷圆明园图档研究概述．见：《圆明园》学刊第十四期——"纪念圆明园雁劫152周年暨世界遗产视野中的中国圆明园遗址"学术讨论会专刊，2013.

王其亨，王方捷．样式雷"已做现做活计图"研究．古建园林技术，2013（02）：16-34.

是年，发表利用样式雷图档的清代皇家建筑研究相关学术论文4篇。

王其亨．双心圆：清代拱券券形的基本形式．古建园林技术，2013（01）：3-12.

张龙，祝玮，谷媛．咸丰十年清漪园劫后余存建筑考．中国园林，2013，29（03）：120-124.

贾珺. 《乾隆帝雪景行乐图》与长春园狮子林续考. 装饰, 2013（03）: 52–57.

张龙, 翟小菊. 颐和园"界湖桥"和"柳桥"之辨. 天津大学学报（社会科学版）, 2013, 15（02）: 138–140.

2014 年

天津大学样式雷研究团队发表多篇学术论文, 包括《清代惠陵工程建筑设计程序探微》《样式雷"已做现做活计图"研究（续）》《三幅样式雷圆明园河道全图辨析》《雷金玉新识》《从样式雷图档解读清西陵梁格庄行宫改造工程》。

汪江华. 清代惠陵工程建筑设计程序探微. 建筑师, 2014（01）: 61–66.

王其亨, 王方捷. 样式雷"已做现做活计图"研究（续）. 古建园林技术, 2014（03）: 53–58, 41.

张凤梧, 王其亨. 三幅样式雷圆明园河道全图辨析. 中国园林, 2014, 30（04）: 91–95.

史箴, 何蓓洁. 雷金玉新识. 故宫博物院院刊, 2014（05）: 99–117, 160.

陈书砚, 朱蕾. 从样式雷图档解读清西陵梁格庄行宫改造工程. 建筑学报, 2014（S2）: 131–134.

张淑娴发表论文《装修图样: 清代宫廷建筑内檐装修设计媒介》。

张淑娴. 装修图样: 清代宫廷建筑内檐装修设计媒介. 江南大学学报（人文社会科学版）, 2014, 13（03）: 113–121.

2015 年

2 月, 贾珺著《圆明园造园艺术探微》出版。

贾珺. 圆明园造园艺术探微. 北京: 中国建筑工业出版社, 2015.

6 月, 何蓓洁、王其亨发表《华夏意匠的世界记忆——传世清代样式雷建筑图档源流纪略》, 系统考证并梳理了样式雷图档的来由及流传分布。

何蓓洁, 王其亨. 华夏意匠的世界记忆——传世清代样式雷建筑图档源流纪略. 建筑师, 2015（03）: 51–65.

8 月, 易晴点校、崔勇注释的《清代建筑世家样式雷族谱校释》出版, 首次全文刊载了点校后的乾隆二十一年《雷氏大成宗族总谱》四卷四册、嘉庆十九年《雷氏族谱》四卷四册, 以及道光二十五年续修《雷氏族谱》二卷二册。

易晴点校，崔勇注释．清代建筑世家样式雷族谱校释．北京：中国建筑工业出版社，2015.

清华大学刘畅指导刘仁皓、赵波分别完成学位论文《万方安和九咏解读——档案、图样与烫样中的室内空间》《故宫藏"养心殿喜寿棚"烫样及其背景研究》，对故宫博物院藏圆明园万方安和、养心殿明瓦木棚两具烫样进行了细致的测绘记录。

刘仁皓．万方安和九咏解读——档案、图样与烫样中的室内空间．清华大学，2015.

赵波．故宫藏"养心殿喜寿棚"烫样及其背景研究．清华大学，2015.

2016 年

1 月，由国家古籍整理出版专项经费资助《国家图书馆藏样式雷图档·圆明园卷初编》出版。全书共十函，为国家图书馆所藏样式雷图档中圆明园卷的第一部分，收入圆明园全图及正大光明、勤政亲贤、茹今涵古、坦坦荡荡等景区新建、修缮、改建、内檐装修、河道疏浚、山体切削、绿化植被、室内室外陈设等工程方面的图档共约 1000 件。

国家图书馆．国家图书馆藏样式雷图档·圆明园卷初编．北京：国家图书馆出版社，2016.

2 月，王其亨发表《清代样式雷建筑图档中的平格研究——中国传统建筑设计理念与方法的经典范例》。

王其亨．清代样式雷建筑图档中的平格研究——中国传统建筑设计理念与方法的经典范例．建筑遗产，2016（01）：24-33.

2 月 5 日，由澳大利亚国家图书馆和中国国家图书馆共同主办的展览"大清世相：中国人的生活，1644—1911"在澳大利亚国家图书馆开展。展品中包括一幅长约 6 米、宽 60 厘米的样式雷画样《大清门至坤宁宫中一路立样糙底》，是样式雷画样原件首次在国外展出，令所有参观者赞叹不已。

4 月，刘仁皓、刘畅、赵波发表《万方安和九咏空间再探——为〈圆明园新证——万方安和考〉补遗并商榷》。

刘仁皓，刘畅，赵波．万方安和九咏空间再探——为《圆明园新证——万方安和考》补遗并商榷．故宫博物院院刊，2016（02）：16-36.

5 月，郭黛姮、贺艳著《深藏记忆遗产中的圆明园：样式房图档研究（一）（二）（三）（四）》由上海远东出版社出版，是 2010 年《圆明园的"记忆遗产"——

样式房图档》的再版。

郭黛姮，贺艳．深藏记忆遗产中的圆明园：样式房图档研究（一）（二）（三）（四）．上海：上海远东出版社，2016.

6月，李越、赵波、刘畅发表《故宫博物院藏"养心殿喜寿棚"烫样著录与勘误》。

李越，赵波，刘畅．故宫博物院藏"养心殿喜寿棚"烫样著录与勘误．故宫博物院院刊，2016（03）：55-73.

11月，王其亨、徐丹、张凤梧发表文章《清代样式雷北海图档整理述略》。

王其亨，徐丹，张凤梧．清代样式雷北海图档整理述略．天津大学学报（社会科学版），2016，18（06）：481-486.

11月，白鸿叶发表文章《国家图书馆藏圆明园样式雷图档述略》。

白鸿叶．国家图书馆藏圆明园样式雷图档述略．北京科技大学学报（社会科学版），2016，32（05）：37-41.

附录三

"华夏建筑意匠的传世绝响——清代样式雷建筑图档展"展板

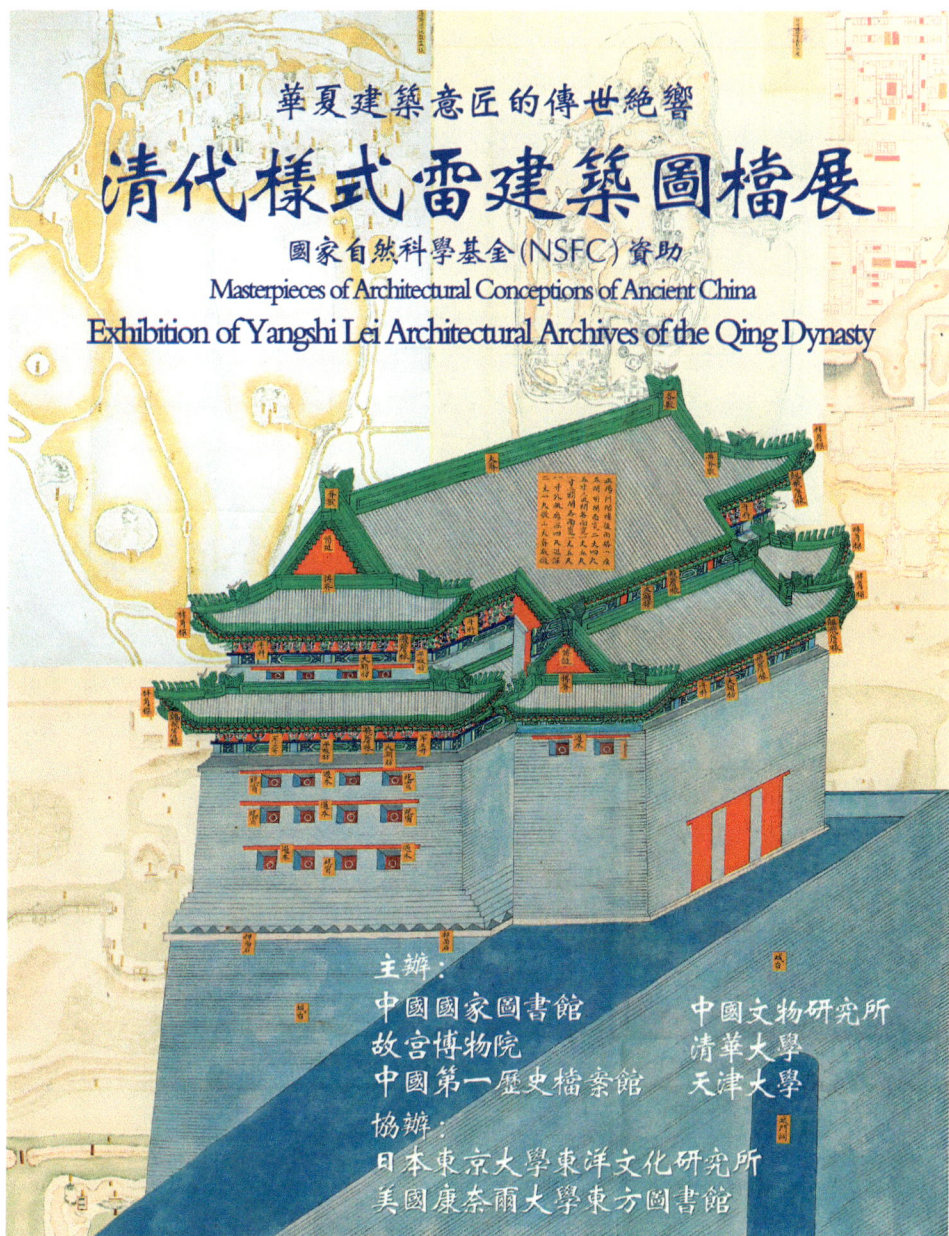

附图 3-1

華夏建築意匠的傳世絕響
清代樣式雷建築圖檔展

前言

　　"樣式雷"是清代二百多年間主持皇家建築設計的雷姓世家的譽稱。作爲我國古代科技史上成就卓著的杰出代表，其建築創作涵蓋了都城、宮殿、園林、壇廟、陵寢、府邸、工廠、學堂等皇家建築，如被譽爲"萬園之園"的圓明園，世界文化遺產承德避暑山莊與外八廟、北京故宮、天壇、頤和園、清東陵與西陵、沈陽故宮與永陵、福陵、昭陵；全國重點文物保護單位北海以及中南海、恭王府等等。與此對應，還有近兩萬件樣式雷建築圖檔珍藏在中國國家圖書館、中國第一歷史檔案館和故宮博物院等單位，涉及相關建築選址、規劃設計和施工等多方面的詳情細節，對清史、古代科技史尤其是建築史（包括圖學史，建築設計思想、理論和方法，施工技術和管理制度等），以及相關文物建築保護和研究，均具巨大價值，一向受到學術界高度重視。

　　近年來，由國家自然科學基金資助，經過相關單位人員的協同努力，樣式雷圖檔的研究已取得根本性突破，中國建築史學不少疑難或訛誤得以澄清；凤呈研究空白的古代建築設計理論和方法，選址、測繪、設計、施工以至經費核算等程序和管理機制即工官制度，在大量經過鑒定分類的樣式雷畫樣及文檔中得到揭示。其中，運用契符現代圖學原理的投影、圖層法繪制的大量設計及施工圖，推翻了中國古代建築未必經過設計的舊論；建築組群布局常用的"平格"網，同當代建築外部空間設計理論和方法、CAD建模方法及DEM數字高程模型，特別是正方形格網建模方法比較，基本原理驚人類同，更凸顯出中國古代建築設計理論和方法的卓絕智慧。

　　爲了展示樣式雷圖檔的研究成果和樣式雷世家的杰出成就，集思廣益，在廣度和深度上有力推進相關研究，特舉辦本展覽，敬請廣大觀衆提出寶貴意見。

附圖 3-2

樣式雷　工官制度·建築世家

　　清代皇家建築如都城、宮苑、壇廟、陵寢、衙署等，向例由專門機構"樣式房"的專職匠師即"樣子匠"設計，康熙朝以來，曾有雷氏世家先後共八代效力皇家建築設計，并長期主持樣式房事務，被世人美譽爲"樣式雷"。

　　樣式雷世家的職業活動與傳世圖檔，是清代建築工程管理體制即工官制度的產物。由于康熙朝以來營造商業化的發展，官式建築臻向標準化，大木作形成高度模數化的體系，雇工制度取代了以往的匠役制度；雍正還頒布了工部《工程做法則例》，規範工料做法，以利經濟核算。皇家建築也轉爲工官督理、招商承包，管理十分縝密，形成了浩繁的圖檔，如畫樣即設計圖、燙樣即模型，《工程做法》即設計說明，以及《銷算黃冊》、《工程備要》等等。

　　按制度，國家建築工程凡工價銀五十兩、料價超過二百兩，均要呈報工部奏請皇帝欽派承修大臣組建工程處，負責工程規劃設計和施工。與此同時，還要欽派勘估大臣組建勘估處，審計工程開銷，奏準後轉咨工程處按預算支領經費，招商董修。工竣驗收也由勘估處負責，再由工程處造具《銷算黃冊》奏銷。

　　工程處又稱欽工處，專設辦事機構稱爲檔房，在京者稱爲京檔房，在工地者則稱工次檔房，下設樣式房和算房，揀派樣子匠和算手供役。其中算手辦理工程工料核算事務，樣子匠負責建築設計，并會同算房算手編寫《工程做法》。樣式房主持人稱爲掌案，康熙朝以後則主要出自雷氏世家。

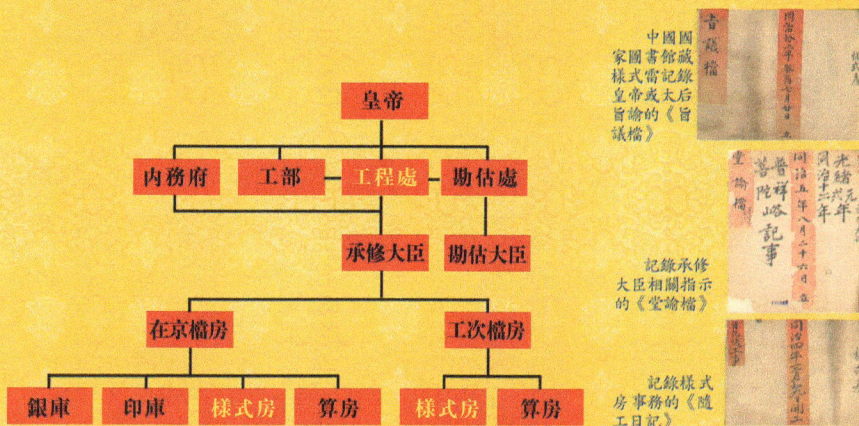

中國國家圖書館藏樣式雷記錄皇帝或太后旨諭的《旨議檔》

記錄承修大臣相關指示的《堂諭檔》

記錄樣式房事務的《隨工日記》

清代建築工官制度簡表

樣式雷 建築世家·譜系

雷發達 — 祖籍江西南康府建昌縣（今永修縣），明萬曆四十七年（1619年）生，明末清初因避亂暫居南京。康熙二十二年（1683年）冬以藝應募赴京，參加清廷宮禁營建。康熙三十二年（1693年）卒，歸葬南京。

雷金玉 — 雷發達長子，順治十六年（1659年）生，康熙中隨父赴京，以暢春園營造功故康熙欽賜內務府七品官，任欽工處掌案，成為雷氏世家執掌樣式房一業的家祖。雍正七年（1729年）逝世後，蒙皇恩賜金百餘兩，馳驛歸葬南京。

雷聲澂 — 雷金玉五子，雍正七年（1729年）生，甫三月父喪，諸兄歸金陵，獨與其母張氏留京。成人後繼父業呈掌班楠木作事務，即樣式房差。乾隆五十七年（1792年）承辦皇差卒于外地，安葬北京海淀祖塋。

雷家瑋、雷家璽、雷家瑞

雷家瑋，雷聲澂長子，乾隆廿三年（1758年）生，嗣業樣式房援查辦外省行宮等，道光廿五年（1845年）卒，葬于北京祖塋。

雷家璽，雷聲澂次子，乾隆廿九年（1764年）生，乾隆末至道光初繼承祖業，曾承辦萬壽山、玉泉山、香山、避暑山莊和昌陵等工程及宮中年例燈彩煙火、乾隆萬壽慶典貼景糖瓜等，道光五年（1825年）卒，葬北京。

雷家瑞，雷聲澂幼子，乾隆卅五年（1770年）生，成人後曾代雷家璽料理樣式房，援掌案南苑大修等工程，道光十年（1830年）卒，葬北京。

雷景修 — 雷家璽三子，嘉慶八年（1803年）生，少習祖業，父遽後勉力廿四年尹回掌業；曾承辦慕陵、慕東陵、昌西陵、定陵等。家中蒐集畫樣燙樣甚豐，弘揚世守之工。同治五年（1866年）卒，葬北京。

雷思起 — 雷景修三子，道光六年（1826年）生，少隨父多役定陵，援主持定東陵、惠陵及西苑等設計。同治二年（1863年）皇恩賜封祖父母，父母為二品奉政大夫。因重修圓明園與子廷昌被皇帝、太后五次召見。光緒元年（1875年）又蒙恩封父母為二品通奉大夫。翌年卒，葬祖塋。

雷廷昌 — 雷思起長子，道光二十五年（1845年）生，同光朝隨父多與定陵、定東陵、惠陵及三海等工程，父歿後繼任司業，曾主持萬壽山慶典及頤和園重建設計。光緒三年（1877年）以候選大理寺丞保晉加員外郎。光緒三十三年（1907年）卒，葬北京。

雷獻彩 — 雷廷昌長子，光緒三年（1877年）生，自幼學習世傳差事，未滿廿歲即任圓明園樣式房掌案，承擔普陀峪定東陵重建，被庚亂損毀的京城、宮苑、壇廟、府邸等皇家建築的修繕或重建，以及清末崇陵工程等設計。

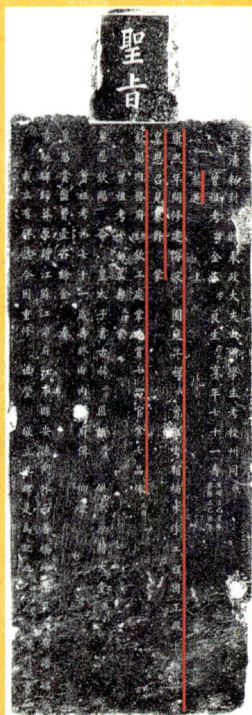

雷金玉墓碑拓片（中國國家圖書館藏）

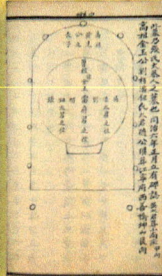

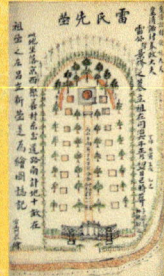

《雷氏族譜》及所載雷氏祖塋圖（中國文物研究所藏）

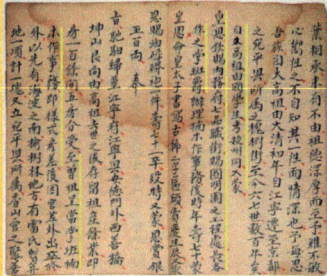

雷思起撰《精選擇善而從》有關先祖雷金玉與雷聲澂等的記載（中國文物研究所藏）

樣式雷
圖檔流傳·法國

圓明園地盤畫樣（法國巴黎
吉美東方藝術博物館藏）

　　自英法聯軍1860年入
侵北京，存檔宮中的樣式
雷圖檔就曾罹劫；辛亥革
命後，樣式雷後裔家道
敗落，變賣家藏圖檔，又
被外國人及燕京大學、中
法大學等教會學校或學術
機構購藏；凡此，均致使
樣式雷圖檔流傳海外。

样式雷
圖檔流傳·美國

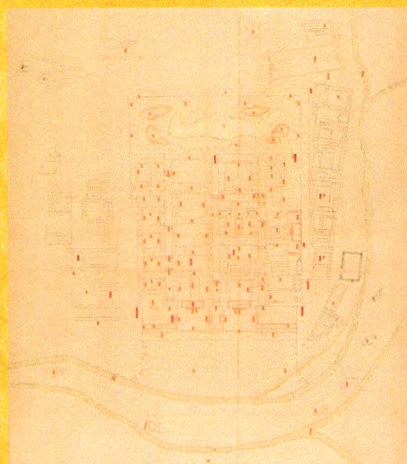

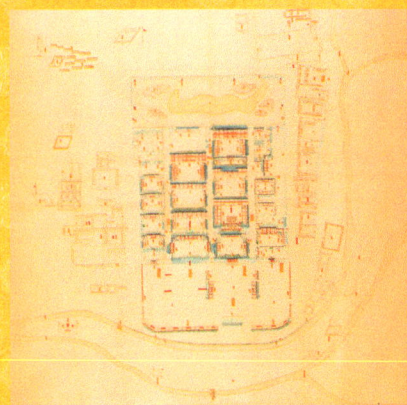

上：天津行宮地盤樣圖
下：天津行宮立樣圖
右：天津行宮立樣圖局部
（美國康奈爾大學東方圖書館藏）

附图 3-6

樣式雷

圖檔流傳·日本

日本東京大學東洋文化研究所現藏53件樣式雷畫樣及數百件文檔，均系1931年荒木清三在華收集。

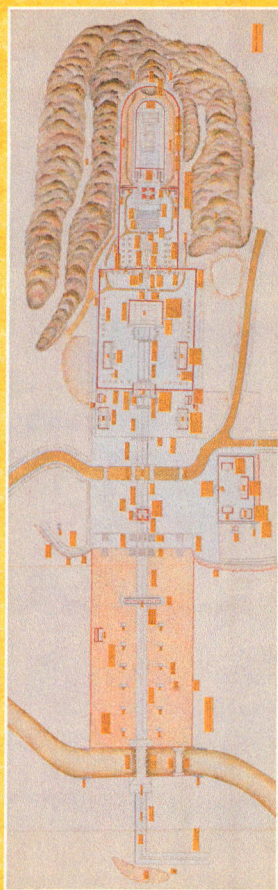

上：東陵風水形勢全圖；右：平安峪萬年吉地地盤尺寸畫樣（東京大學東洋文化研究所藏）

様式雷
圖檔流傳・德國

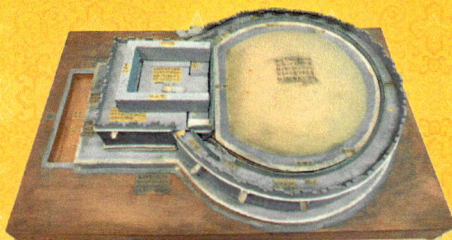

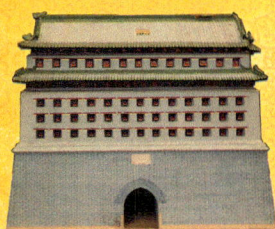

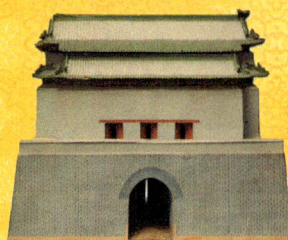

惠陵妃園寢地宮寶城個樣及內部構造

北京正陽門箭樓燙樣

德國柏林民族學博物館現藏樣式雷燙樣共5件。

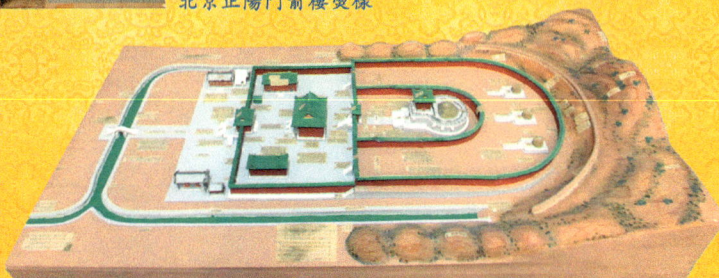

惠陵妃園寢全分樣（以上燙樣均為德國柏林民族學博物館藏）

附图 3-8

样式雷

圖檔流傳·國內

傳世的樣式雷圖檔主要由國內各相關機構所收藏，總計近2萬件。

其中，進呈宮中作爲皇家檔案的圖檔現藏中國第一歷史檔案館；除大量文檔如《工程做法》等外，有關畫樣約一千件左右（不含附于題本奏摺中的衆多畫樣）。

同治朝清西陵全圖（中國第一歷史檔案館藏）

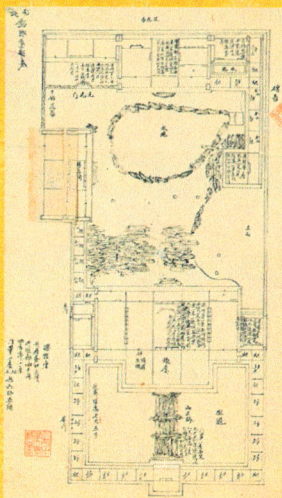

北海澄性堂準底（故宮博物院藏）

爲避免傳世樣式雷圖檔流失，1930年代以朱啓鈐爲社長的中國營造學社，多方籌集資金，將市上售賣及雷氏後裔家藏的圖檔，由國立北平圖書館收購，現藏中國國家圖書館善本部，圖檔約15000件。

除了轉自原北京圖書館的80多件樣式雷燙樣而外，1950年代以後故宮博物院還曾接收有原由中法大學收購的3000件圖檔，現藏該院圖書館。

此外，中國營造學社收集的《雷氏族譜》等現存中國文物研究所；中國國家博物館、清華大學建築學院資料室、首都圖書館、北京大學圖書館、中國社會科學院圖書館等也收藏有部分樣式雷圖檔。

圓明園中路地盤尺寸畫樣
（中國國家圖書館藏）

樣式雷 整理研究

朱啓鈐先生

劉敦楨先生

單士元先生

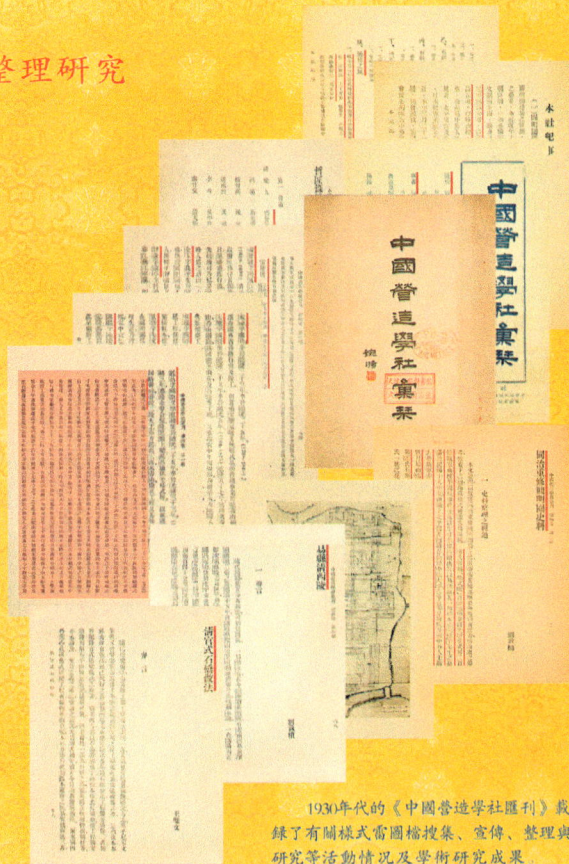

1930年代的《中國營造學社彙刊》載錄了有關樣式雷圖檔搜集、宣傳、整理與研究等活動情況及學術研究成果。

　　1930年代，以朱啓鈐爲首的中國營造學社，對樣式雷圖檔的搜集、整理及宣傳，展開了卓有成效的工作，并形成經典性的學術成果。如朱啓鈐先生《樣式雷考》，劉敦楨先生《同治重修圓明園史料》及《易縣清西陵》，王璧文先生《清代官式石橋做法》等。

　　1950年代後，故宮博物院的單士元先生尚成功接收了前中法大學購藏的約三千件樣式雷圖檔，并發表《宮廷建築巧匠樣式雷》等代表性的論文。

附圖 3-10

樣式雷 整理研究

　　1980 年代以來，樣式雷世家及圖檔的研究受到學術界的重視，形成了豐富的成果，各類刊物上的論文以至眾多的相關專著，均對雷氏世家的傑出才能和卓越成就予以了高度評價。

附图 3-11

样式雷 建築作品・城市

除了發祥之地的盛京城和離宮型的承德建設，清朝入主中原後，繼承了明代北京的建設成果，通過諸如城樓、鐘鼓樓及天壇等修葺和局部改擴建，更通過大規模的園林、府邸等建設予以增華，樣式雷世家也為此做出了巨大貢獻。

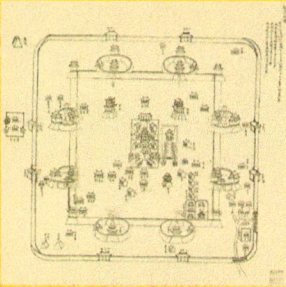

盛京城圖（中國國家圖書館藏）

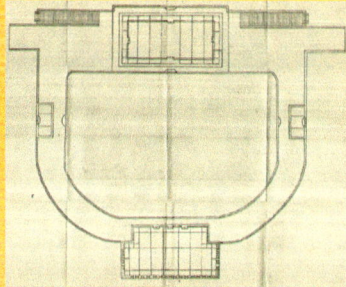

正陽門地盤樣（中國國家圖書館藏）

正陽門大樓立樣（故宮博物院藏）

附圖 3-12

样式雷 建築作品·城市

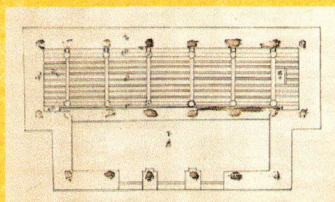

（顶层地盘）

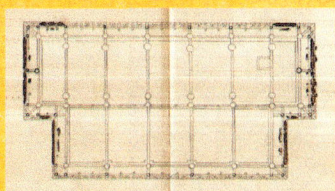

（二层地盘）

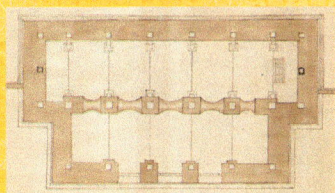

（底层地盘）

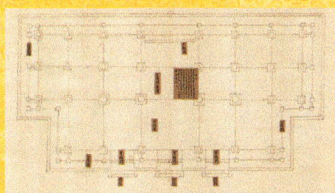

（底层柱网）

北京正陽門箭樓地盤樣（自底層到頂層
的各層平面圖，中國國家圖書館藏）

北京正陽門箭樓立樣（故宮博物院藏）

北京正陽門箭樓後兩搭立樣（故宮博物院藏）

樣式雷

建築作品·宮殿

清代宮殿建築承襲明代規制而屢有重建、改建或擴建增華，有關圖檔展現了樣式雷世家的相應貢獻。

紫禁城太和門立樣（故宮博物院藏）

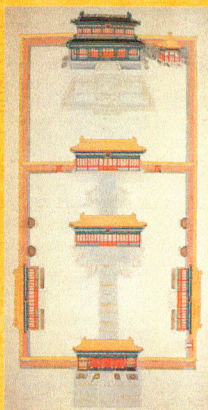

紫禁城文華殿立樣

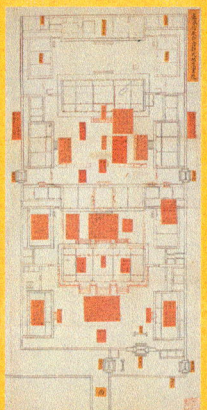

長春宮啓祥宮新式地盤畫樣

大清門至坤寧宮立樣拖底局部

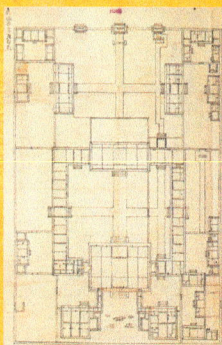

壽安宮地盤樣

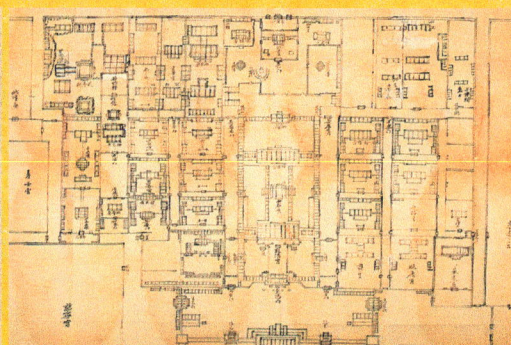

上：乾清宮大內全圖　　　右：大清門至坤寧宮立樣拖底

（以上畫樣均爲中國國家圖書館藏）

附圖 3-14

样式雷 建筑作品·宫殿

北京紫禁城建福宫立样（故宫博物院藏）

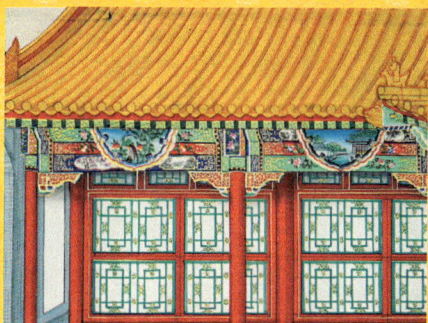

北京紫禁城建福宫立样局部（故宫博物院藏）

樣式雷

建築作品·壇廟

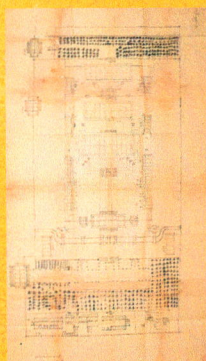

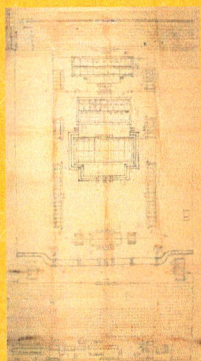

太廟全圖畫樣

正陽門瓮城關帝廟立樣

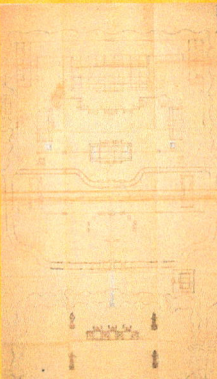

圓明園安佑宮地盤準底圖樣

東安門內新堂子圓殿尺寸樣

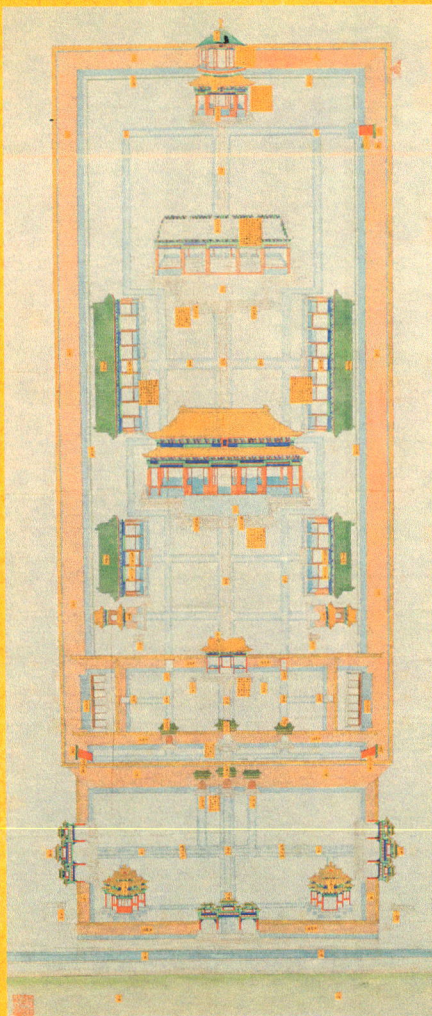

左：東安門內新堂子地盤全圖
（以上畫樣均爲中國國家圖書館藏）

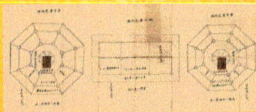

大高元殿等擬修各工情形立樣（故宮博物院藏）

样式雷 建築作品·府邸衙署

理藩院地盤圖樣　　兵部衙署内各處地盤圖樣　　醇王府地盤樣全圖

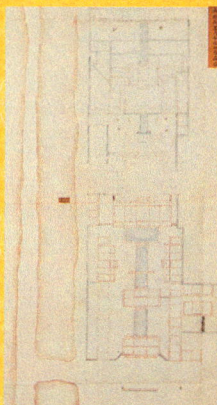

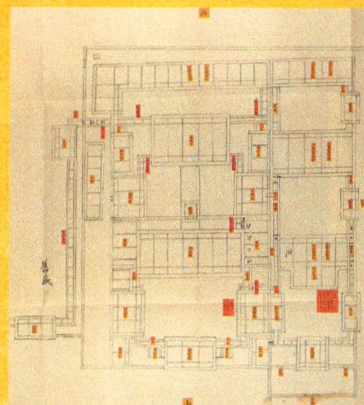

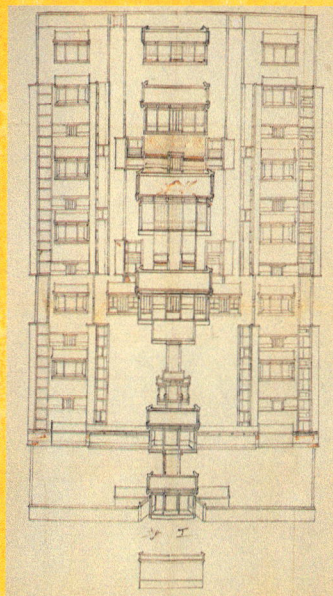

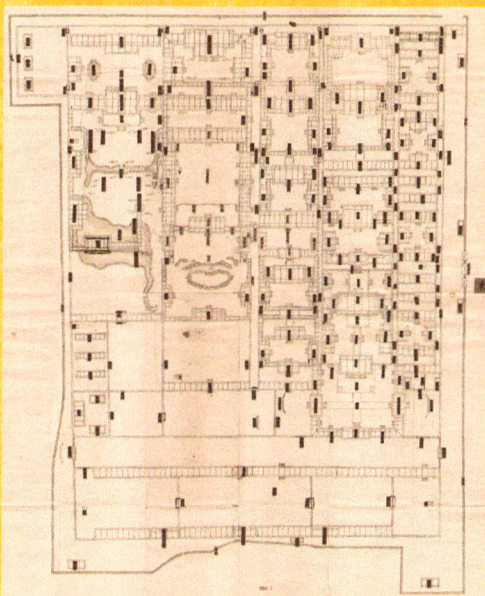

工部衙署立樣　　攝政王府地盤樣全圖（以上畫樣均爲中國國家圖書館藏）

樣式雷 建築作品·園林

清朝入關後，融合滿族騎射山林和漢族園林文化傳統，園林建設高潮迭起，將中國古典園林創作推向空前的境界，還因文化傳播促成了西方園林的根本轉折。而自康熙中雷金玉營造暢春園立功被欽命爲樣式房掌案後，清代皇家園林的多彩奇葩也無不凝聚了樣式雷傳人的心血。

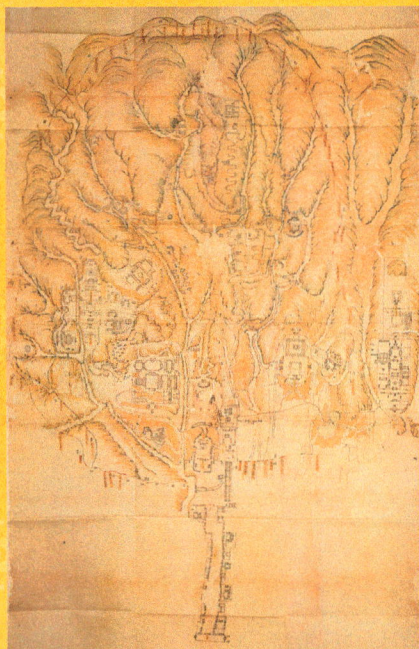

香山靜宜園地盤樣全圖 （中國國家圖書館藏）

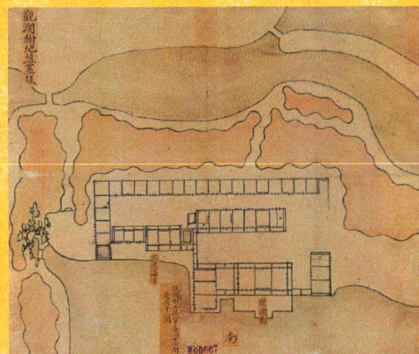

暢春園觀瀾榭地盤畫樣（中國國家圖書館藏）

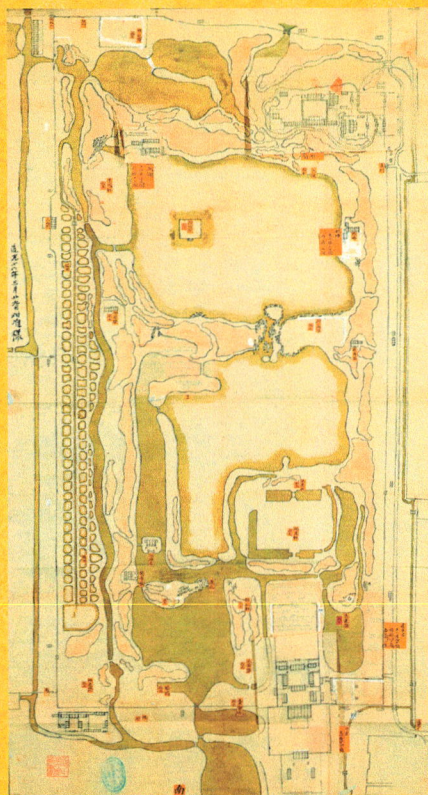

暢春園地盤形勢全圖 （故宮博物院藏）

附圖 3-18

樣式雷 建築作品·園林

歷經康熙朝以來的不斷經營，玉泉山靜明園衍爲北京西郊"三山五園"等皇家園林群的重要組成，其中環繞主峰組建若干小型水景園，融宗教建築于山水林泉，是樣式雷又一匠心獨具的經典作品。

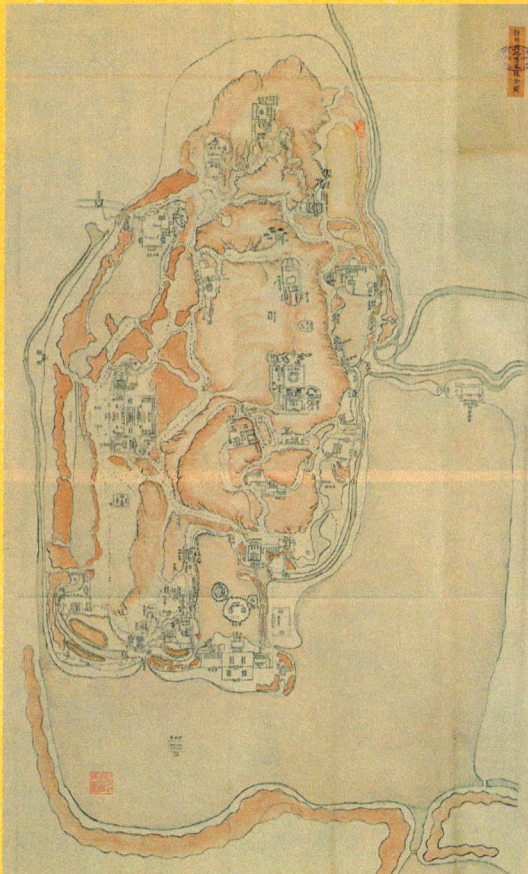

靜明園地盤畫樣全圖局部

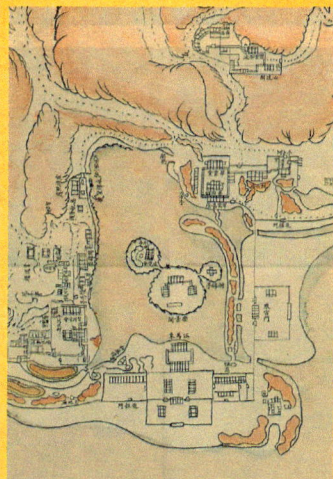

靜明園地盤畫樣全圖（故宮博物院藏）

靜明園內風覽清聽圖樣（中國國家圖書館藏）

樣式雷 建築作品·園林

面積三倍于北京城的南苑，以廣袤的濕地生態和景觀稱勝，承擔着清廷狩獵閱武、豢養珍稀動物、清流濟漕等功能。作爲京城南郊的生態保護基地，苑內建築稀少，最大的團河行宮匯水爲湖，積土成山，以宮苑分置的格局與質樸的環境相適。從康熙朝直到晚清，樣式雷也爲這一獨特的園林創作傾注了大量心血。

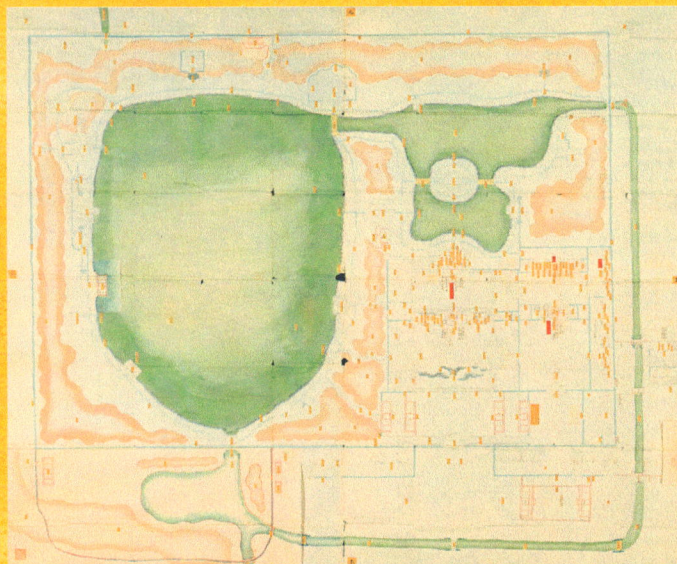

南苑團河行宮地盤全圖（故宮博物院藏）

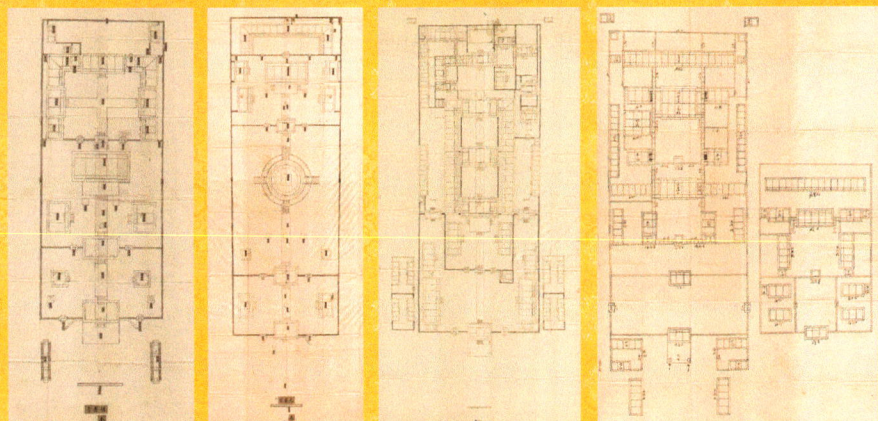

自左至右：南苑內德壽寺、元靈宮、舊宮、南宮各殿座地盤畫樣（中國國家圖書館藏）

附图 3-20

樣式雷

建築作品·園林

踞于北京城中心的三海，歷經金、元、明的不輟經營，尤其是清代的增華，作爲古都的歷史核，綜合發揮了生態、水利、交通、游憩等多重效益，體現了中國傳統城市與園林規劃設計思想的精粹。在這一世界上現存最悠久、格局最完整的皇家園林内，以乾隆到光緒朝的作品最富聲色，造詣精湛，映射出樣式雷世家的非凡藝術才華。

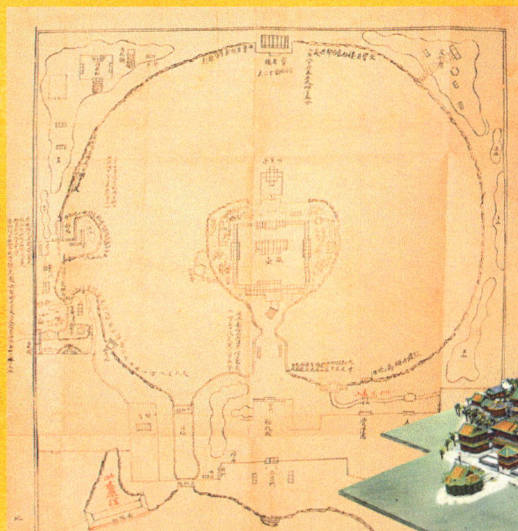

西苑南海地盤全圖（中國國家圖書館藏）

西苑南海瀛臺燙樣

西苑北海漪青室燙樣

西苑北海鏡清齋地盤畫樣
（故宫博物院藏）

西苑北海鏡清齋燙樣
（以上燙樣均爲故宫博物院藏）

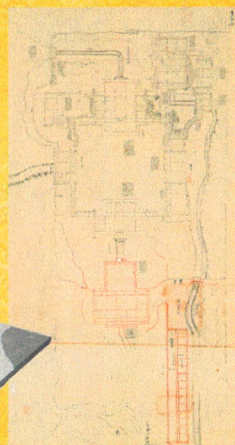

西苑北海畫舫齋地盤畫樣
（故宫博物院藏）

様式雷 建築作品·園林

曾被西方頌爲"萬園之園"的圓明園，從康熙朝開始經營，即由様式雷的家祖雷金玉擔任様式房掌案；繼而在英法聯軍焚毀前或罹難後同光朝的重修中，様式雷世家，包括末代傳人雷獻彩，都曾嘔心瀝血，一以貫之地發揮了設計大師的作用。

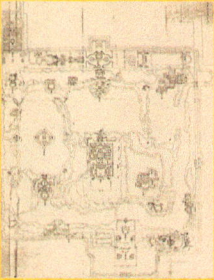

長春園全圖準底

圓明園地盤様全圖

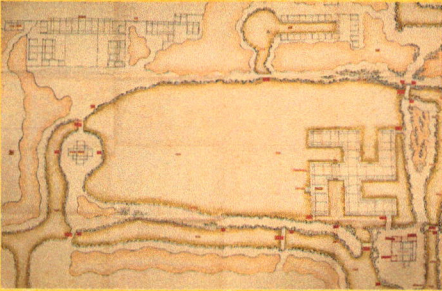

圓明園萬方安和地盤様

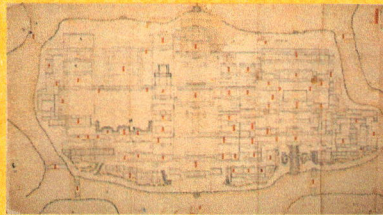

咸豐三年圓明園九州清晏地盤様

萬春園清夏堂燙様（故宮博物院藏）

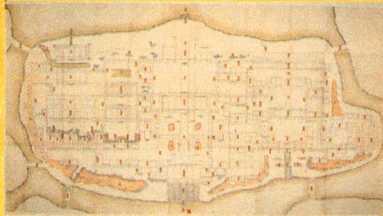

圓明園中路各座地盤様

以上畫様除注明外均爲中國國家圖書館藏

圓明園廓然大公燙様（故宮博物院藏）

圓明園中路各座立様（故宮博物院藏）

樣式雷 建築作品·園林

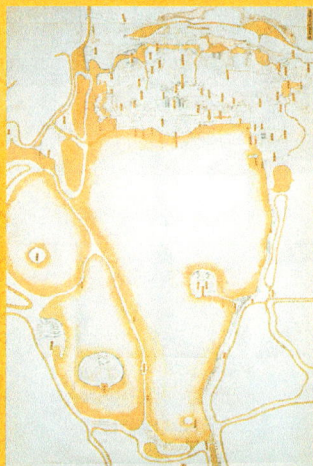

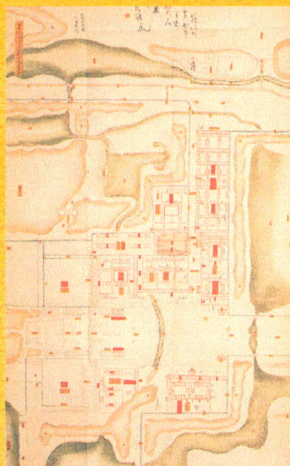

清漪園地盤畫樣　　頤和園東宮門外各處房間地盤畫樣　　諧趣園添修橋座開挖河桶船塢圖樣

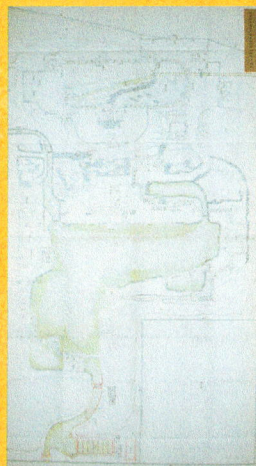

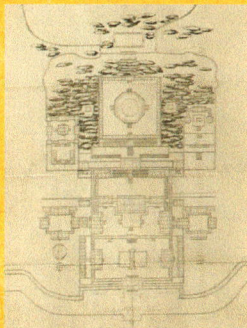

佛香閣排雲殿各座地盤畫樣　　德和園大戲樓地盤畫樣

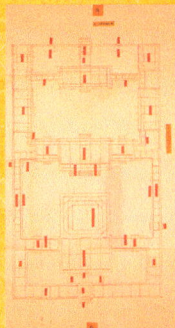

頤和園佛香閣立樣

作爲清代御苑中最大的天然山水園，清漪園鼎建于乾隆朝，結合京郊水利建設幷借鑒杭州西湖勝景，經營爲飲譽世界的名園。後遭英法聯軍焚毀，光緒朝修復，改稱頤和園。在相關的建設中，樣式雷都曾發揮過舉足輕重的作用。

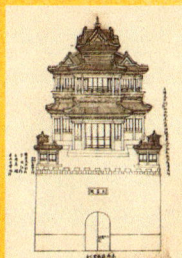

文昌閣及治鏡閣立樣（以上畫樣均爲中國國家圖書館藏）

樣式雷 建築作品·園林

在京郊水道沿綫，尤其是通達三山五園的長河畔，珠璣般分布着衆多的皇家園林，如樂善園、繼園等等；畿輔以外還有著名的承德避暑山莊、薊縣静寄山莊等大型離宫園林。凡此，也均成爲樣式雷各代傳人施展建築創作才華的重要舞臺。

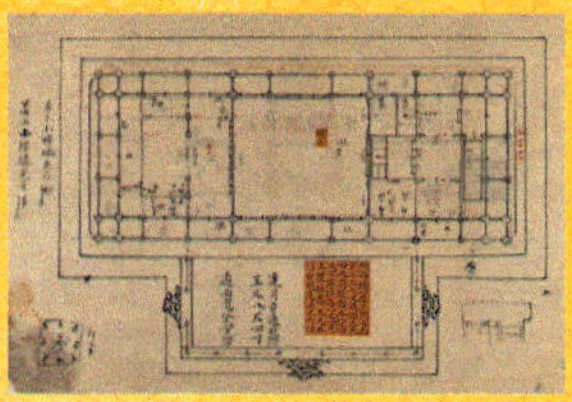

避暑山莊清音閣立樣糙底及雨樓地盤樣準底（中國國家圖書館藏）

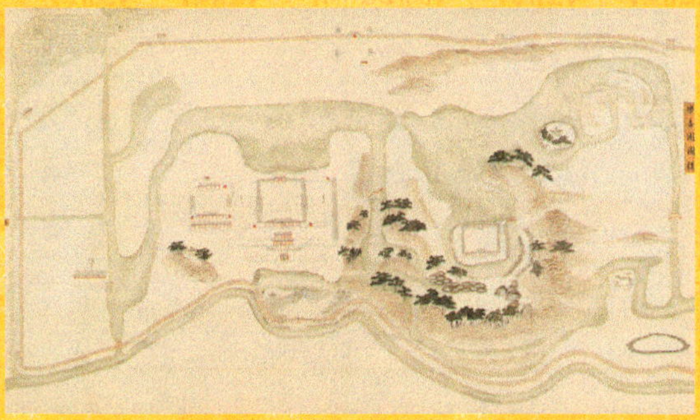
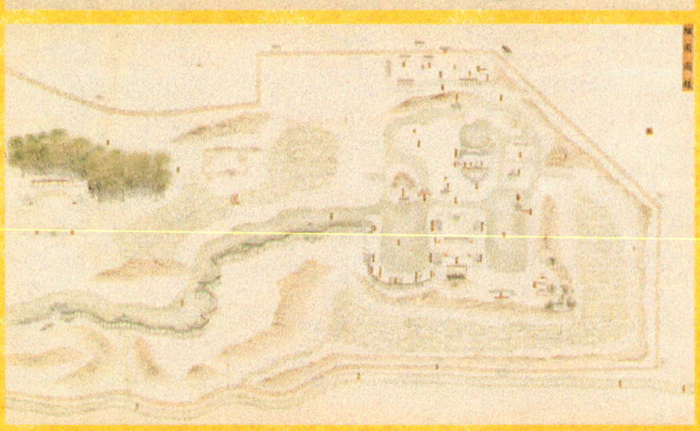
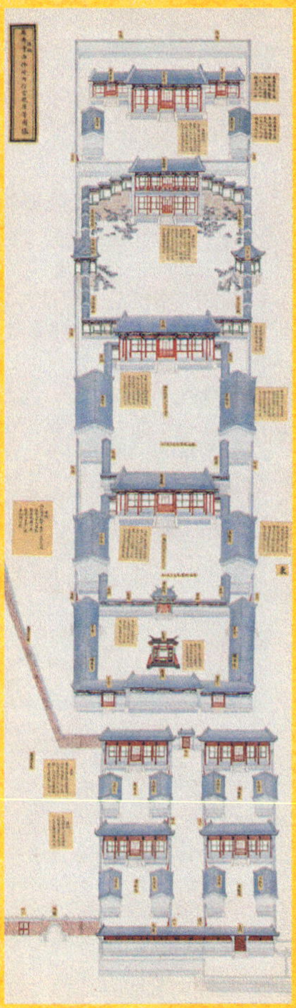

上：樂善園圖樣；下：繼園圖樣；
右：萬壽寺西挎所内行宫殿座圖樣（日本東京大學東洋文化研究所藏）

附图 3-24

樣式雷 建築作品·園林

清代皇家園林中作爲各種功能活動載體的單體建築及其空間組合極爲靈活多樣，充滿了人情味，也充滿了靈性。

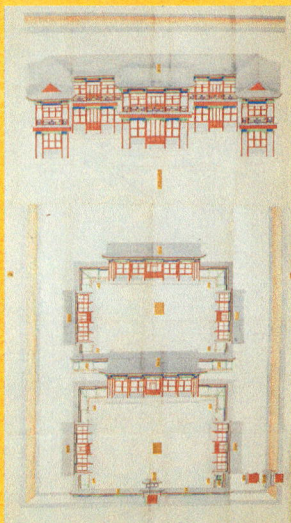

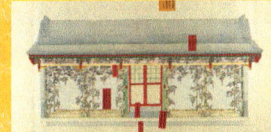

（以上畫樣均爲中國國家圖書館藏）

附图 3-25

様式雷

建築作品·行宮

康乾二帝巡視各地
路綫及行宮分布圖

隨着康熙、乾隆等皇帝的巡視活動，全國各地曾營建了大量行宮，成爲清代皇家建築的重要組成。而在這一藝術創作領域，樣式雷世家也留下了深刻的印記，取得了輝煌的成就。

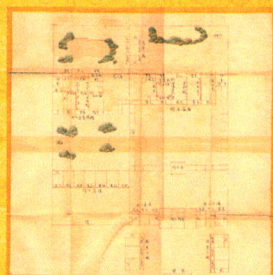

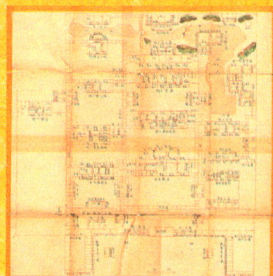

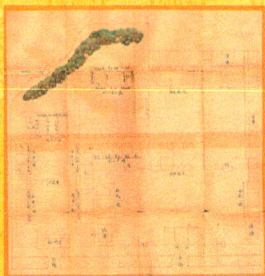

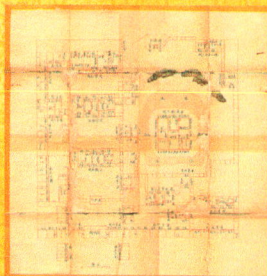

乾隆朝五臺山各處行宮座落地儀樣（中國國家圖書館藏）

附圖 3-26

樣式雷

建築作品·陵寢

清代皇家陵寢包括各帝后陵以及妃嬪、親王、公主等園寢，一向被視作"關乎天運之發祥"的國家大事而賡續不輟地經營，形成宏大體系。乾隆朝以降，各陵寢的設計以及前期各陵寢的修葺或重建，均由樣式雷世家承擔，作品傳世至今，已成爲世界文化遺產。

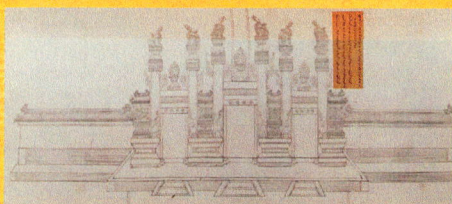

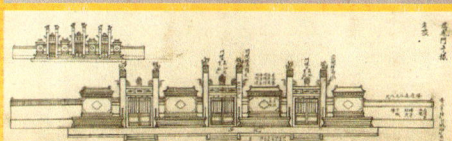

上：孝陵龍鳳門寸樣（中國國家圖書館藏）

右：康熙朝孝陵圖（中國第一歷史檔案館藏）

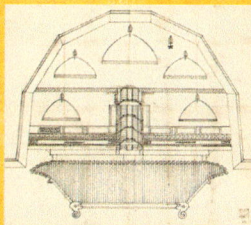

永陵寶城寶頂畫樣（中國國家圖書館藏）

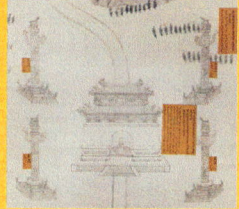

乾隆朝繪制的永陵、福陵、昭陵諸圖（中國第一歷史檔案館藏）

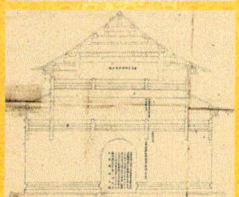

重建孝陵大碑樓立樣（國家圖書館藏）

附图 3-27

樣式雷

建築作品·陵寢

自乾隆帝確立"東西陵昭穆制度"并作爲太上皇欽定嘉慶帝的陵址，由雷家璽規劃設計，嗣後直至清末，各帝后妃嬪及親王、公主等陵寢的設計事務，均屬樣式雷世家執掌。

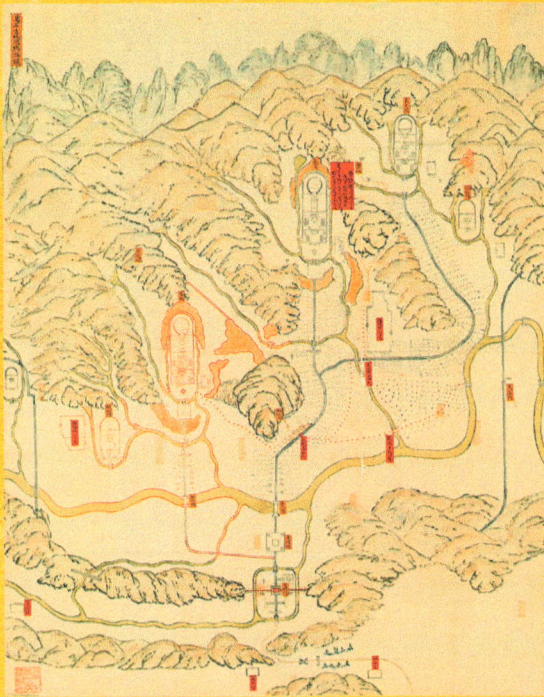

嘉慶初年雷家璽繪制的《萬年吉地總地盤樣》（故宮博物院藏）

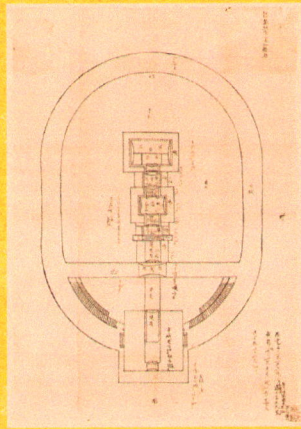

昌陵地宮券地盤樣（中國國家圖書館藏）

萬年吉地地宮立樣（中國國家圖書館藏）

附圖 3-28

様式雷 建築作品·陵寢

慕陵、慕東陵與昌西陵地勢畫樣（日本東京大學東洋文化研究所藏）

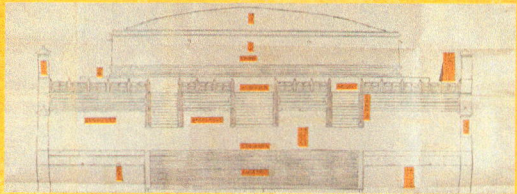

罷建方城明樓的龍泉峪萬年吉地寶城月臺立樣（中國國家圖書館藏）

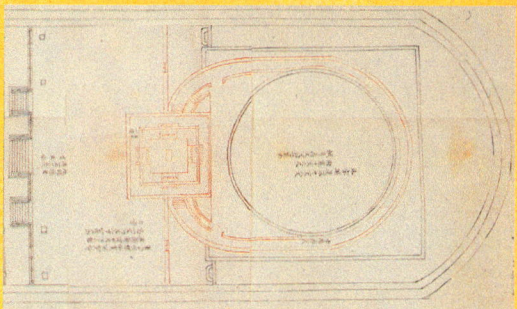

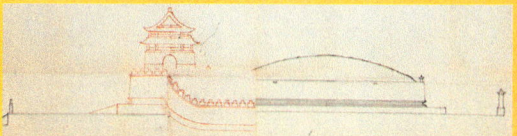

咸豐初擬添修慕陵寶城方城明樓地盤樣及立樣（中國國家圖書館藏）

道光帝廢弃寶華峪吉地後在龍泉峪重建慕陵，變革了清代的陵寢制度，也影響了此後昌西陵、慕東陵的建築規制，諸如罷建了方城明樓，隆恩殿由重檐改爲單檐等。

慕東陵立樣全圖（國家圖書館藏）

昌西陵地盤畫樣（中國國家圖書館藏）

樣式雷

建築作品·陵寢

從咸豐帝在平安峪經營定陵恢復祖制，爲此後的惠陵、崇陵遵循，清代後期各陵寢建築由此臻向定型化。

上：定陵及妃園寢地盤樣

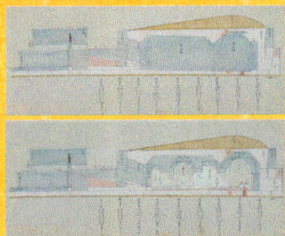

左：定陵地宮立樣（中國國家圖書館藏）

惠陵及妃園寢立樣全圖（故宮博物院藏）

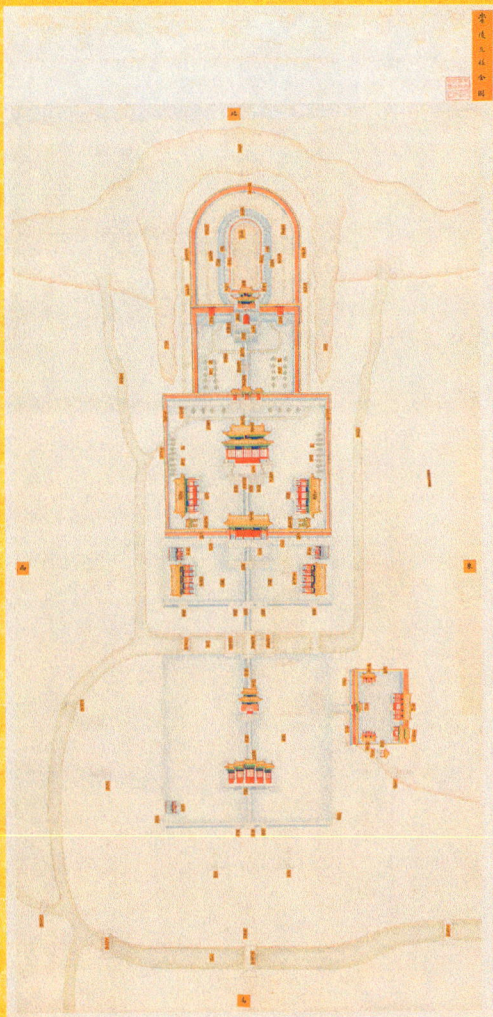

崇陵立樣全圖（日本東京大學東洋文化研究所藏）

附图 3-30

样式雷

建築作品·洋房

歐式洋房在17~18世紀中西文化交流中現身于清代宫苑，晚清洋務運動和新政期間進一步流行；在相關設計中樣式雷的創作才能也得以展示。

左：乾隆八旬萬壽盛典圖中的點景洋房（故宫博物院藏）

中海海晏堂立樣

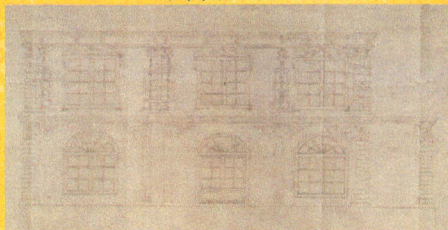

中海海晏堂側樣

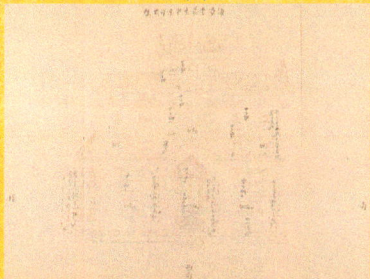

中海海晏堂前東點景洋式樓立樣

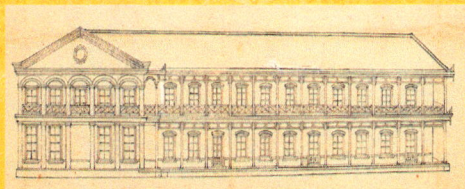

北京海軍部立樣（以上畫樣均爲中國國家圖書館藏）

様式雷 建築作品·洋房

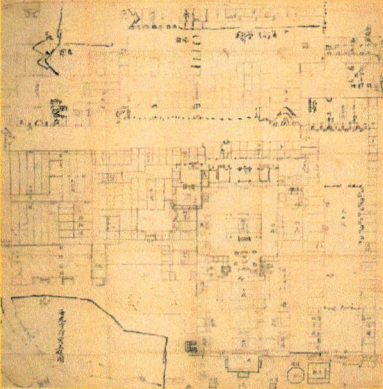

天津海光寺機器廠及行宮地盤樣（中國國家圖書館藏）

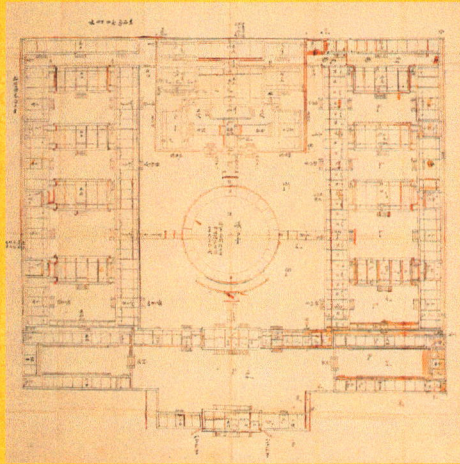

晚清"新政"時期的北京議事堂地盤樣糙底

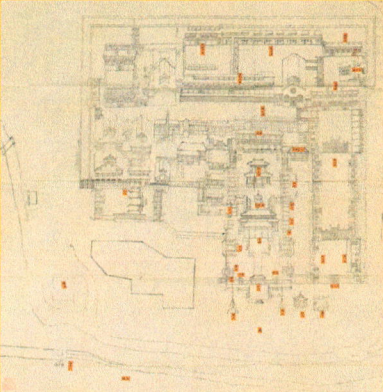

天津海光寺機器廠及行宮立樣（故宮博物院藏）

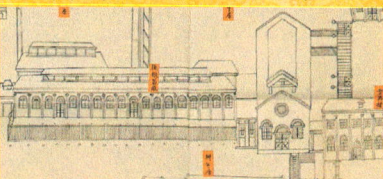

天津海光寺機器廠及行宮立樣局部（故宮博物院藏）

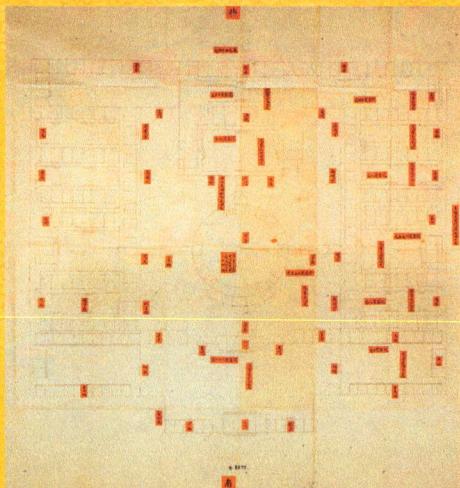

晚清"新政"時期的北京議事堂地盤樣準底（中國國家圖書館藏）

附图 3-32

样式雷　建築作品·洋房

（以上畫樣均爲中國國家圖書館藏）

附图 3-33

樣式雷 建築作品·點景

自雷金玉參與康熙帝萬壽慶典點景設計以來，乾隆生母崇慶皇太后聖壽慶典、乾隆帝八旬萬壽慶典、慈禧太后六旬萬壽慶典等點景設計均屬樣式雷世家主持。

康熙帝萬壽圖卷局部

乾隆廿六年崇慶皇太后聖壽慶典圖卷局部

乾隆八旬萬壽圖卷局部

（以上畫樣均爲故宮博物院藏）

樣式雷圖檔有關乾隆廿六年皇太后萬壽慶典的抄件

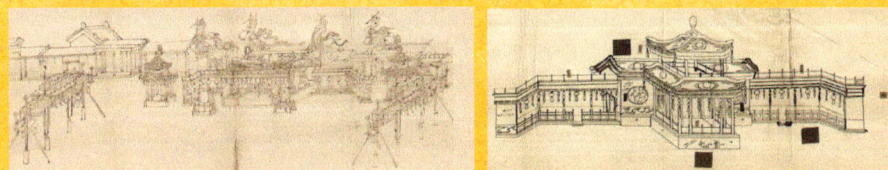

光緒廿年慈禧太后六旬慶典點景設計畫樣糙底（以上圖樣中國國家圖書館藏）

附图 3-34

样式雷

建築作品 · 點景

光緒廿年慈禧皇太后萬壽盛典點景設計畫樣（中國國家圖書館藏）

附图 3-35

樣式雷

建築作品·裝修陳設

　　多姿多彩的室內外裝修陳設是中國古代建築體系的重要組成部分；通過清代皇家建築的大量創作實踐，樣式雷也在這一領域展示了超凡的創造才能和精湛技藝，達到極高境界，取得傑出成就。

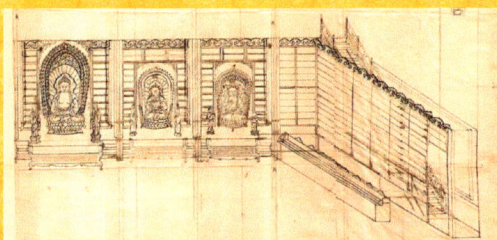

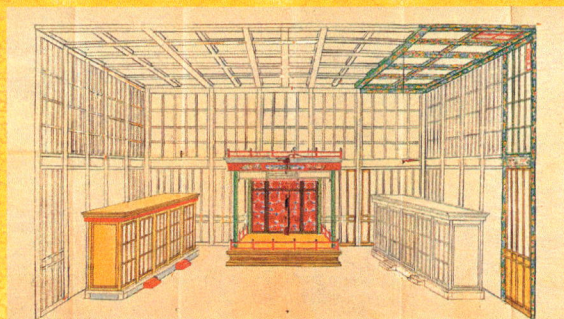

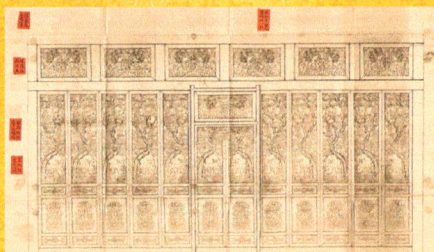

（以上各畫樣均為中國國家圖書館藏）

附圖 3-36

样式雷 建築作品·裝修陳設

（以上畫樣均爲中國國家圖書館藏）

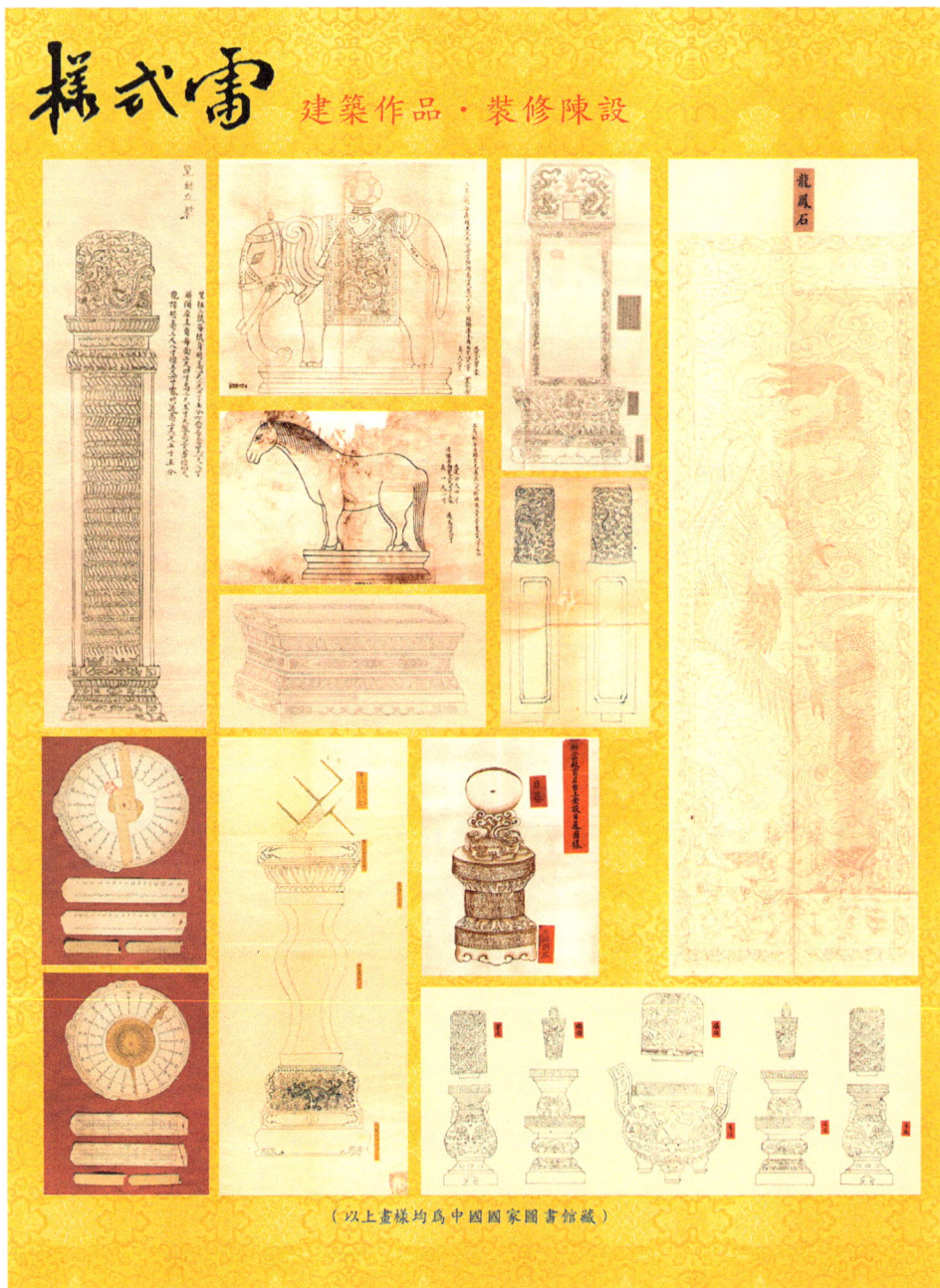

（以上畫樣均為中國國家圖書館藏）

附圖 3-38

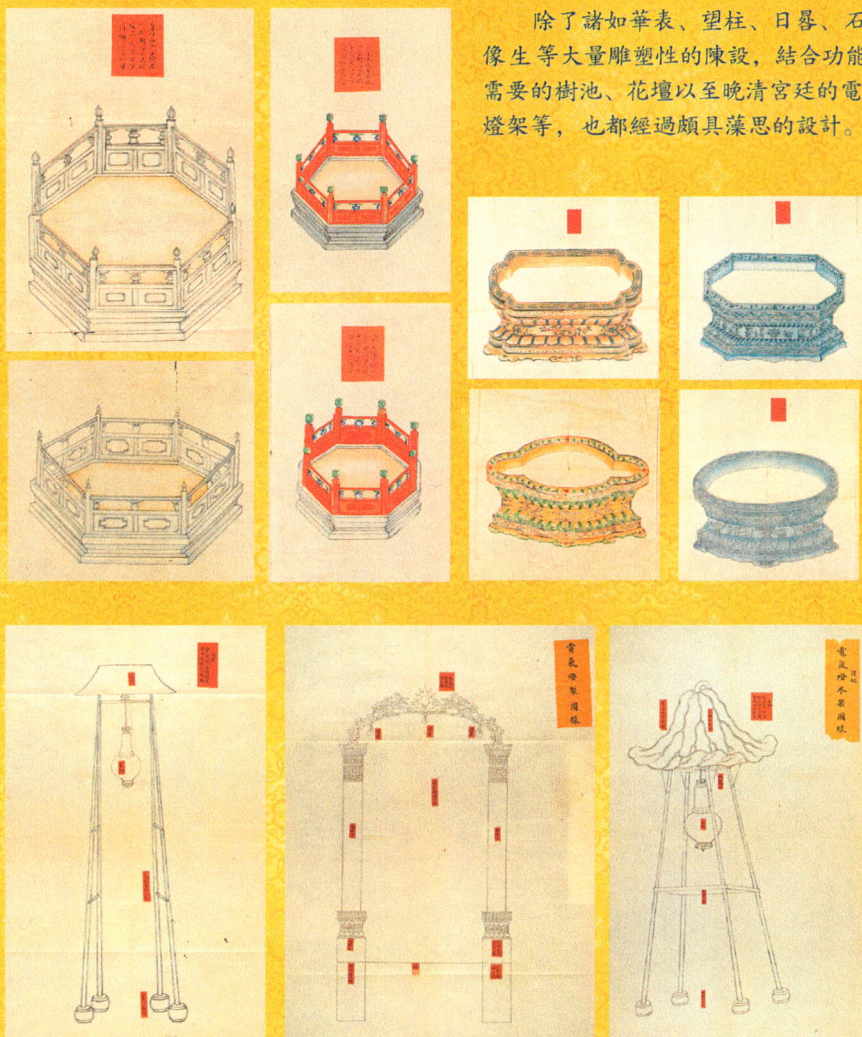

样式雷

建築作品·裝修陳設

除了諸如華表、望柱、日晷、石
像生等大量雕塑性的陳設，結合功能
需要的樹池、花壇以至晚清宮廷的電
燈架等，也都經過頗具藻思的設計。

（以上畫樣均爲中國國家圖書館藏）

附图 3-39

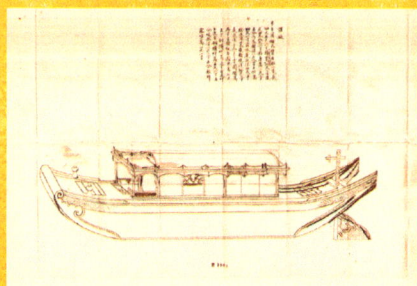

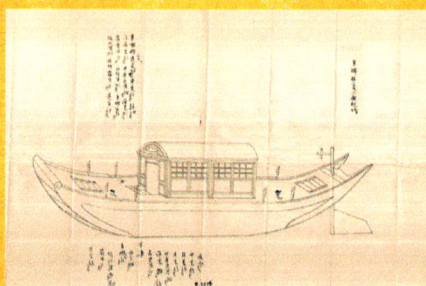

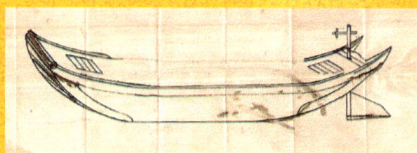

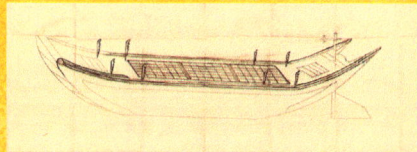

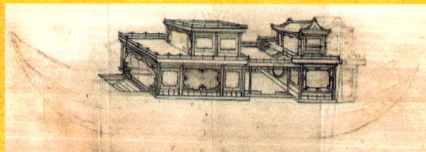

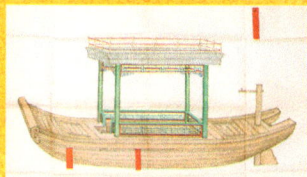

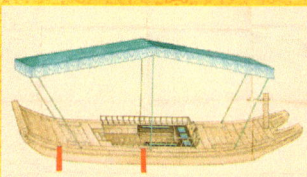

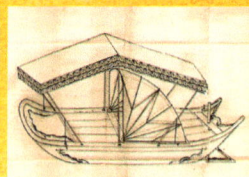

（以上畫樣均為中國國家圖書館藏）

附圖 3-40

樣式雷 設計事務·選址

清西陵風水地勢全圖（日本東京大學東洋文化研究所藏）

清西陵風水地勢全圖局部

皇家建築尤其是陵寢的設計事務通常始自選址。屆時樣式房匠人要隨有關官員和風水師赴現場勘察風水，統籌生態、景觀及工程地質等要素，確定基址幷展開相應的規劃設計。

金龍峪風水形勢圖（中國國家圖書館藏）

樣式雷

設計事務 · 選址

清東陵風水形勢圖

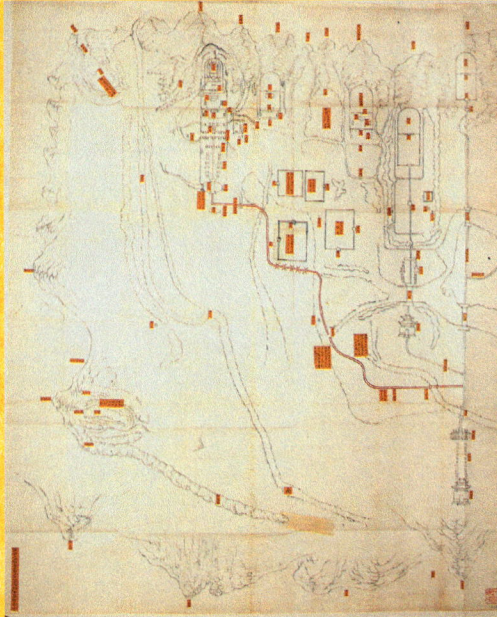

上：雙山峪風水地勢圖　　下：雙山峪風水地勢圖局部

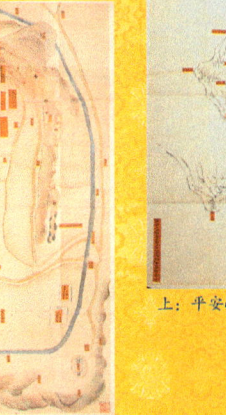

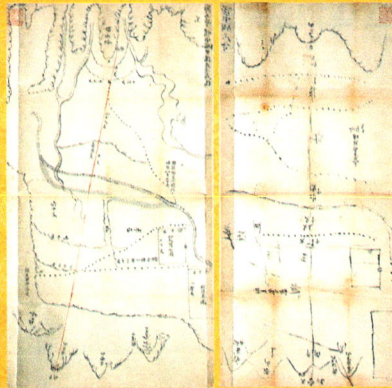

上：平安峪順水峪神路營房地盤全圖

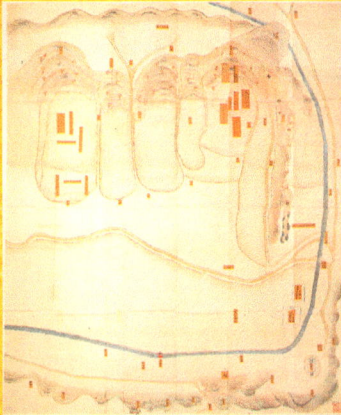

下：對景性的順水峪山向圖

　　選址中講究建築人文美與山水自然美的有機結合，典型如陵寢基址（穴位）及軸綫（山向），就須祥縝權衡底景、對景等四至景觀，才能最終確定。

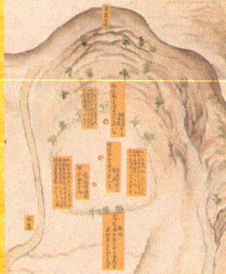

（以上畫樣均為中國國家圖書館藏）

附圖 3-42

樣式雷 設計事務·平格

在選址和酌擬設計方案時，要進行"抄平子"即地形測量，用白灰從穴中即基址中心向四面劃出經緯方格綱，方格尺度視建築規模而定；然後測量綱格各交點的標高，穴中標高稱爲出平，高于穴中的爲上平，低于穴中的稱下平；最終形成定量描述地形的圖樣則稱"平格"。由此可推敲建築平面布局或按相應高程圖"平子樣"作竪向設計。

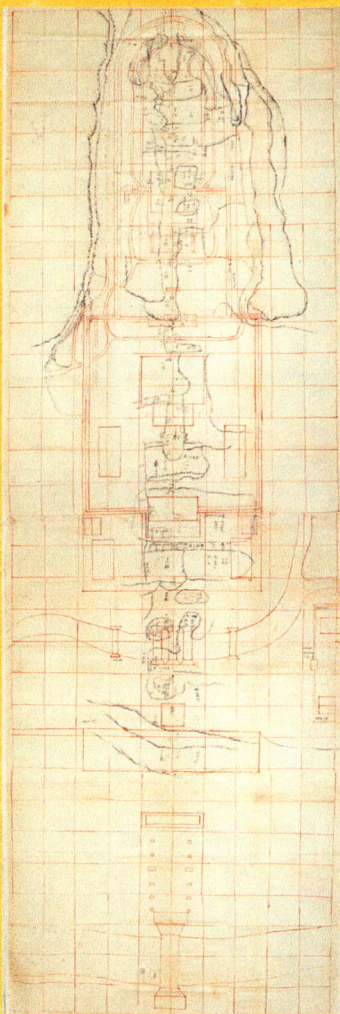

慕陵風水加堆土山平格樣

成子峪風水地勢平格樣

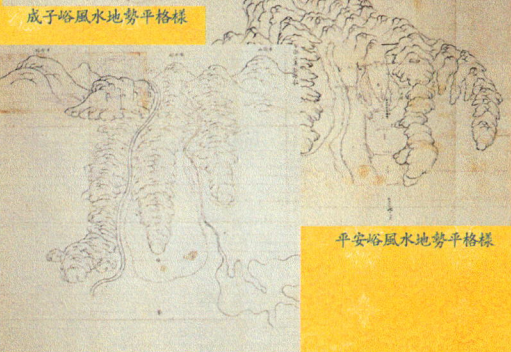

平安峪風水地勢平格樣

平安峪萬年吉地平格樣

順水峪風水地勢平格樣

（以上畫樣均爲中國國家圖書館藏）

樣式雷

設計事務·平格

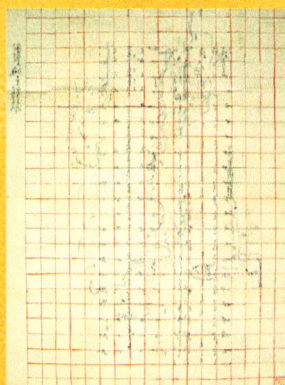

惠陵查工抄平格子本

由于經緯格網采用確定的模數，平格可簡化為格子本，甚至僅記錄相關高程數據，為數據保存和應用提供了極大方便。

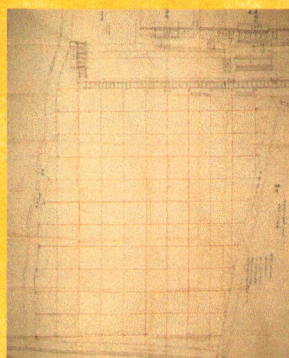

平頂山地勢平格圖粗底

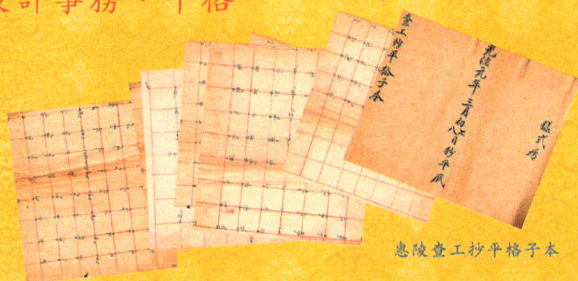

中海儀鑾殿前擴建地盤平格樣

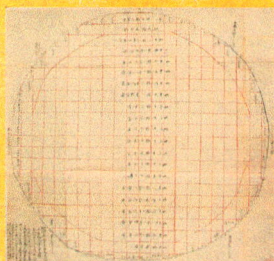

中海海晏堂前地盤平格樣

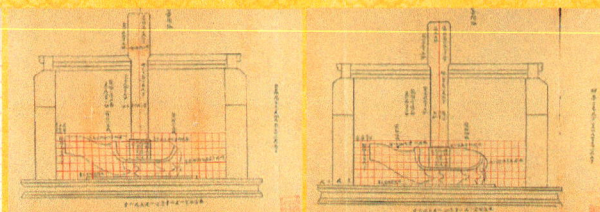

上：南海瀛臺地盤平格樣
中、右：南海清漪地盤平格樣

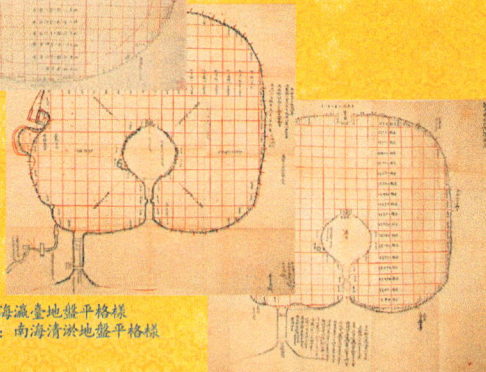

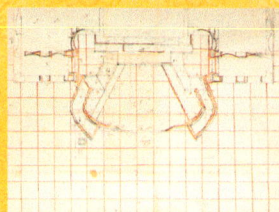

運用經緯格網推敲設計：菩陀峪萬年吉地神道碑立樣（以上畫樣均為中國國家圖書館藏）

附圖 3-44

樣式雷 設計事務・平格

平格作為精確量化的地形描述手段，密切結合建築規劃設計，秉承"計里畫方"的傳統，與當代地形描述數字高程模型（DEM）的方格網結構在原理上完全契合，凸顯了中國古代哲匠的卓絕智慧。

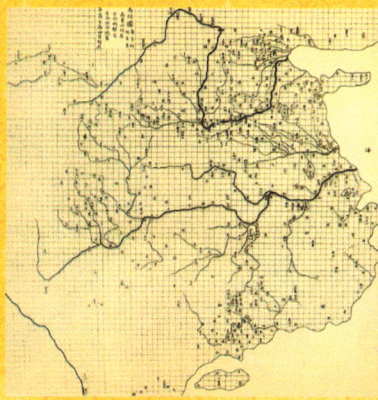

隱含了平格樣數方法的戰國中山王兆域圖

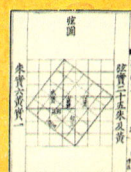

計里畫方與平格方法具有深厚的文化底蘊。左:《周禮》卷向萬姓（井田）圖；右:《周髀算經》玄圖。

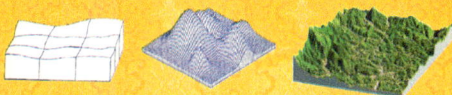

用"計里畫方"即方格網法繪制的宋代《禹跡圖》

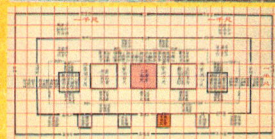

數字化地圖：數字高程模型（DEM）

惠陵抄平格子本(多頁拼合)，平格網各點注有相對高程值（中國國家圖書館藏）

穴中

惠陵抄平合溜地勢跨空墊土中一路立樣（中國國家圖書館藏），紅線為原中路地坪

穴中
出平

穴中

利用平格網的高程數據建立的計算機三維模型

穴中

樣式雷 設計事務·測繪

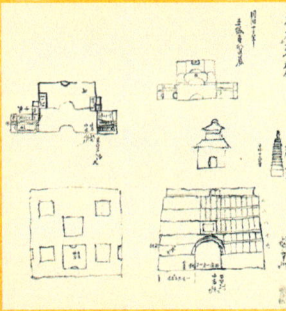

北京五塔寺測繪草稿

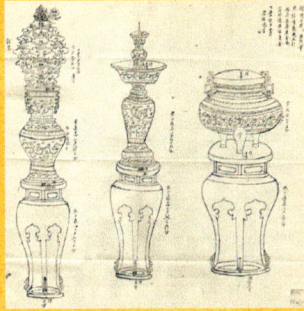

裕陵隆恩殿陳設測稿（定陵設計用）

建築測繪屬設計重要環節，可據以完成原有建築的修繕設計，或供新建築設計參考，樣式雷就有大量測繪圖傳世。

樣式雷的測繪經歷草圖、標注測量數據、儀器草圖至正式圖等階段，與現代建築測繪程序基本類同。如右圖景陵下馬牌各階段測繪畫樣。

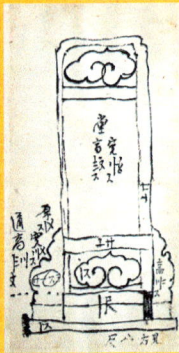

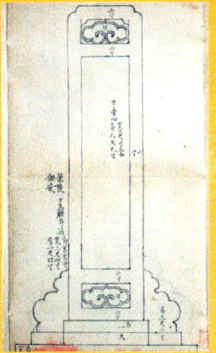

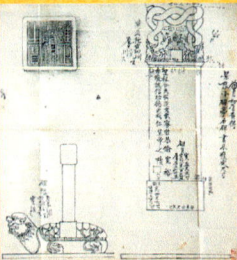

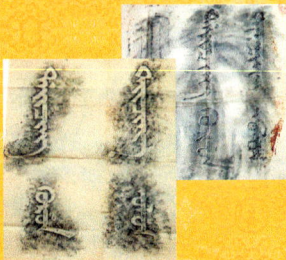

樣式雷測繪的基本方法多與現代一致，如復雜紋樣也采用拓樣方法。

（以上畫樣均爲中國國家圖書館藏）

附圖 3-46

樣式雷 設計事務·測繪

以測繪成果作爲設計資料或依據，典型如惠陵妃園寢，曾擬添修寶城及方城明樓，因相關檔案遺缺而系統測繪了乾隆朝興建的景陵雙妃園寢，并據以完成設計。

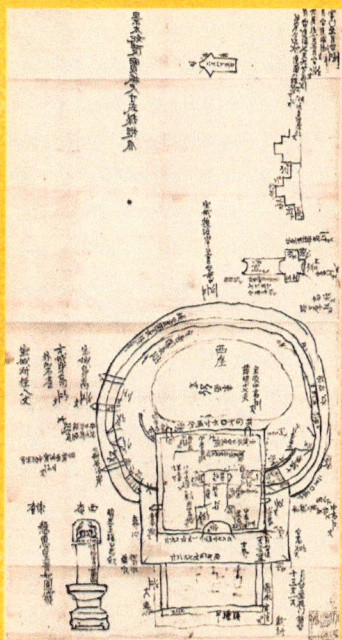

景太妃陵寶城尺寸式樣糙底

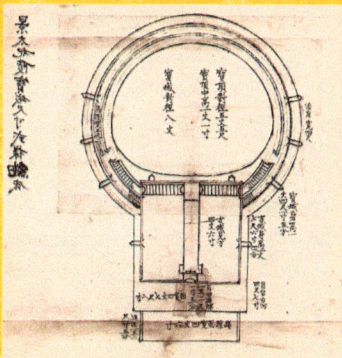

景太妃陵寶城尺寸式樣準底

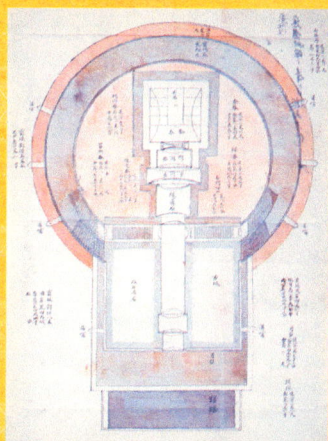

惠陵妃園寢擬添修寶城及方城明樓地盤樣

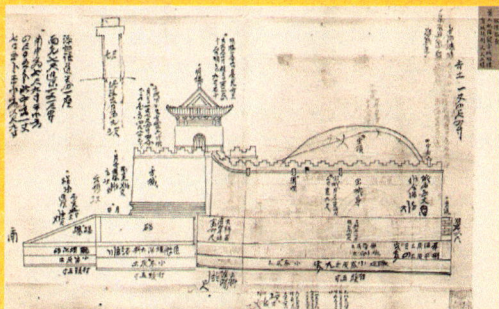

敬謹恭查景太妃園寢方城明樓寶城規制丈尺立樣

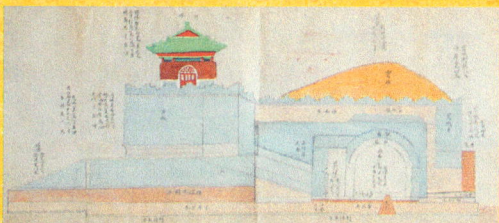

惠陵妃園寢中座石券擬添修寶城方城明樓立樣（中國國家圖書館藏）

樣式雷 設計事務·燙樣

　　燙樣即模型制作，是各項建築設計的關鍵步驟，例須恭呈御覽欽準後才能據以繪制施工設計圖、編制《工程做法》即設計說明，及核算工料錢糧。燙樣幾乎純爲觀覽，通常包括全分樣、個樣和細樣。全分樣用來表達建築組群布局及空間形象；個樣展示重要單體建築自外到内的形制及其主要構造層次，可逐層開揭觀覽；細樣主要表現局部性的陳設裝修。

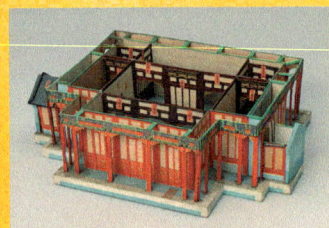

圓明園廓然大公燙樣（故宮博物院藏）

北海蟬青室一房山燙樣（故宮博物院藏）

圓明園勤政殿（故宮博物院藏）

樣式雷 設計事務·燙樣

燙樣多以草板紙、油蠟、水膠、木料、秫秸及瀝粉等制作。木料和秫秸用作大木構架，瀝粉用作瓦隴等，其餘多用板紙和油蠟、水膠粘制，表面均按實物質地色彩細致繪飾。燙樣都按比例制作，如五分樣、寸樣、二寸樣、四寸樣至五寸樣等，即與建築尺寸比例分別爲1/200、1/100、1/50、1/25至1/20等。

圓明園萬方安和燙樣（故宮博物院藏）

圓明園廓然大公燙樣局部（故宮博物院藏）

各式落地罩燙樣多呈卡片狀，既可在不同方案間進行比較，也可在相關建築個樣中靈活替換，按空間氛圍作出優化選擇。

各式落地罩燙樣（中國國家圖書館藏）

樣式雷

設計事務·燙樣

燙樣揭看次序如《惠陵工程記略》載雷思起《惠陵應修地宮九道券揭看法》：

地宮九道券由上往下：一先開寶頂蓋一層；二開填廂灰土一層；三開莫衣磚頂一層；四開各道磚券一層；五開各道石券一層；六開平水牆帶石門一層；七開平水背後磚一層；八開石床帶海墁石一層；九開灰土帶龍須溝一層；十至大槽底。

由南往北起：頭道礓磋一座（帶石欄杆）；二道方城明樓一座；三道啞巴院帶隧道（轉向踏踩兩座）；四道琉璃影壁、月牙城、隧道（內背磚）。

普祥峪菩陀峪萬年吉地全分燙樣（故宮博物院藏）

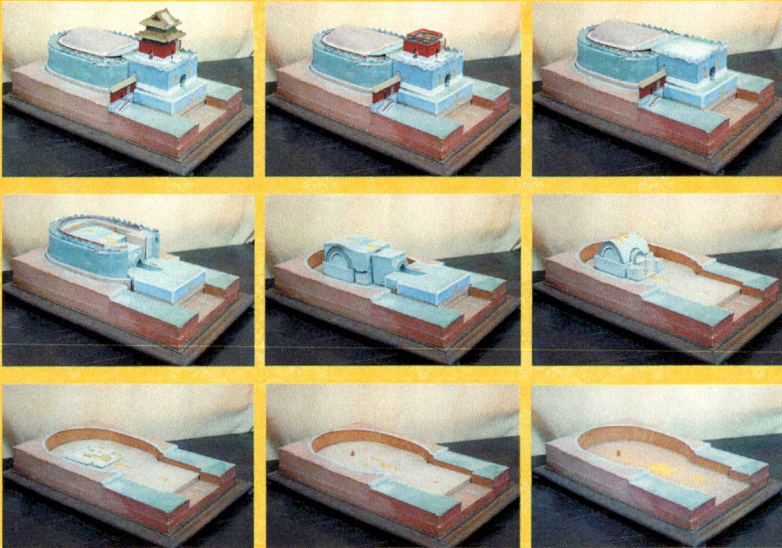

普祥峪萬年吉地地宮燙樣（清華大學藏）

附圖 3-50

樣式雷 設計事務·燙樣

　　遵照欽準建築規制制作燙樣，事先要依據揭看層次，將燙樣各分件及其組裝方式進行設計，繪製分件制作草圖及直觀表現圖；前者用于樣式房內部，以安排樣子匠依樣制作；後者則在燙樣完成前，供欽工處承修大臣及管理官員等審閱。

定東陵地宮樣（燙樣表現圖，中國國家圖書館藏）

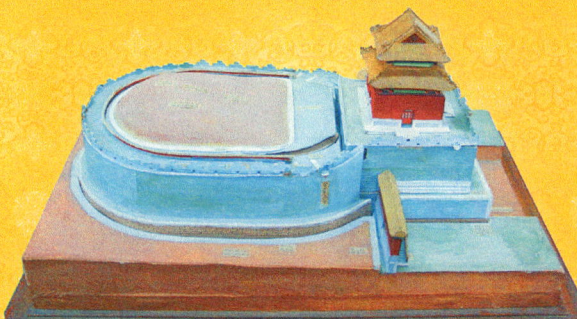

定東陵地宮燙樣（清華大學藏）

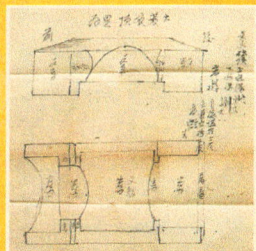

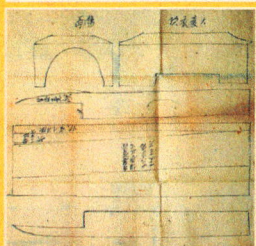

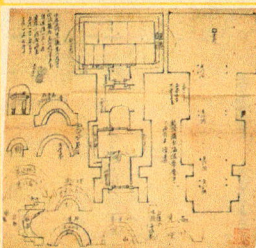

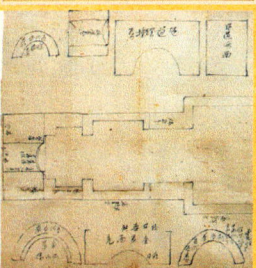

定陵地宮燙樣分件襯底（燙樣設計草圖，中國國家圖書館藏）

樣式雷 設計事務·施工設計

清代官式建築趨于高度標準化、定型化，設計中常祇需確定柱網平面、梁架剖面及屋面形式等，工匠按《工程做法》即施工設計說明興造，有關構造和工藝的設計大可簡化，通常無需另繪圖樣。

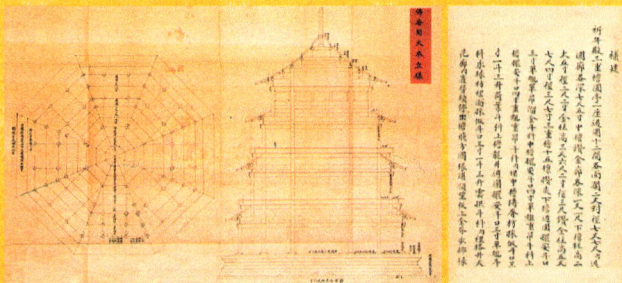

佛香閣大木立樣及地盤樣（中國國家圖書館藏）

天壇祈年殿做法冊

定陵大殿地盤及大木立樣（中國國家圖書館藏）

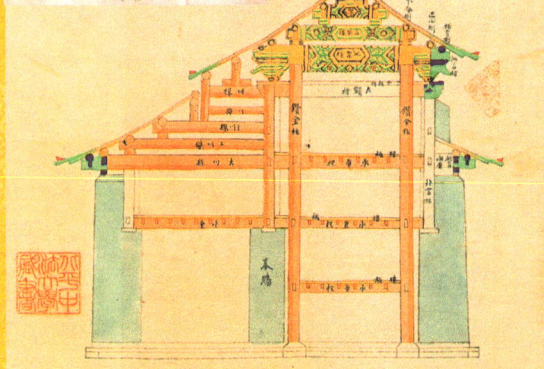

正陽門箭樓大木立樣（故宮博物院藏）

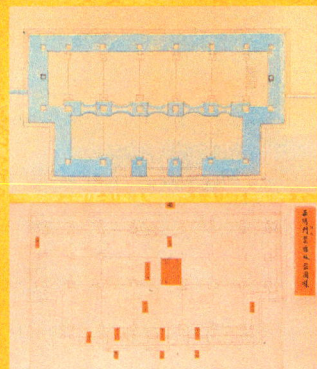

正陽門箭樓各層地盤樣（中國國家圖書館藏）

樣式雷 設計事務·施工設計

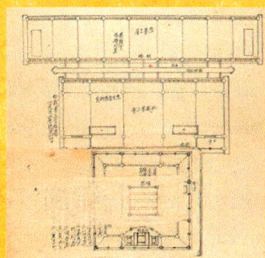

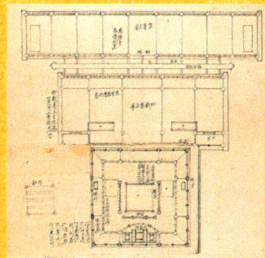

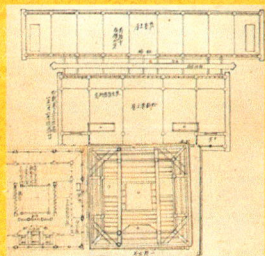

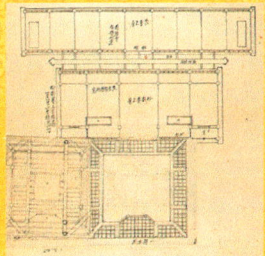

圓明園同樂園大戲臺分層地盤樣（以上畫樣均爲中國國家圖書館藏）

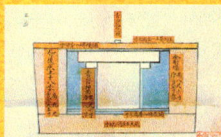

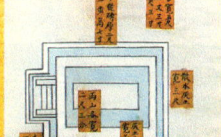

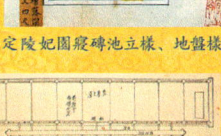

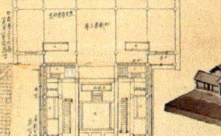

定陵妃園寢磚池立樣、地盤樣

定陵妃園寢磚池各層地盤（圖層）

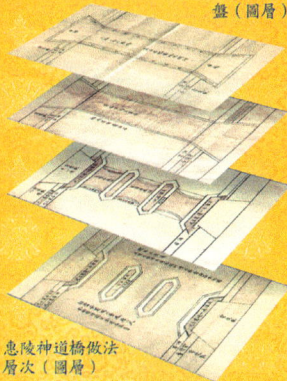

惠陵神道橋做法層次（圖層）

圓明園同樂園燙樣（故宮博物院藏）

樣式雷

設計事務·施工設計

對非標準化的複雜構造做法，除了常規地盤樣、立樣，還靈活應用了諸如階梯剖、旋轉剖、等高線以至圖層等形式來繪製畫樣，以貫徹設計意圖并指導施工。

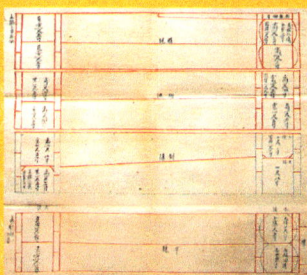

大木鑲拼樣（以下畫樣均為中國國家圖書館藏）

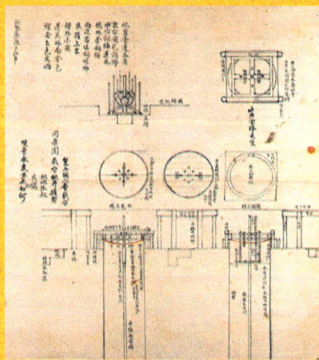

同樂園戲臺地升權架地池升起地盤樣及立樣

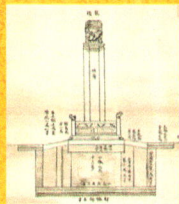

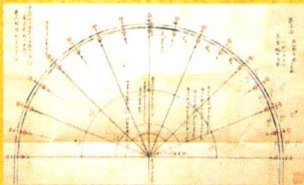

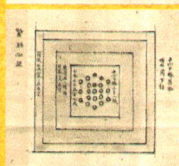

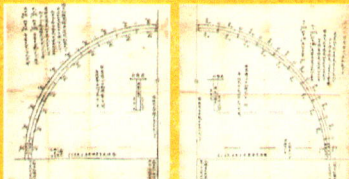

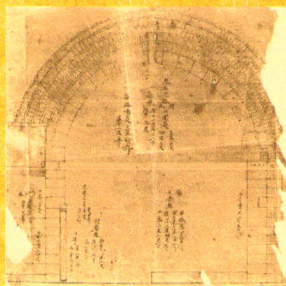

惠陵塑柱立樣、地盤樣

順水峪後羅圈牆尺寸、砌墩撣纖及提纖杆安設畫樣

定陵大金券做法立樣準底

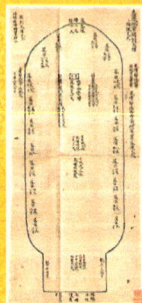

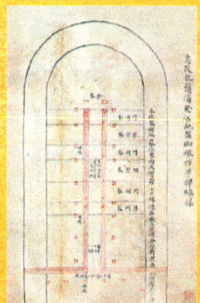

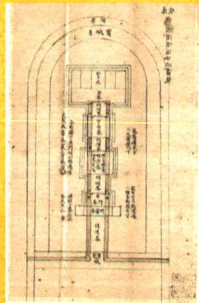

自左往右：惠陵地宮開創大槽丈尺、寶城地宮築打椿丁、龍須溝安活地盤砌墩抄平撣纖及溝漏分位畫樣；定陵寶頂縮蹬灰土地盤

附图 3-54

樣式雷 設計事務·施工設計

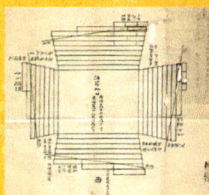

左：定東陵神廚庫泊岸添加埋深立樣

下：惠陵清挖土河立樣

按照施工所需，從搭蓋罩棚、挖河、修築泊岸、培補砂山，以至多家營造廠商承修工段的劃分等，都有相應設計，并繪制各式圖樣。

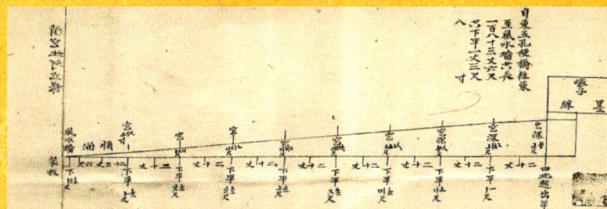

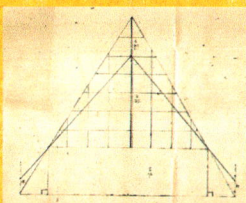

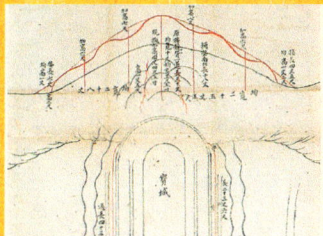

方城地宮施工大罩棚畫樣　　惠陵及妃園寢各段分修活計樣

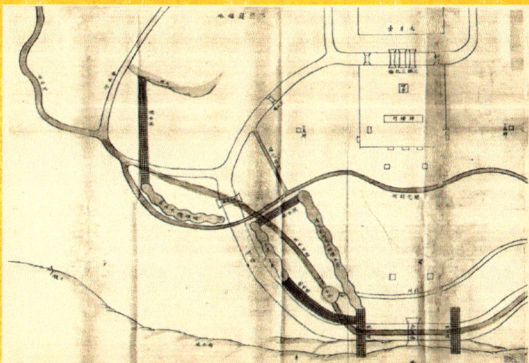

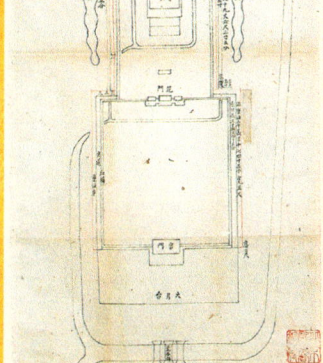

左：惠陵開挖引河畫樣；右：惠陵後寶山培補龍脈畫樣（以上畫樣均爲中國國家圖書館藏）

樣式雷

設計事務 · 施工進程

對于規模大、工期長、技術復雜、質量要求高的建築工程，如號稱山陵大工的陵寢建設，由于承修廠商及協同工種眾多，爲及時掌控幷協調工程進展，營建中各工段督工官員及承修廠商要定期呈報《已做現做活計單》，樣式房據此將工程各階段的進展情況繪制成形象直觀的透視圖，稱爲《已做現做活計圖》，附以清單或説貼呈奏。迄大工蕆事又專門繪制相應的《竣工圖》，呈覽御前幷存檔宮中。

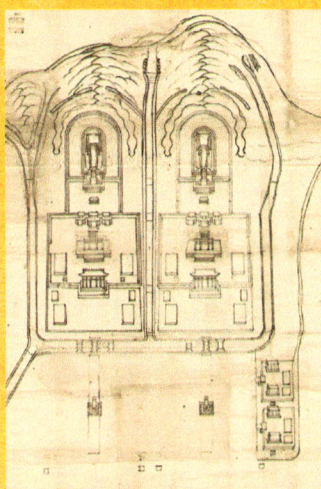

定東陵已做現做活計圖（中國國家圖書館藏）

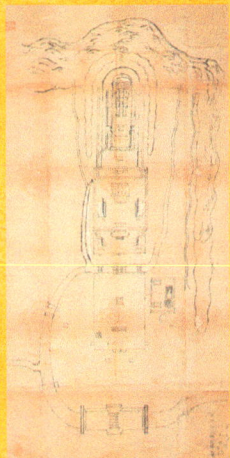

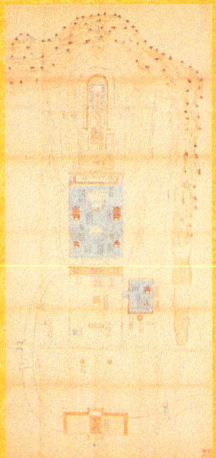

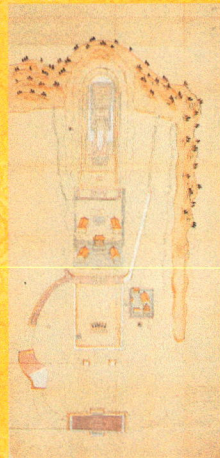

惠陵已做現做活計圖（中國國家圖書館藏）

样式雷

設計事務·施工進程

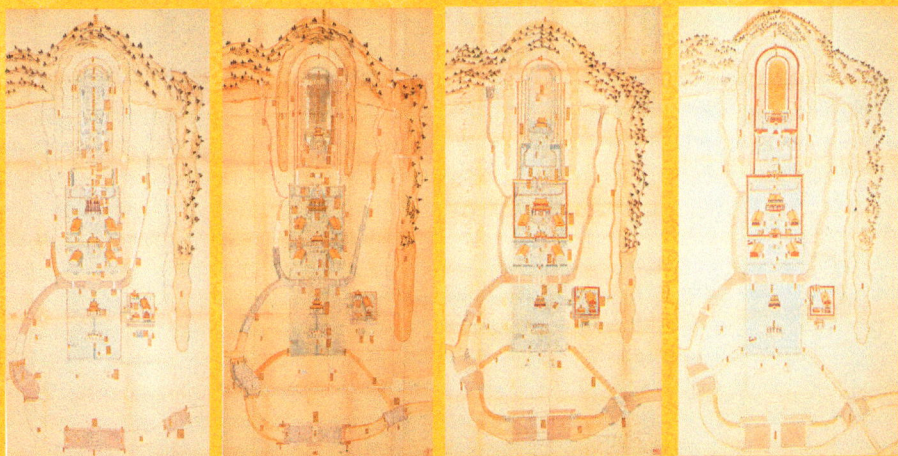

惠陵已做現做活計圖（中國國家圖書館藏）

惠陵已做現做活計圖局部（中國國家圖書館藏）

樣式雷

設計個案·定東陵

樣式雷圖檔中涵有大量設計及施工程序完備的建築工程個案材料，堪稱中國古代建築史上的絕唱。略如清東陵內定陵東側的定東陵，即清文宗孝貞皇后鈕祜祿氏的普祥峪定東陵和孝欽皇后葉赫那拉氏的菩陀峪定東陵，作為清代規制最完備也最崇宏的后陵，自同治元年策劃，十二年開工，到六年後告竣，就有近千件圖紙和卷帙浩繁的文檔傳世至今，翔實展現了該工程從選址、設計、施工以至組織管理的詳情細節。

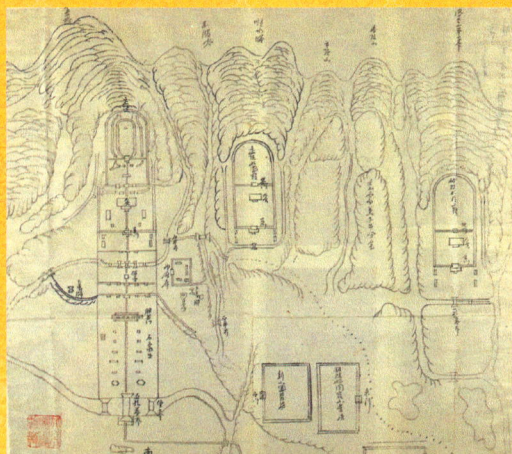

同治元年正月奏奉旨留中定陵進東普陀山地勢畫樣

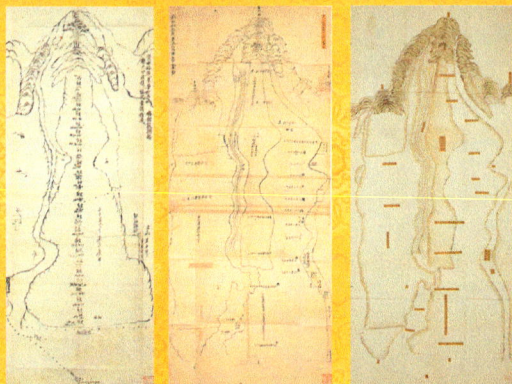

從左往右：同治元年至五年普陀山地勢畫樣縫底、準底及約擬萬年吉地規制地盤樣（中國國家圖書館藏）

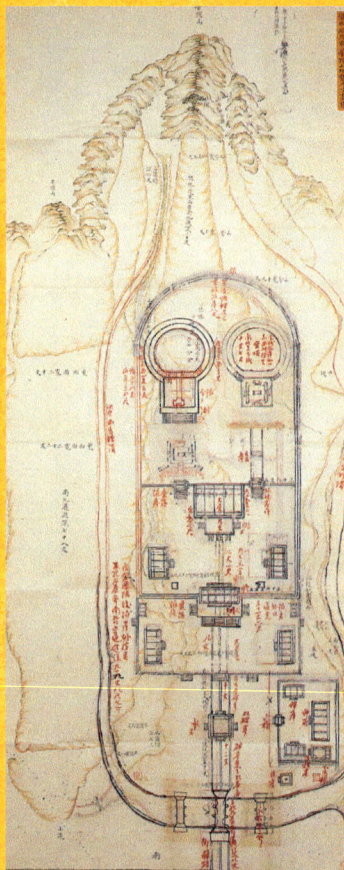

附圖3-58

樣式雷
設計個案·定東陵

同治十二年普陀山、平頂山更名爲菩陀峪、普祥峪，定爲慈禧、慈安太后的萬年吉地。爲平衡兩后关系，原拟合建一陵的方案被分建兩陵而東西平列的方案取代，并参酌先前帝后陵寢規制，作有總體布局、單體建築的大量設計方案比較。

普陀山平頂山地勢丈尺

普祥峪菩陀峪地勢丈尺畫樣

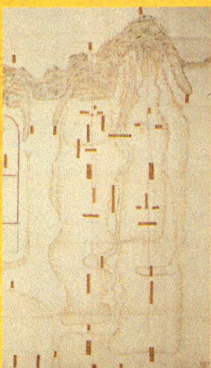
普陀山平頂山山向志椿圖

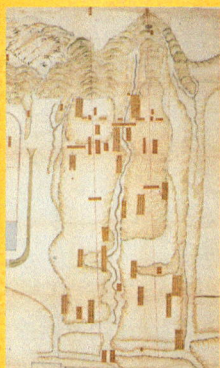
普祥峪菩陀峪山向志椿地勢圖

同治十二年在確定萬年吉地并準備興工的同時，兩陵的基址中心即穴位、建築組群的中軸綫即山向，都作出了相應的調整，以平衡兩太后間相互制衡的微妙关系。

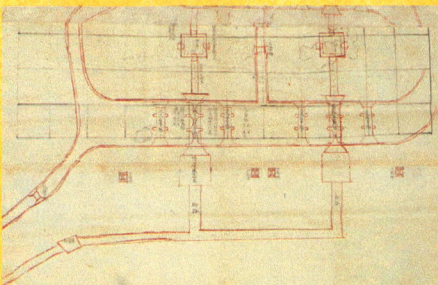

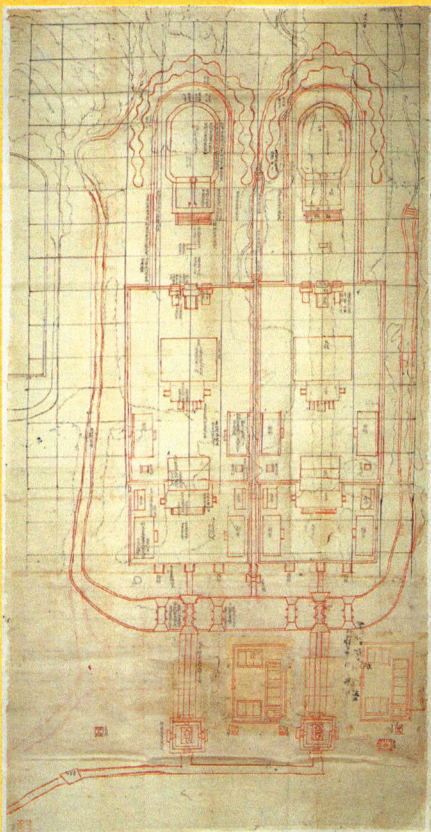

上：右圖貼頁，作有局部調整的比較方案；右：定東陵地勢地盤全圖（中國國家圖書館藏）

樣式雷 設計個案·定東陵

經過反復推敲，按例制作了萬年吉地全分樣和地宮個樣等燙樣，恭呈御覽後獲得欽準，繼而展開了實施方案的建築設計和施工設計，并于同治十二年八月破土興建。

定東陵全分樣（故宮博物院藏）

定東陵地宮個樣（清華大學藏）

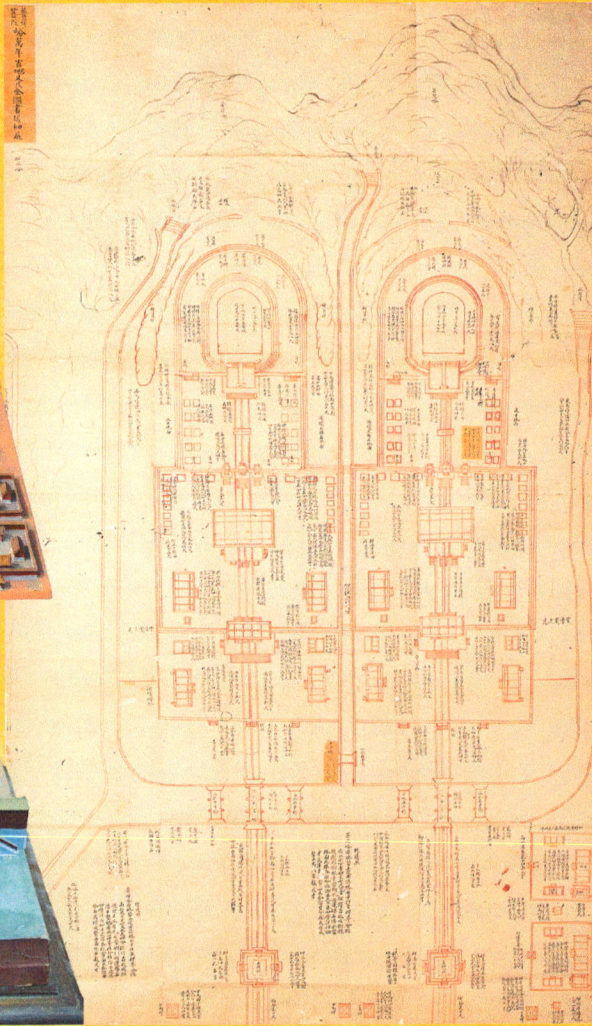

普祥峪菩陀峪萬年吉地丈尺全圖細底（中國國家圖書館藏）

附图 3-60

樣式雷 設計個案·定東陵

　　地宮及外圍防護性、瞻禮性的寶城和方城明樓，爲陵寢的核心。在定東陵經營初期，曾參照孝陵、慕陵、定陵、昭西陵、孝東陵、泰東陵、昌西陵等相關規制擬定多輪方案。其中如欽定地宮方案，就仿照慕陵并增設了一道閃當券。

遵照昭西陵方城明樓、遵照慕陵地宮各券座立樣圖

遵照孝東陵方城明樓、地宮各券座立樣圖

菩陀峪萬年吉地中一路各座立樣全圖（中國國家圖書館藏）

樣式雷 設計個案·定東陵

　　光緒廿一年，專權的慈禧借口修葺菩陀峪定東陵，下命將大殿、配殿、方城明樓與寶城等一律拆除重建。懾于清廷嚴苛的宗法禮制，建築格局和規模未變，但用料考究，裝修奢華，僅享殿和配殿內壁磚雕和柱梁、天花貼金就耗用黃金近五千兩。相應的構造做法也力求堅固，為此樣式雷繪製了一系列詳盡的施工設計圖。

以上圖樣均為中國國家圖書館藏

附圖3-62

樣式雷 設計個案·定東陵

以上圖樣均屬中國國家圖書館藏

附图 3-63

参考文献

B

白日新.圆明、长春、绮春三园形象的探讨 [A]. 中国圆明园学会主编.圆明园(第 2 辑)[C]. 北京:中国建筑工业出版社，1983.

D

(日)大田省一、井上直美编.东京大学东洋文化研究所所藏清朝建筑关系史料目录 [M]. 东京大学东洋文化研究所，2004.

窦武.北京建筑史上的著名人物"样式雷"[N]. 北京日报，1963-1-15(3).

端木泓.圆明园新证——乾隆朝圆明园全图的发现与研究 [J]. 故宫博物院院刊，2009(01):22-36.

F

方裕谨.原中法大学收藏之样式雷圆明园图样目录 [A]. 中国圆明园学会主编.圆明园(第 2 辑)[C]. 北京:中国建筑工业出版社，1983.

冯建逵，王其亨.关于风水理论的探索与研究 [J]. 天津大学学报，1989 增刊:1-10;又见王其亨主编.风水理论研究 [M]. 天津:天津大学出版社，1992.

冯建逵.清代陵寝的选址与风水 [J]. 天津大学学报，1989 年增刊:50-54;又见王其亨主编.风水理论研究 [M]. 天津:天津大学出版社，1992.

冯明珠.图绘与历史——从院藏几幅北平故宫的建筑图说起 [J]. 故宫文物月刊，1989，7(8):70-79.

傅熹年.中国科学技术史·建筑卷 [M]. 北京:科学出版社，2008.

傅乐治.奏折录副中的附图 [J]. 故宫文物月刊，1986，3(12):36-41.

G

故宫博物院样式房课题组.故宫博物院藏清代样式房图文档案述略 [J]. 故宫博物院院刊，2001(2):60-66.

郭黛姮.圆明园与古代建筑师样式雷 [A]. 张宝章等编.建筑世家样式雷 [C]. 北京:北京出版社，2003.

郭黛姮.华堂溢彩——中国古典建筑内檐装修艺术 [M]. 上海:上海科学技术出版社，2003.

郭黛姮，贺艳.圆明园的"记忆遗产"——样式房图档 [M]. 杭州:浙江古籍出版社，2010.

H

何蓓洁，史箴.样式雷世家族谱考略 [J]. 文物，2013(4):74-80.

何蓓洁，王其亨.华夏意匠的世界记忆——传世清代样式雷建筑图档源流纪略 [J]. 建筑师，2015(3):51-65.

何重义，曾昭奋.《圆明、长春、绮春三园总平面图》附记 [A]. 中国圆明园学会筹备委员会主编.圆明园(第 1 辑)[C]. 北京:中国建筑工业出版社，1981.

何重义，曾昭奋.圆明园园林艺术 [M]. 北京:科学出版社，1995.

黄希明，田贵生.谈谈"样式雷"烫样 [J]. 故宫博物院院刊，1984(4):91-94.

J

贾珺.清华大学建筑学院藏清样式雷档案述略 [J]. 古建园林技术，2004(2):25-26.

金勋编.北平图书馆藏样式雷制圆明园及其他各处烫样 [J]. 国立北平图书馆馆刊，1933，7(3，4).

金勋编.北平图书馆藏样式雷藏圆明园及内庭陵寝府第图籍总目 [J]. 国立北平图书馆馆刊，1933，7(3，4).

L

刘畅.慎修思永——从圆明园内檐装修研究到北京公馆室内设计 [M].北京：清华大学出版社，2004.

刘敦桢.同治重修圆明园史料 [J].中国营造学社汇刊，1933，4（2）.

刘敦桢.同治重修圆明园史料（续）[J].中国营造学社汇刊，1934，4（3，4）.

刘敦桢.易县清西陵 [J].中国营造学社汇刊，1935，5（3）.

刘若芳.清宫珍藏的样式雷建筑图档——从中国第一历史档案馆所藏的图档说起 [A].清代宫史研究会编.清代宫史探析（下）[C].北京：紫禁城出版社，2007.

刘彤彤，何蓓洁.样式雷与清代皇家园林 [J].中国园林，2008（6）：17–22.

陆伯忱.样式雷遗迹专号 [N].北晨画刊，1935–10–20，6（9）.

Q

清华大学建筑学院编.颐和园 [M].台湾建筑师公会，1989；北京：中国建筑工业出版社，2000.

S

单士元.宫廷建筑巧匠样式雷 [J].建筑学报，1963（2）：22–23.

史箴，何蓓洁.雷发达新识 [J].故宫博物院院刊，2011（4）：81–94.

史箴，何蓓洁.高瞻远瞩的开拓，历久弥新的启示——清代样式雷世家及其建筑图档早期研究历程回溯 [J].建筑师，2012（1）：45–59.

史箴，何蓓洁.雷金玉新识 [J].故宫博物院院刊，2014（5）：99–117.

舒牧等编.圆明园资料集 [M].北京：书目文献出版社，1984.

苏品红.样式雷及样式雷图 [J].文献，1993（2）：215–225.

孙大章.中国古代建筑史（第五卷）[M].北京：中国建筑工业出版社，2001.

孙剑.样式雷.见：金秋鹏主编.中国科学技术史·人物卷 [M].北京：科学出版社，1998.

T

汤用彬等编.旧都文物略 [M].北京：书目文献出版社，1935.

W

王璧文.清官式石桥做法 [J].中国营造学社汇刊，1935，5（4）.

王璧文.清官式石闸及石涵洞做法 [J].中国营造学社汇刊，1935，6（2）.

王其亨.清代陵寝地宫研究 [D].天津：天津大学，1984.

王其亨，项惠泉."样式雷"世家新证 [J].故宫博物院院刊，1987（2）：52–57.

王其亨.清代陵寝建筑工程样式雷图档的整理和研究 [C].第四届古建园林学术讨论会，陕西西安，1990.

王其亨.风水形势说和古代中国建筑外部空间设计探析 [A].王其亨主编.风水理论研究 [C].天津：天津大学出版社，1992.

王其亨.清代陵寝风水：陵寝建筑设计原理及艺术成就钩沉 [A].王其亨主编.风水理论研究 [C].天津：天津大学出版社，1992.

王其亨.样式雷与清代皇家建筑设计 [A].张宝章等编.建筑世家样式雷 [C].北京：北京出版社，2003.

王其亨，张凤梧.一幅样式雷圆明园全图的年代推断 [J].中国园林，2009，25（06）：83–87.

王其亨，张凤梧.法国巴黎《圆明园地盘全图》考辨 [J].中国园林，2009，25（12）：51–54.

王其亨，何蓓洁.朱启钤《样式雷考》校注 [J].建筑学报，2010（01）：84–87.

王其亨，何蓓洁 . 中国传统硬木装修设计制作的不朽哲匠——样式雷与楠木作 [J]. 建筑师，2012（5）：68–71.

王其亨，王方捷 . 样式雷"已做现做活计图"研究 [J]. 古建园林技术，2013（02）：16–34.

王其亨，王方捷 . 样式雷"已做现做活计图"研究（续）[J]. 古建园林技术，2014（03）：53–58.

王其亨，王方捷 . 中国古建筑设计的典型个案：清代定陵设计解析（上篇）[A]. 王贵祥主编 . 中国建筑史论刊（第 12 辑）[C]. 北京：清华大学出版社，2015.

王其亨 . 清代样式雷建筑图档中的平格研究——中国传统建筑设计理念与方法的经典范例 [J]. 建筑遗产，2016（01）：24–33.

王其亨，王方捷 . 中国古建筑设计的典型个案：清代定陵设计解析（中篇）[A]. 王贵祥主编 . 中国建筑史论刊（第 13 辑）[C]. 北京：中国建筑工业出版社，2016.

王其亨，王方捷 . 中国古建筑设计的典型个案：清代定陵设计解析（下篇）[A]. 王贵祥主编 . 中国建筑史论刊（第 14 辑）. 北京：中国建筑工业出版社，2017.

王淑芳 . 圆明园、绮春园、长春园三园地盘河道全图 [J]. 故宫博物院院刊，1991（2）：91–96.

吴葱 . 在投影之外——文化视野下的建筑图学研究 [M]. 天津：天津大学出版社，2004.

X

向达 . 圆明园遗物文献之展览[J]. 中国营造学社汇刊,1931,2(1).

Y

杨文和 . 金勋旧藏《圆明园图》叙录 [J]. 中国历史文物,1985(7)：107–123.

易晴点校，崔勇注释 . 清代建筑世家样式雷族谱校释 [M]. 北京：中国建筑工业出版社，2015.

Z

张宝章 . 样式雷家世诸考 [A]. 建筑世家样式雷 [C]. 北京：北京出版社，2003.

张恩荫 . 圆明园变迁史探微 [M]. 北京：北京体育学院出版社，1993.

中国第一历史档案馆编 . 清代帝王陵寝 [M]. 北京：档案出版社，1982.

中国科学院自然科学史研究所主编 . 中国古代建筑技术史 [M]. 北京：科学出版社，1985.

朱启钤 . 中国营造学社缘起 [J]. 中国营造学社汇刊,1930,1（1）.

朱启钤 . 中国营造学社开会演词 [J]. 中国营造学社汇刊，1930，1（1）.

朱启钤 . 社事纪要·建议购存宫苑陵墓之模型图样 [J]. 中国营造学社汇刊，1930，1（2）.

朱启钤 . 本社纪事·圆明园遗物与文献之展览 [J]. 中国营造学社汇刊，1931，2（1）.

朱启钤 . 本社纪事·十九年度中国营造学社事业进展实况报告·建议购存宫苑陵墓之模型图样 [J]. 中国营造学社汇刊，1931，2（3）.

朱启钤 . 本社纪事·中法大学收获样子雷家图样目录之审定 [J]. 中国营造学社汇刊，1932，3（1）.

朱启钤 . 哲匠录·样式雷考 [J]. 中国营造学社汇刊，1933，4（1）.

朱启钤 . 题姚承祖补云小筑卷 [J]. 中国营造学社汇刊，1933，4（2）.

朱启钤 . 本社纪事·样式雷世家考之编辑 [J]. 中国营造学社汇刊，1933，4（2）.

朱赛虹 . 北京故宫的清宫档案收藏及其整理研究概况 [C]. 清代档案整理与馆际合作——第三届清代档案国际学术研讨会 . 台北 .2006.

中国第一历史档案馆编 . 圆明园 [M]. 上海：上海古籍出版社，1991.